| 博士生导师学术文库 |

A Library of Academics by
Ph.D. Supervisors

环境污染型工程投资项目的风险媒介化问题与社会韧性治理现代化

张长征 黄德春 贺正齐 著

光明日报出版社

图书在版编目（CIP）数据

环境污染型工程投资项目的风险媒介化问题与社会韧性治理现代化 / 张长征，黄德春，贺正齐著 . -- 北京：光明日报出版社，2020. 4

（博士生导师学术文库）

ISBN 978 - 7 - 5194 - 5283 - 4

Ⅰ. ①环… Ⅱ. ①张…②黄…③贺… Ⅲ. ①环境污染—污染控制—工程项目管理—风险管理—研究 Ⅳ. ①X506

中国版本图书馆 CIP 数据核字（2020）第 013123 号

环境污染型工程投资项目的风险媒介化问题与社会韧性治理现代化

HUANJING WURANXING GONGCHENG TOUZI XIANGMU DE FENGXIAN MEIJIEHUA WENTI YU SHEHUI RENXING ZHILI XIANDAIHUA

著　　者：张长征　黄德春　贺正齐

责任编辑：李壬杰　　　　责任校对：李小蒙

封面设计：一站出版网　　责任印制：曹　诤

出版发行：光明日报出版社

地　　址：北京市西城区永安路 106 号，100050

电　　话：010-63139890（咨询），010-63131930（邮购）

传　　真：010 - 63131930

网　　址：http：//book. gmw. cn

E - mail：lirenjie@ gmw. cn

法律顾问：北京德恒律师事务所龚柳方律师

印　　刷：三河市华东印刷有限公司

装　　订：三河市华东印刷有限公司

本书如有破损、缺页、装订错误，请与本社联系调换，电话：010-63131930

开　　本：170mm×240mm

字　　数：262 千字　　　　印　　张：16

版　　次：2020 年 4 月第 1 版　　印　　次：2020 年 4 月第 1 次印刷

书　　号：ISBN 978 - 7 - 5194 - 5283 - 4

定　　价：93. 00 元

前　言

本书研究内容是国家自然科学基金青年项目“社会网络媒介化中重大工程环境损害的社会稳定风险传播扩散机理与防范策略”（71603070）和教育部人文社科青年基金项目“风险媒介化下环境污染型工程项目的社会稳定风险传播扩散及其治理机制研究”（16YJC630172）的重要成果之一。

当前，我国正处于转型社会、风险社会和媒介化社会叠加时期，“风险共生”和“风险媒介化”是这一时期的重要社会特征。面对我国生态环境的整体退化，环境污染已经成为我国社会公众的敏感话题，并与人民日益增长的美好生活需要相左。社会发展始终存在着矛盾和问题，习近平总书记①就曾运用矛盾分析法指出：一个时期有一个时期的问题，发展水平高的社会有发展水平高的问题，发展水平不高的社会有发展水平不高的问题。

环境污染型工程投资项目引发社会矛盾与冲突，一方面源于工程投资项目建设破坏自然环境平衡，造成局部地区出现不同类别的生态危机，进而环境退化损害公众健康和社会可持续发展；另一方面源于环境风险在信息传播和社会响应过程中被放大，即“风险的社会放大”，其中风险的社会放大源于我国媒介化社会的快速形成。自习近平总书记提出绿水青山就是金山银山理论以来，生态文明和绿色发展的理念不断深入人心，环境污染型工程投资项目的社会稳定风险问题逐渐成为各级政府、社会各界和学术界共同关心的话题和社会矛盾化解的主要对象。

从以往理论研究和文献综述分析不难发现，媒体已经成为公众认知、信息获取的主要渠道，特别是社交论坛、微博、微信、QQ 等新媒体的风险信息传播扩散已经成为环境冲突的重要一环。为此，忽视风险媒介化对风险传播扩散的影响，无法从根本上把握环境污染型工程投资项目的社会稳定风险演变规律，也无法提出切合实际的社会稳定风险治理现代化措施，致使其社会稳定风险管

① 《准确认识发展不平衡不充分问题》——光明理论　作者　邱耕田

理制度化安排的“安全阀”失灵。本书围绕环境污染型工程投资项目的社会稳定风险媒介化和传播扩散实践问题，运用社会网络、风险社会放大等理论，探索环境污染型工程投资项目的社会稳定风险放大机理和传播、扩散规律及过程，总结环境污染型工程投资项目的社会稳定风险治理特殊性，提出了环境污染型工程投资项目的社会稳定风险韧性治理模式及其治理现代化机制框架。

本书开展的环境污染型工程投资项目社会稳定风险研究在一定程度上拓展了工程投资项目的社会治理研究，并运用“两山理论”理念丰富了环境污染型工程投资项目利益冲突研究与社会稳定风险机理研究，促进复杂系统科学、经济学、管理学、社会学多学科交叉研究，完善环境污染型工程投资项目社会稳定风险相关研究的理论体系；本书致力于从“理论”到“应用”的研究范式，将韧性社会治理理念引入社会稳定风险治理现代化研究中，设计韧性治理模式的现代化治理架构，并在社会稳定风险的不同阶段提出不同的政策工具，解决了当前社会稳定风险研究无法落到实处的弊病，具有重要的应用价值；本书基于风险的社会放大框架，研究风险媒介化下的社会稳定风险传播扩散问题，提出风险媒介化下社会稳定风险的韧性治理现代化模式，所开拓的理论分析框架、研究方法和研究结论，可以为我国环境污染型工程投资项目管理以及社会稳定风险治理现代化提供实践思路和操作方案。然而，由于时间、精力和研究内容的局限性，还存在许多不足之处，需要在今后的研究工作中进一步展开。

目录
CONTENTS

第一章

导论

第一节 研究背景、目的及意义

一、研究背景

近年来，我国的工业化和城镇化进程不断加快，一方面带来了社会经济的飞速发展，另一方面也加剧了经济利益与环境利益的深层次矛盾。随着社会公众环境权利意识的不断提高，环境污染已经成为我国社会的敏感性话题。环境保护部的相关数据显示，在中国信访总量、集体上访量、非正常上访量、群体性事件发生量实现下降的情况下，环境信访和群体性事件却以每年30%以上的速度上升。在2007年厦门PX事件爆发后，四川什邡钼铜事件、江苏启东排污工程事件、宁波镇海PX事件、广东茂名PX事件、杭州九峰垃圾焚烧厂事件等环境群体性事件频入视线，冲击社会稳定，成为我国最大的不稳定因素之一。

党的十八大以来，以习近平同志为核心的党中央高度重视生态文明建设，提出“绿水青山就是金山银山”等一系列理论创新，形成了习近平生态文明思想。环境污染型工程投资项目引发社会冲突，一方面源于工程项目建设破坏自然环境平衡，造成局部地区出现不同类别的生态危机，进而环境退化损害公众健康和社会可持续发展；另一方面源于环境风险在信息传播和社会响应过程中被放大，即“风险的社会放大”。其中风险的社会放大源于我国媒介化社会的快速形成。上海交通大学舆情研究实验室研究发现：近20%的环境群体性事件存在谣言传播，而且由于环境群体性事件在中国较为敏感，传统媒体一般情况不会率先报道，首曝媒介多以论坛、微博和微信为主。据第43次《中国互联网络发展状况统计报告》数据显示，截至2018年12月，我国网民规模为8.29亿，全年新增网民5653万，互联网普及率达59.6%，较2017年年底提升3.8个百分点。手机网民规模达8.17亿，全年新增手机网民6433万；使用手机上网的比例由2017年年底的97.5%提升至2018年年底的98.6%。①

无处不在的信息传播媒体已经成为环境污染型工程投资项目社会稳定风险形成的重要社会背景，新媒体已经成为公众认知风险、掌握信息的主要渠道，特别是社交论坛、微博、微信等自媒体的风险传播扩散已经成为环境冲突的重要一环。为此，忽视风险媒介化对风险传播扩散的影响，无法从根本上把握环境污染型工程投资项目的社会稳定风险演变规律，也无法提出切合实际的社会稳定风险治理现代化措施，致使其社会稳定风险管理制度化安排的“安全阀”失灵。习近平总书记指出：“坚持和完善共建共治共享的社会治理制度，保持社会稳定。”在风险媒介化下，研究环境污染型工程投资项目的社会稳定风险传播扩散与治理现代化，对于从源头上预防和减少社会矛盾，做好“维稳”工作，具有十分重要的现实意义；对于进一步完善“中国特色”的社会稳定风险理论体系，具有重要的学术价值。

环境污染型工程投资项目多元利益冲突的风险媒介化特性决定了其社会稳定风险治理不同于其他领域，我国现有的工程项目环境评估及其治理机制，并不能规避社会稳定风险发生。科学认识环境污染型工程投资项目的社会稳定风险传播扩散规律，完善其治理现代化机制，是当前研究的重中之重。

二、研究目的

本书围绕环境污染型工程投资项目的风险媒介化传播扩散和多元利益冲突问题，研究如何为现阶段中国生态文明建设过程中环境污染型工程投资项目的社会稳定风险治理提供途径。环境污染型工程投资项目社会稳定风险的研究对象如图1-1所示。拟实现的研究目标如下：

（1）总结和梳理“十一五”“十二五”期间我国环境污染型工程投资项目的环境冲突特点，通过实证性观察和理论分析，探讨风险媒介化下环境污染型工程投资项目的社会稳定风险传播扩散规律；

（2）总结风险媒介化的环境污染型社会稳定风险特点、风险传播扩散特性，提炼如何治理风险媒介化下环境污染型工程投资项目的社会稳定风险机制框架；

（3）提出治理风险媒介化下环境污染型工程投资项目的社会稳定风险可行路径和有效机制，为相关环境污染型工程投资项目的社会稳定风险现代化治理

---

① 中国互联网络信息中心．第43次中国互联网络发展现状统计报告［R/OL］．中国互联网络信息中心，2019-02-28．

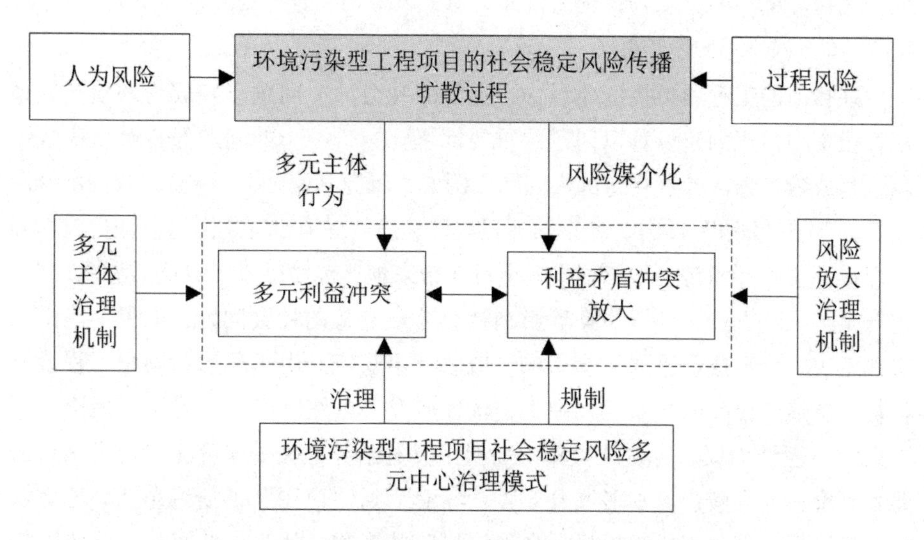

图1-1 环境污染型工程投资项目社会稳定风险的研究对象

提供治理路径、理论依据、政策支持和项目的“稳评”咨询。

三、研究意义

（一）重要的理论意义

在环境污染型工程投资项目立项和建设运营过程中，项目各相关主体的利益关系处在动态变化中，征地拆迁户、大众媒体和周边社会公众等利益相关者的行为存在着极大的不确定性，主体的环境、经济利益冲突以及由此引发的相关社会问题会导致社会稳定风险的产生，这不仅会对环境污染型工程投资项目的成败有着关键的影响，同时也将影响地区的稳定和谐，并且持续影响整个社会的稳定。要想从根源上解决这些问题，就必须对环境污染型工程投资项目社会稳定风险的形成与扩散机理展开系统性的研究。

本书从风险的社会放大框架视角建立环境污染型工程投资项目社会稳定风险理论分析框架，从环境污染型工程投资项目主体冲突放大过程与形成的社会稳定风险扩散过程两个阶段分析环境污染型工程投资项目的社会稳定风险，最终基于韧性理念提出社会稳定风险的韧性治理现代化模式。同时，本书通过将利益相关者理论、复杂网络理论、社会网络分析理论、传染病理论等引入环境污染型工程投资项目社会稳定风险研究中，在一定程度上拓展了工程项目的社会影响研究领域，丰富了环境污染型工程投资项目利益冲突研究与社会稳定风险机理研究，促进复杂系统科学、经济学、管理学、社会学多学科交叉理论研究，完善环境污染型工程投资项目社会稳定风险相关研究的理论体系。

（二）重要的现实意义

在目前的工程项目投资建设中，突出的社会冲突问题已经成为环境污染型工程投资项目规划建设难以回避的重要因素，一个小小的问题经常会演变成影响项目成败与地区社会稳定的大问题。例如，厦门PX项目、南通启东污水排海项目、宁波镇海PX项目、北京阿苏卫垃圾焚烧处理项目等均因为公众抗议而停止建设。这些环境污染型工程投资项目在带来地区经济效益、社会效益的同时，也产生了征地拆迁、环境污染等影响社会公众利益的社会问题，如果不能得到有效解决将会造成严重的社会影响，威胁社会稳定。由于环境污染型工程投资项目社会稳定风险的复杂性，缺失实证性研究，以往研究多沿袭从“理论”到“理论”、泛泛而谈，无法从操作层面提出具有指导意义的研究工具与方法，需要找到合适的突破点。本书致力于从“理论”到“应用”的研究范式，考虑媒介对环境污染型工程投资项目社会稳定风险的影响，从主体冲突放大与风险扩散过程两阶段致力于环境污染型工程投资项目社会稳定风险机理研究，打开社会稳定风险传播扩散的“黑盒”，旨在解决当前社会稳定风险研究无法落到实处的弊病，具有重要的现实意义。

（三）重要的实践意义

改革开放以来，随着社会经济的飞速发展，各地出于地区发展提升的需要以及社会服务的需求，不断上马众多环境污染型工程投资项目，如PX项目、垃圾焚烧发电项目、污水处理项目、核电项目等，这些环境污染型工程投资项目无一例外都涉及人民群众最为关心的现实利益问题，如征地拆迁、环境损害、生态补偿等。如何妥善协调地方经济社会发展需要和人民群众生态环境诉求之间的矛盾，一直是各级政府和社会各界关注的焦点。本书基于风险的社会放大框架，研究媒介环境下的社会稳定风险传播扩散问题，提出社会稳定风险的韧性治理现代化模式，所开拓的理论分析框架、研究方法和研究结论，可以为我国环境污染型工程投资项目管理以及社会稳定风险治理提供实践思路和方法。

第二节　国内外研究进展

环境污染型工程投资项目的社会稳定风险属于工程项目建设的外部性问题。在媒体化社会背景下，多元利益冲突是环境污染型工程投资项目社会风险根源，新媒体的风险媒介化是环境冲突的社会“催化剂”。

一、环境污染型工程投资项目建设的社会影响

环境污染型工程投资项目是在建立、投入使用以及运营的过程中，对当地自然环境和生态平衡产生一定的影响，对周围居民所处的生活环境造成一定程度的破坏，并可能使周围居民的健康与安全受到威胁的工程项目。环境污染型工程投资项目给大部分人带来利益的同时，其负外部性成本则有可能由附近的居民承担。由于其自身所带特点与属性，以及利益相关方在沟通、协调上存在问题，使得环境污染型工程投资项目在建设运营过程中产生了极大的社会影响。

从政府的角度看，尽管环境污染型工程投资项目是地区发展所必需的基础设施建设项目，但由于公众参与度不高，使得项目所在地居民对项目的参与不足，加之自身认知的缺乏，居民对项目的接受程度较低，就容易形成因环境变迁而产生的社会焦虑。随着经济社会的发展，公民的环境意识逐步提升，维权意识不断增强，人们从过去的“求生存”转变到了现在的“求生态”“盼环保”，这更加加剧了对环境污染型工程投资项目的反感情绪，恐惧、害怕、担忧、焦虑等情绪，极大损害了个体感知信息的能力和有效性，从而引发“别在我家后院”修建的邻避态度。

基于此，环境污染型工程投资项目作为一种不受欢迎的公共物品，遇到建设障碍，并逐步引发项目所在地居民不满的情绪，激起社会矛盾，部分群众出于维护自身权益的目的而采取集体上访、阻塞交通、非法聚集、围堵等方式向政府和企业表达抗议的群体行动，进一步引发环境群体性事件。在媒介化社会的背景下，社会化媒体的平台优势使其得以汇聚环境群体性事件的多方主体，引发线上大规模的语言冲突，使得环境污染型工程投资项目带来不良的社会影响。当环境污染型工程投资项目的关注度达到一定规模时，项目所在地居民焦虑、恐慌、愤怒的情绪，直接或间接地通过各类渠道传播扩散，社会公众之间，相互感染，相互模仿，波及其他群体，社会影响的范围更加扩大，使舆论陷入了恶性发展的漩涡。不良社会影响的扩散，对环境污染型工程投资项目进行污名，污名化使得一个新的环境污染型工程投资项目还未开始建立，在公众对其细节知之甚少时，就产生抵触情绪，环境污染尚未发生，公众即以行动抵制项目实施或者继续运行，从而引发更大范围的社会影响。当环境污染型工程投资项目再次建造时，就容易陷入“一建就闹”“一闹就停”的困境并化为固定模

式，总是以“多输”的局面收场①，带来严重的不良社会影响。

二、环境污染型工程投资项目社会风险媒介化传播扩散

风险社会理论的创始人德国社会学家乌尔里希·贝克（Ulrich Beck）认为，我们正生活在风险社会之中。同时，新媒体技术的衍进与开发，带来了一场传播革命。新媒体技术通过丰富媒介的类型、形式，改变社会公众的参与门槛与参与程度，塑造一个新型媒介化社会。信息和通信技术的出现以及随后的普及和对社会媒体的广泛接受，正在重塑风险传播领域。在风险社会与媒体化社会交织的当代中国，不同群体从不同的角度对于具体事件的风险进行感知，进而出现感知差异与分歧，产生风险冲突。

环境污染型工程投资项目如PX项目等，一方面是当地社会发展的必要，对于提供就业岗位、完善当地基础设施建设等具有一定积极意义，但与此同时，另一方面，这类项目又污染当地居民的生存环境，降低生活质量，造成规定资产贬值，生活环境的不愉快导致所在地居民精神上的压力，对项目所在地人员的身心健康和安全造成一定程度的影响。基于此，环境污染型工程投资项目一直是舆论聚焦的社会矛盾热点，容易由于高度的公众关注和信息不对称、项目利益格局复杂，不同主体对同一风险的认知偏差大而产生社会稳定风险。

媒介化社会的一个重要特征就是媒介传播对社会生活的全方位覆盖和媒介影响力对社会生活的全方位渗透，各类信息可以借助媒介在多个主体之间实现传递、分享和互动。其中媒体是风险信息沟通系统中的重要因素，其在社会风险多重放大过程中具有重要作用，所以大众媒体对社会风险的影响，尤其是媒体对社会风险定义、选择、传递以及控制这些方面都具有重要的作用。大众媒体既是形成环境污染型工程投资项目认识风险的核心，也是解释公众风险的核心②。

《中国环境发展报告（2014）》指出：一些公众抗议的环境污染型工程投资项目，其真实风险未必有民众感知的那么强烈，甚至有一些是低风险项目，表明环境污染型工程投资项目领域存在着明显的“风险放大机制”。同时，新媒体是相对于“旧媒体”而言的提供信息和服务的新型传播方式，具有数字化和互动化两个明显的特征。由于其准入门槛较低，社会公众可以通过它来交流风险，

---

① 王民和. 人民日报：PX等项目如何改变“一建就闹、一闹就停”[EB/OL]. 人民网—人民日报，2017-01-14.

② 曾峻. 公共管理新论：体系、价值与工具[M]. 北京：人民出版社，2006：32.

但是由于公众存在潜在认识偏差，通过媒介化社会进行数据获取和使用的道德规范仍需加强，风险认知与媒介传递的信息数量呈现正相关关系，这将加剧环境污染型工程投资项目社会风险的传播与扩散。

风险的社会放大框架（SARF）是一个全面的、多学科的框架，旨在支持风险沟通的研究，为研究媒体化社会风险传播提供了工具，Kasperson et al. 和 Pidgeon et al. 将社会风险放大过程划分两个阶段：风险信息传播和社会响应。通过风险信息传播和社会响应这两个阶段可以阐述社会风险的放大或衰弱。大众媒体在社会风险放大或减弱方面起到了不可忽视的作用。学者们认为媒体报道的规模、数量以及频率，都会影响公众对环境污染型工程投资项目严重程度的认知，媒体关注的不再是风险本身而是损害程度，即使风险争议各方的观点在新闻报道中得到了均衡的分配，也会引发比事件本身更大的社会风险。由于媒介化社会下，媒体信息的表达可能带有一定的指向性，对环境污染型工程投资项目的描述并不完备，而将关注的焦点集中在未知、极端的风险上，因此媒体在风险的传播与扩散中，起到风险放大助推器的作用。

三、环境污染型工程投资项目社会稳定风险治理

环境污染造成的威胁能超出地域控制、时段控制的范围而具有公共性，其纵向可以表现为代际之间的风险传递，横向可以表现为地域之间的风险传递。此外，新媒体的出现，如社交媒体，微博、微信等“自媒体”可以自由对外发布，社会风险信息事实上被置于在体育场式社会中进行网状传播，尤其是谣言、煽动等“杂音”作用下会致使社会风险管理的复杂化，为此，环境污染型工程投资项目利益主体多元化以及社会风险传播复杂化对我国社会管理模式提出严重的挑战。

环境污染型工程投资项目社会稳定风险的治理策略，可以包括规避风险为主的主动控制和预防管理策略，以及对已经发生、不可避免风险的积极应对策略，简而言之分为事前预防型和事后救济型两类。

从政府层面来说，政府应厘清界定自身角色，充分运用既有的社会网络，寻求中立可信赖的裁判者，保持立场中立，公平公正，通过建立信任和风险沟通机制，实现环境污染型工程投资项目社会稳定风险治理。在社区层面，引入参与式治理，鼓励成立非盈利社区组织、建立社区参与制度，从社区群体方面提高对环境污染型工程投资项目的认知以减轻其带来的社会稳定风险。在这之中，采取协商对话模式或协商民主模式来促进各个主体之间的沟通与对话，同时应当强化公众参与，让公众直接、间接地加入、参与环境污染型工程投资项

目的实施，使得环境污染型工程投资项目更加透明，社会公众对项目了解更加透彻与深入，以减缓环境污染型工程投资项目的社会稳定风险，达到预防和治理的效果。从法律机构层面，完善法律法规制度建设，加强环境保护立法与执法，健全司法诉求渠道，实现环境污染型工程投资项目社会稳定风险事件治理的法制化。从其他机构层面，让专业的环评机构参与其中，对环境污染型工程投资项目做深入解读和实时监控，优化环评顶层设计和操作平台，加强环评技术研究以及多方协作配合，可以提升社会公众对环境污染型工程投资项目的认知，从事件的源头解决一部分恐慌心理。从政策方面，补偿政策可以用来治理环境污染型工程投资项目社会稳定风险，因此，可以通过减免项目所在地居民房产税、为项目征收排污税、为项目所在地居民提供更多就业机会和医疗健康服务保障等补偿政策，减缓社会稳定风险的压力。从综合层面来看，环境污染型工程投资项目社会稳定风险的治理应该建立综合性的治理框架，多元化主体共同参与合作，解决不同利益主体之间的矛盾与冲突，进行全方位的风险识别，选取科学的管理手段，使不同利益主体在求同存异中融合发展，实现政府系统联动、社会系统全面协同。总之，如何将环境污染型工程投资项目从灭火式维稳的“应急管理”向风险的“综合治理”转变十分重要。

第三节　研究思路与内容

一、研究思路

本书将采用文献研究、实地调研与案例研究相结合，定性与定量分析相结合的方法进行系统化研究。以相应的复杂社会网络、协同演化博弈模型、风险的社会放大框架、传染病模型、社会韧性等为理论基础，利用现有研究资源，辨析风险媒介下环境污染型工程投资项目的社会稳定风险传播和扩散特点，对其社会稳定风险传播扩散过程进行理论性和实证性研究，为解释和解决环境污染型工程投资项目的社会稳定风险传播扩散治理提供理论指导和实践帮助，为防范和规避风险媒介化下环境污染型工程投资项目的社会稳定风险传播扩散治理完善提供具体政策措施和实践路径。研究的技术路线图如1－2所示。

二、研究内容

本书将从国内外有关风险媒介化和工程项目环境冲突理论与实践入手，总

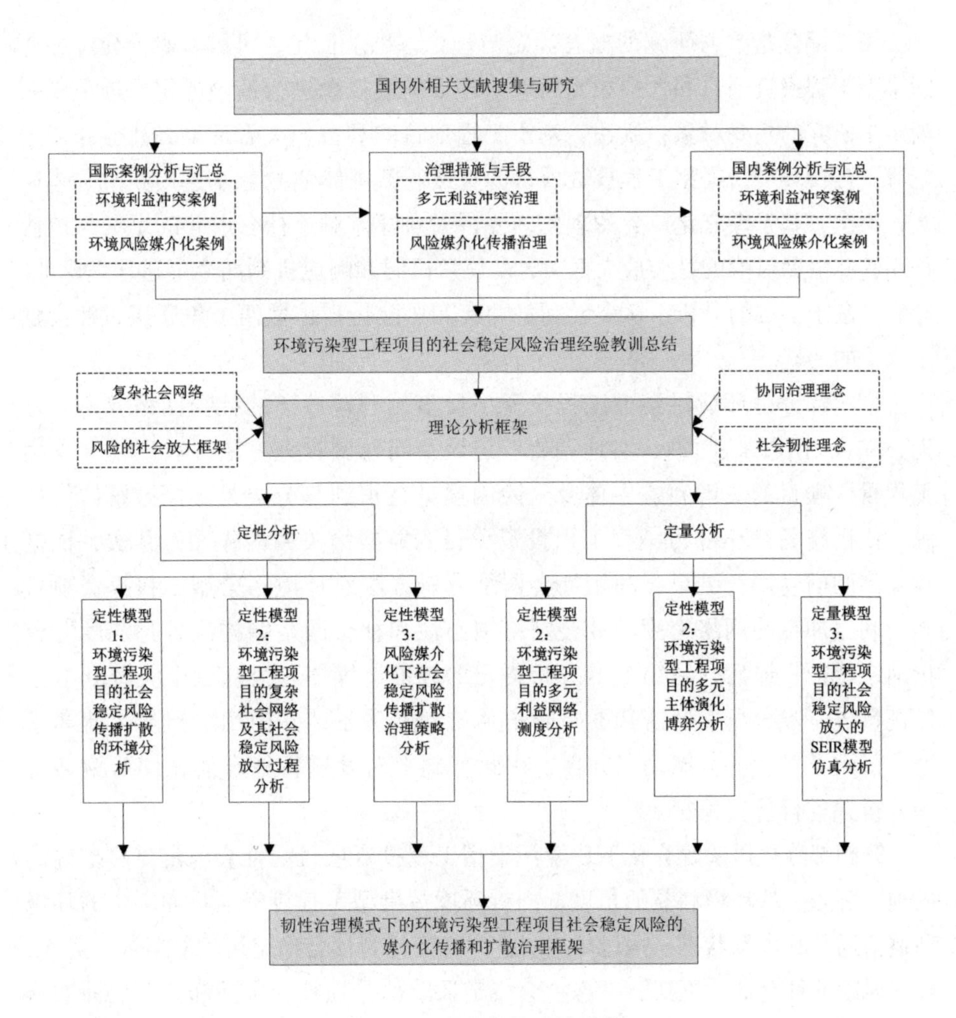

图1－2　研究的技术路线图

结媒介化下环境污染型工程投资项目的社会稳定风险治理的一般经验、规律和趋势；围绕我国环境污染型工程投资项目的社会稳定风险实践经验教训，例如，四川什邡钼铜项目事件，江苏启东污水排海项目事件，昆明、宁波等地的PX项目；探讨风险媒介化下环境污染型工程投资项目的社会稳定风险传播和扩散过程；总结其风险传播扩散特性，提炼其风险治理模式、治理机制。主要研究内容包括以下七个部分：

第一部分是绪论。从环境污染型工程投资项目社会稳定风险问题的背景出发，对本书的研究目的和研究意义进行阐述，并对前人研究成果进行归纳梳理，提出本书的研究思路、研究内容、研究方法和研究的创新点。

第二部分是本书研究的概念界定与理论基础。首先，对风险媒介化、环境污染型工程投资项目和社会稳定风险治理等关键概念进行清晰界定，进一步明晰本书研究的主要对象；其次，基于工程项目的利益相关者理论、社会冲突理论等，分析环境污染型工程投资项目的直接利益主体冲突与非直接利益主体冲突；再次，基于媒介化社会的理念，分析大众媒体对于社会风险的定义与传播作用，并借助风险的社会放大框架，从信息机制和响应机制两个渠道详细论证；最后，基于上文的分析，从多元利益冲突和风险传播扩散两个角度探讨社会稳定风险的治理。

第三部分是环境污染型工程投资项目多元利益冲突的社会网络分析。首先，综合利用文献归纳、实地调研、访谈及问卷调查等方法，对环境污染型工程投资项目的关键利益主体及风险因素进行识别与分类，并探讨媒体传播源、传播路径对环境污染型工程投资项目利益网络关系的作用；其次，依据收集到的问卷调查结果，利用社会网络分析方法对环境污染型工程投资项目多元利益冲突的网络密度、社会网络中心性和社会网络结构洞进行测度并分析网络特征；最后，对第二节分析得出的政府、媒体与公众三个关键利益主体进行进一步分析，厘清其不同的角色与利益关系，并构建协同演化博弈模型，得到了三者的复制动态方程，在此基础上对其进行稳定演化博弈策略选择分析并进行仿真模拟。

第四部分是风险媒介化下环境污染型工程投资项目的社会稳定风险扩散的机理。首先，从环境利益的角度，剖析环境污染型工程投资项目冲突中的环境利益格局及其失衡状态，探讨环境利益冲突演化为社会稳定风险的路径；其次，根据风险的社会放大框架，考虑社会稳定风险信号在社会层面和公众层面的建构过程；再次，对风险社会放大的环境进行分析，主要考虑新媒体对于公民环境权主张空间的拓展作用、污名化认知在风险事件中的不断强化以及政府信任的差序格局带来的衍生风险；最后，将风险的社会放大框架耦合系统动力学思想，构建环境污染型工程投资项目社会稳定风险传播扩散的因果循环图，并具体讨论其扩散路径。

第五部分是风险媒介化下环境污染型工程投资项目的社会稳定风险扩散的仿真分析。首先，从信息传播主体与受体、信息传播内容和信息传播媒介三个方面，梳理社会稳定风险扩散的信息传播要素；其次，构建环境污染型工程投资项目社会稳定风险信息传播的 SEIR 模型，引入污名化传播对环境污染型工程投资项目社会稳定风险信息传播的影响，分析社会稳定风险信息无媒体或政府参与时的特征；再次，在第二节 SEIR 模型的基础上加入媒体参与对环境污染型工程投资项目社会稳定风险信息传播的影响，分析社会稳定风险信息媒体参与时的特征以及媒体在社会稳定风险信息传播时的作用；最后，在第二节 SEIR 模型的基础上加入政府干预对环境污染型工程投资项目社会稳定风险信息传播的影响，分析社会稳定风险信息政府干预时的特征以及政府不同干预手段对社会稳定风险信息传播的作用。

第六部分是风险媒介化下环境污染型工程投资项目社会稳定风险的韧性治理模式。首先，基于传统社会稳定风险治理模式单一中心、事后治理的局限性，引入社会韧性理念，分析韧性治理模式的多元主体；其次，从韧性治理的治理要素出发，设计包含早期检测、容错设计、可恢复性和可塑性的社会稳定风险韧性治理的治理架构；再次，考虑社会稳定风险的阶段性特征，将整个风险治理过程分为风险吸收阶段、风险适应阶段和风险平息阶段三个过程，并在不同阶段中利用不同的政策工具提升治理效果；最后，从社会韧性能力的视角出发，设计社会稳定风险治理的韧性评价体系，从而更好地提升社会的韧性治理能力。

第七部分是风险媒介化下环境污染型工程投资项目社会稳定风险的治理机制体系。基于前文的研究结果，针对多元利益冲突和风险传播扩散两个治理内容，提出多元利益主体协同治理机制、政府网络执政机制和公众参与机制，完善环境污染型工程投资项目社会稳定风险治理的机制体系。

第四节 研究方法与创新

一、研究方法

（一）实地调查法

本书在前期研究基础上，选取启东污水排海事件、宁波镇海 PX 事件等多个典型案例进行实地调研和相关数据搜集，进一步对我国环境污染型工程投资项目利益冲突及风险治理现状进行分析，为环境污染型工程投资项目的社会稳定风险传播扩散及治理研究奠定了基础，为设计环境污染型工程投资项目的社会稳定风险治理的模式及机制提供依据。

（二）理论分析法

阅读大量的文献资料，包括政府制定的工程项目管理章程和社会稳定风险治理办法等相关政策法规，复杂网络、博弈论、系统动力学、传染性模型等相关书籍，以及环境污染型工程投资项目相关利益主体的分析研究，在此基础上，进行综合归纳、比较分析。

(三) 模型分析法

本书通过构建“利益相关者—社会稳定风险因素”2-模网络、“政府—媒体—公众”协同演化博弈模型、风险放大的因果循环图、基于SEIR的社会稳定风险扩散模型等，对环境污染型工程投资项目社会稳定风险的关键主体、主体利益冲突及社会稳定风险扩散过程等问题进行研究。

(四) 仿真研究法

利用MATLAB、Vensim、NetLogo仿真平台对所构建的环境污染型工程投资项目协同演化博弈模型、环境污染型工程投资项目的社会稳定风险扩散模型进行研究，探讨媒介化环境下主体冲突如何放大及社会稳定风险如何扩散。

二、研究创新

(一) 考虑媒体作为关键利益主体对环境污染型工程投资项目利益冲突的影响

本书在对环境污染型工程投资项目进行明确定义的基础上，探索环境污染型工程投资项目“利益相关者—社会稳定风险因素”的对应关系，不同于其他文献中仅仅研究政府和公众两个利益主体，本书考虑大众媒体的影响，社会网络分析的结果也表明，环境污染型工程投资项目确实存在政府、媒体和公众三个关键利益主体。在此基础上，分析三者的角色定位以及利益关系，构建了“政府—媒体—公众”的三方协同演化博弈模型，探究三者博弈主体的最佳演化稳定策略点，并进行相关仿真分析，得出了科学合理的研究结论。

(二) 利用系统动力学方法打开风险社会放大框架研究的“黑盒”

风险的社会放大框架作为一种理论框架，描述的风险放大的信息传播和社会反应仅是列出了信息传播和社会反应中可能导致放大的因素，至于这些因素之间存在的关联以及因素作用的放大机理并没有很好地解释。本书借鉴其他学者的研究思路，利用系统动力学方法，构建囊括SARF基本理念的因果循环图，将众多学者的研究重新架构起来，打开风险放大过程的“黑盒”，提供研究环境污染群体性事件风险放大的另一种可行的路径，解决SARF操作性不足的困境。

（三）利用传染病模型研究环境污染型工程投资项目社会稳定风险的扩散

本书构建环境污染型工程投资项目社会稳定风险扩散的SEIR模型，通过建立指标体系将潜伏者向感染者转化的概率函数化，并引入污名化传播对环境污染型工程投资项目社会稳定风险信息传播的影响，系统分析无媒体或政府参与、媒体参与以及政府干预三种状态下社会稳定风险信息传播扩散的规律，总结各信息传播主体在社会稳定风险信息传播过程中的作用与地位。

第二章

概念界定与理论基础

第一节　相关概念界定

一、风险媒介化

（一）风险社会

“风险社会”这一概念最早由德国社会学家乌尔里希·贝克在《风险社会》一书中提出，贝克认为当今的社会环境中充满了风险，随着社会的不断发展，风险将会波及危害到全球，演变成全球化风险，在各类因素的共同作用下，风险社会由此形成。在贝克提出“风险社会”的概念后，对于“风险社会”，不同学者有不同的界定，其中主要有三种理解。

第一种是以劳（Lau）的“新风险”理论为代表的现实主义，劳认为风险社会是由于出现了如种族歧视、贫富分化、极权主义等新的影响更大的风险，从而导致或引发潜在的社会灾难，如金融危机、核危机等。

第二种是以凡·普里特威茨（Von Prittitz）的“灾难悖论”理论以及斯科特·拉什（Scott Lash）的“风险文化”理论为代表，从文化意义上理解“风险社会”，他们认为人们在认识风险社会过程中用于解决问题的手段会引起新的问题。

第三种是以贝克和安东尼·吉登斯（Anthong Giddens）为代表提出的“制度主义”的风险理论，他们认为风险社会是取代工业社会的一种新的制度，传统社会与现代社会在风险结构和风险认知上存在根本区别。

贝克将风险社会定义为“一系列特殊的因素”，体现在政治、经济、社会等方面，这些因素具有人为的不确定性，在当今的社会结构、体制和社会关系转型的过程中起到举足轻重的作用。风险社会是社会发展的一个阶段，在不同的社会阶段，风险在内涵、表现形式、波及范围等方面表现出不同的特征，由此可将社会分为前现代社会、工业社会、风险社会三种形态。风险社会也是社会发展过程中的一种风险状态，随着社会的发展，风险的深度和广度也随之不断扩展。

英国社会学家安东尼·吉登斯将风险社会定义为现代化发展的一种结果，吉登斯认为，科学技术的进步以及全球化的发展使得当今社会形成了许多不同于传统社会的风险和不确定因素。传统社会的风险是来自于社会外部的风险，如干旱、洪涝等，而风险社会中的风险主要是指由于人为因素制造出来的风险，这种人为的不确定性使得其发生和影响无法预测，其中全球性风险将会导致严重后果。

（二）媒介化社会

媒介化社会是指媒介构建起来的社会，全部的社会生活、社会事件和社会关系都会在媒介上展露，它的一个重要特征是媒介影响力在政治、经济、文化等多方面对社会的全方位渗透，主要包含以下三个特征：

1. 媒介技术演化是媒介化社会的前提条件

媒介技术以媒介融合为特征和趋势，其变革发展加速了社会的媒介化进程。一方面，媒介融合表现为媒介技术要素的结合和汇聚，从口语传播、印刷传播到电子传播及新媒体传播，传播媒介和技术呈叠加性状态发展。另一方面，媒介融合也表现为不同媒介形态的汇合。媒体技术的创新打破了原来不同媒介之间的壁垒，不同于普通进化淘汰机制，新旧媒介之间形成的是一种相对平衡、协同进化的局面，打开了信息充分生产传播的途径。以媒介融合为特征和趋势的媒介技术演化是媒介化社会发展的技术支撑力，是媒介传播功能发展的前提条件。

2. 受众无穷的信息需求和依赖性是媒介化社会的主体牵引力

媒介化社会的形成，一方面以迅速发展的媒介技术推动为前提条件，另一方面人类对信息不懈追求，其构成的社会系统起到了决定性的作用。媒介的本质是信息的采集、制作和传播平台，基于各种现代媒介，人们努力破除信息壁垒并获得益于自身发展的信息和经验。首先，媒介提供的信息数量和集中程度使人们产生对媒介的依赖性，信息技术的进步和信息流通速度的提高是现代社会的基本特征；其次，社会的稳定程度使得受众对媒介依赖程度逐渐加深，而鉴于大众媒介带来的缺失心理，人们也将媒介视为个人与社会联系的途径。

3. 信息环境和现实环境的交融是媒介化社会的必然性后果

大众媒介是社会信息环境建构的主要力量，媒介化社会使得信息环境和客观的现实环境交融。现代传媒在为人类提供更多、更广、更快的信息以满足人们需要的同时，也不断强化着传媒所营造的信息环境及其对现实环境的影响，从而在一定程度上模糊了客观环境与信息环境之间的差别。现实中人们已将大众传媒所建构的信息环境当作自己了解现实、寻求帮助、丰富知识和休闲娱乐的一个至关重要的渠道。信息环境在一定程度上担当了现实环境的角色与功能，信息环境越来越环境化。同时，人们这种借助媒介所塑造的信息环境来应对现实环境的方式，又会影响到他们对现实世界的理解，现实环境也越来越具有信息化的色彩。传播媒介越来越成为人们建立世界观及价值观的最重要依据。

（三）风险社会的媒介化

社会风险是一种导致社会冲突，危及社会稳定和社会秩序的可能性，更直接地说，社会风险意味着爆发社会危机的可能性。一旦这种可能性变成了现实性，社会风险就转变成了社会危机，对社会稳定和社会秩序都会造成灾难性的影响。

媒介具有双重性质，它不仅包括工具，还包括个人和集体的行为，既包括有组织性的物质层面，也包括有物质性的组织层面。在此基础上，媒介在一般意义上可以理解为具有双重性质的连接主体与客体或者两个相互区分的要素之间的介质。媒介反映出介于两者之间的角色，起到了中间载体的作用。风险的媒介化同样具有双重性质，表现为风险传播方式的媒介化和风险传播主体的媒介化。

1. 风险传播方式的媒介化

传播方式是人类传递信息所采用的方法和形式，大众传播已经成为公众认识世界、掌握信息的主要渠道。传播媒介有两层含义：第一层是指传递信息的手段，如电话、计算机及网络、报纸、广播、电视等与传播技术有关的媒体。社会公众对媒介的依赖亦愈加强烈，而网络媒体的出现，一方面先进的技术带来了信息全球性的自由传播，另一方面，存在将利益矛盾冲突放大的可能，进而加剧了信息传播的风险性。媒介化社会传播的广泛性特征使得一旦传媒在风险呈现过程中出现偏差，高度发达的现代信息技术很快就会将其全球传播，由风险和灾难所导致的恐惧感和不信任感将通过现代信息手段迅速传播到全社会。因此，新技术所促进传播内容载体的进步使得风险传播方式媒介化。

2. 风险传播主体的媒介化

传播媒介的第二层含义是指从事信息的采集、选择、加工、制作和传输的组织或机构，如报社、电台和电视台等，即为风险传播主体。风险传播主体掌握着风险传播的工具和手段，决定着信息内容的取舍，作为传播过程的控制者发挥着主动作用。在“UGC”技术诞生以后，人们已不仅是信息的接受者更是信息的发布者，这个革命性的技术带来了“自媒体时代”。在这个时代中，人人都是新闻报道者、评论者、组织者、参与者，风险传播主体也经历着媒介化的过程，通过对内容的筛选、信息的扩大和延伸，加速了风险的传播。

二、环境污染型工程投资项目

环境污染型工程投资项目是指那些现实存在或者存在潜在生态环境损害风险的工程项目。环境污染型工程投资项目的建设往往需要投入大量的资金、遵守既定的程序、按时完成并符合质量等多个方面的指标要求。同一般性的工程项目一样，环境污染型工程投资项目的建设具有明显的周期性，从项目拟建到总体规划，然后进行设计、实施、竣工、使用、持续改进，最终直至项目的终止，其是一个系统的、完整的周期过程。环境污染型工程投资项目操作或处理不当，极易使其对生态环境的影响超过生态环境本身具有的自净能力，从而破坏原有的生态环境系统，对大气、土壤、水体等造成显性的或隐性的污染，同时使居民的生存环境遭到破坏，致使居民的健康和安全不受保障。

（一）环境污染型工程投资项目的分类

参考邻避设施的分类，可将“环境污染型工程投资项目”进行如下两种分类：

①与能源类项目有关的，包括核能发电厂、火力发电厂、炼油厂、石油化工厂等建设和运营。此类项目可以为全国范围的民众带来利益，却由项目实施附近居民承担成本，其生活环境、健康和生命财产受到威胁。由此引发的社会矛盾，贯穿在我国改革开放以来加快工业化的整个过程中，多发生在城市近郊或边缘地带，以厦门和大连的 PX 项目最终搬迁最具代表性。当然还有发生在一些城市居住区的变电站事件。

②与废弃物类项目有关的，包括垃圾处理焚化厂、污水处理厂等建设和运营。此类项目服务整个城市范围内的使用者，但可能影响附近地区居民的生活质量、安全健康或降低其房屋等财产的价值。随着民众环境保护意识增强，由此类项目引发的社会矛盾近年有增多趋势。一些城市在社区里建垃圾中转站而遭居民反对，不得不暂停施工，即属此类。

（二）环境污染型工程投资项目的特征

1. 项目负外部性强

负外部性，也称外部成本或外部不经济，是指一个人的行为或企业的行为影响了其他人或企业，使之支付了额外的成本费用，但后者又无法获得相应补偿的现象。环境污染型工程投资项目具有较强的正外部性，在促进我国社会经济发展的过程中扮演重要角色。如杭州余杭垃圾焚烧厂是杭州市的重点工程项目，该项目在建成后每天可以处理垃圾3000吨，能有效解决当前严峻的垃圾“围城”问题。尽管如此，项目所产生的效益为广大地区的使用者所共享，但其产生的负面影响由项目附近的居民所承担。正外部性使得政府相关部门上马环境污染型工程投资项目，而负外部性引起公众的不满从而抵制其建设。

2. 项目相关利益主体众多

出于促进当地社会经济发展的需要，相关部门提出方案并通过招商引资的方式引进环境污染型工程投资项目。而在环境污染型工程投资项目建成投产后，常常由企业来对项目进行运营。同时，由于环境污染型工程投资项目具有很强的负外部性，所以导致项目周边群众成为承担环境污染型工程投资项目运营后果的主体，并常常为其对环境造成的损害买单。此外，由于环境污染型工程投资项目具有议论度高的特征，重大环境污染型工程投资项目的建设还往往会吸引一些不具有直接利益关系的公众以及媒体的广泛关注。

3. 项目社会稳定风险导致治理难

一方面，环境污染型工程投资项目很容易对相关区域内的居民身体健康和生活环境造成侵害，而一旦发生安全事故，后果极其严重；另一方面，对于环境污染型工程投资项目造成的污染及危害后果，专家与大众的价值判断往往相左，此两点极易引发社会稳定风险。鉴于环境污染型工程投资项目涉及相关利益主体众多，包括政府层面、公民层面、企业层、专家层面及媒体层面，且对项目相关利益主体能力的高要求致使治理环境污染型工程投资项目社会稳定风险产生了困境。此外，不仅需要从纵向各个利益主体自身角度出发分析角色扮演，提出治理策略，更要着重加强横向各利益主体之间治理困境的机制构建。

三、社会稳定风险治理

（一）社会稳定风险

社会稳定风险一词源起于中国政治制度的一项创新，产生于社会稳定风险评估这一概念。目前，学术界尚无对社会稳定风险做出准确界定。在文献阅读的基础上总结出目前有如下三种具有代表性的界定倾向：

（1）以社会风险为基准，将社会稳定风险等同于广义上的社会风险。童星和张海波提出社会风险的概念，以此为基础，部分学者如杨锦琦、陈静等，认为广义的社会风险就是社会稳定风险，即“由于经济、政治、文化等子系统对社会大系统的依赖，任何一个领域内的风险都会影响和波及整个社会，造成社会动荡和社会不安，成为社会风险”。

(2) 侧重于对风险基本特征的强调，将社会稳定风险解释成社会遭受某种损失的不确定性和可能性。这是当前学术界对社会稳定风险概念最为普遍的一种界定方式。化涛认为社会稳定风险“就是一种爆发社会冲突、紊乱社会功能、危及社会稳定和社会正常秩序的可能性，即爆发社会危机的不确定性”。

(3) “社会风险的风险说”认为社会稳定风险是由社会风险积累引发的风险，黄德春等认为社会稳定风险是“社会系统中社会风险积累到一定程度，使得社会系统发生社会无序化和社会环境不和谐的可能性”。

本研究认为，社会稳定风险是指重大事项因处理不当，触犯群众利益，引起社会冲突或社会矛盾，并对社会稳定运行造成威胁的风险。社会风险的存在会危害社会稳定，社会稳定风险是一个由不稳定因素逐渐积累而形成的风险过程，一旦发生，在风险媒介化的条件下会迅速传播，因此，社会稳定风险具有潜在性、突发性、不确定性、传染性等特点。

(二) 风险治理

国际风险管理理事会（International Risk Governance Council，IRGC）对风险治理给出的定义是：“风险治理在更大的背景里处理风险的识别、评估、管理和沟通。”风险治理的框架包括风险评估准备、风险评价、风险类型化与估算、风险管理、风险沟通五个要素①。详见表 2－1。

表 2－1　风险治理的五个要素

风险治理要素	解释
风险评估准备	引导制定风险、预警和处理风险的准备工作，让相关行为体和利益相关方群体参与进来，以了解关于风险、其相关机会和解决风险的潜在战略的各种观点
风险评估	开发和综合知识库，以决定是否应承担和管理风险，如果是，确定并选择可用于预防、减轻、适应或分担风险的选项
风险类型化和估算	将风险评估结果（风险和关切评估）与具体标准进行比较的过程，确定风险的重要性和可接受性，以及准备决策
风险管理	设计和实施避免、减少（预防、适应、减轻）、转移或保留风险所需的行动和补救措施
风险沟通	让利益相关方参与评估和重视风险管理，以及需要充分考虑风险和社会背景，在此基础上处理风险

① 詹承豫，赵博然. 风险交流还是利益协调：地方政府社会风险沟通特征研究：基于 30 起环境群体性事件的多案例分析［J］. 北京行政学院学报，2019（1）：1－9.

综合社会稳定与社会风险的概念界定，本研究认为风险治理有如下特点：

（1）注重事前预防。如前所述，危机的根源在于风险。风险治理旨在从源头上避免危机的出现，是应对各类危机的治本之策。

（2）强调风险应对工作的科学性。这就要求在风险治理过程中充分发挥专业机构的作用，而非某一利益相关方“大包大揽”。

（3）注重利益相关各方的共同参与，且共同参与应体现在整个治理过程中。

（4）强调各利益相关方的主动性。主动性不仅体现在主动参与方面，同样体现在与其他利益相关方的沟通方面。尤其在社会风险治理领域，政府应当主动采取措施应对风险，而不是被动、消极地应对。

（三）社会稳定风险治理

据上文所述，社会稳定风险具有潜在性、突发性、不确定性、传染性等特点。从风险治理五个要素出发，社会稳定风险治理应首先针对可能影响社会稳定的因素开展系统调查，运用科学的风险管理方法，寻找和预测可能存在的社会稳定风险并归类，在此基础上对社会稳定风险及其风险因素进行评估，包括评估风险发生的可能性大小、风险发生的社会危害程度、风险可控性和可应对性等，选择可用于预防、减轻、适应或分担社会稳定风险的选项。同时应提高各利益相关方对参与风险评估和风险管理的重要性认识，在充分沟通的基础上处理社会稳定风险。

当前，风险传播主体与风险传播方式双重媒介化的条件下，社会稳定风险传播速度更快、范围更广、影响更大。这些特征要求政府出面进行社会稳定风险治理并提高治理能力。政府的社会稳定风险治理体现在：

（1）事前做好风险预警。政府确立政务公开体制，以积极态度对待各利益方的诉求，及时化解各类社会矛盾对于易产生社会稳定风险的项目信息进行公开披露，从源头上降低社会稳定风险的发生概率。

（2）事中起到综合中枢作用。社会稳定风险一旦发生，政府应了解民情，把握公众情绪，协调利益相关者之间的关系，及时协商解决方案，建立各方互信关系，跟进事件结果并实时反馈。

（3）事后进行善后处理工作。社会稳定风险消散后，政府对事件经验进行总结，进一步统筹完善事前应急预案，对于事件中处置不妥当的涉事单位及人员进行约谈整改。

媒体在社会稳定风险治理中也起到了重要作用。媒体的社会稳定风险治理主要体现在两个方面：

（1）为政府这一社会稳定治理主体，提供治理手段和工具。通过实施全媒体融合战略、创新信息生产方式、话语表达、传播路径和服务模式，切实提升主流媒体的主动权、接受度和影响力，作为政府与公众建立起对话信任关系的重要手段，提升各利益主体之间的沟通，从各个阶段防范社会稳定风险发生，进行社会稳定风险治理。

(2) 规范媒体信息传播途径，从事件前中后期减弱影响。通过立法等手段，对媒体传播环境进行改善与清理，对于通过各类媒体恶意舆论、传播谣言等惩戒，规范媒体信息传播途径，从而实现社会稳定风险治理。

第二节　风险媒介化下的环境污染型工程投资项目多元利益冲突

一、环境污染型工程投资项目的利益主体界定

利益是个人和组织行为的出发点和最终解释。环境污染型工程投资项目涉及多个利益主体，如何协调各方利益，降低利益主体、利益冲突引发的社会矛盾，是降低环境污染型工程投资项目的社会稳定风险的基础。

环境污染型工程投资项目由于工程项目的特点，工程的主要投资、管理主体一般是政府，包括项目所在地政府和上级政府；建设主体即项目法人，负责工程部分投资、具体建设事务以及建成投入运营管理等；其他主体包括除了政府和项目法人之外的能影响工程项目建设相关利益的主体，这些主体最有可能引发社会风险的是因工程项目使利益遭受损失的受损主体，主要包括项目所在地公众，此外还有非项目所在地的社会公众；媒体作为传播信息的媒介，起到了社会稳定风险传播扩散的中介作用。

总结看来，在环境污染型工程投资项目建设过程中，主要有六大利益主体：当地政府、上级政府、项目法人、项目所在地公众、非项目所在地公众、媒体。这些利益主体为了实现各自利益最大化，而参与到相互的利益博弈之中。

(一) 当地政府行政部门

环境污染型工程投资项目具有建设周期长、投资额较大等特点，项目主要投资一般由上级政府和当地政府共同完成。其中，当地政府作为环境污染型工程投资项目建设的主要投资、管理主体，从工程建设中获得的利益主要包括：社会利益、政治利益以及经济利益。其中，社会利益是指工程项目建设可以解决当地劳动就业、增加税收、优化产业结构，工程项目建设完工越顺利，当地

政府取得的社会利益越大；政治利益是指因工程建设而带来的政府政绩提升，工程项目建设顺利完工可以给政府带来很大的政治利益；经济利益是指政府因工程建设而获得的经济收益，主要包括工作酬劳、上级奖励等正常收益以及政府寻租的租金等经济收益。

（二）上级政府行政部门

上级政府行政部门作为环境污染型工程投资项目的主要投资方，其社会利益、政治利益、经济利益与当地政府基本一致又有所区别。项目建设顺利，当地政府所做的贡献会得到上级政府的认可，获得政治利益，上级政府也会因工程建设顺利完工获得相应的经济收益。在社会利益方面，尽管工程项目的建设可以解决当地劳动就业等社会问题，但项目所在地公众是环境污染型工程投资项目建设中的利益受益和受损主体，是社会稳定风险产生的重要原因。相比当地政府需要考虑当地公众的利益，上级政府行政部门会更加关注政治利益及经济利益。

（三）项目企业法人

项目法人受政府委托，负责环境污染型工程投资项目建设与运营，在这些过程中，其可以获得的利益主要包括：社会利益和经济利益。其中，社会利益是指项目法人通过工程项目建设，创造的增加就业机会、拉动产业发展等社会效益，以及社会给予项目法人的评价；经济利益是指项目法人因工程建设而获得的经济收益，包括工程投资产生的利润等正常收益以及其他收益。项目法人的社会利益与经济利益存在非线性关系，在某一范围内经济利益与社会利益同步变动，在其他范围内两者反向变动。项目法人参与工程建设必然是以营利为目的的，因此获取尽可能多的经济利益是项目法人追求的目标。但由于工程项目的主要投资者政府更注重工程项目的社会效益，项目法人在获取经济利益的同时，必须兼顾社会利益，否则会受到政府的惩罚。

（四）媒体

当今社会，媒体的报道及传播对于社会冲突事件的处理过程及结果有着举足轻重的作用。狭义上的媒体含义即新闻媒体，亦称大众媒体，一般来说，它包括纸质媒体（报刊）和电子媒体（广播、电视）以及随着互联网兴起后作为“新电子媒体”的网络。媒体有保持自身的中立性与肩负起为民监督的社会责任之间的矛盾、保持自身的中立性与部分媒体陷入抗争性的新闻范式的矛盾。部分新闻媒体为了吸引注意会故意有别于正统，误导公众从而煽动其情绪，引起社会稳定风险。

（五）项目所在地公众

项目所在地公众是环境污染型工程投资项目建设中的利益受益和受损主体，而社会风险爆发的根源往往是环境利益受损得不到应有的补偿。在当下提倡人与自然和谐共生的现代化背景下，居民对生态环保要求日益提高。而环境污染型工程投资项目在建设过程中，必然会使居民的生存环境遭到破坏，致使居民的健康和安全不受保障。而在建设地公众利益受损时，利益诉求主要来自政府以及项目法人给予的损失补偿。因此，在环境污染型工程投资项目建设过程中，项目利益相关的项目所在地公众的利益补偿问题是社会稳定风险治理的关键。

（六）非项目所在地公众

非项目所在地公众并非是环境污染型工程投资项目建设中直接的利益受益和受损主体，是以自媒体形式传播信息的重要力量。自媒体，又称“个人媒体”，以现代化、电子化的手段，是向不特定的大多数或者特定的单个人传递规范性及非规范性信息的新媒体的总称。众所周知的自媒体平台主要有：各大论坛、微信、博客、贴吧等。自媒体有着“低门槛易操作”“交互强传播快”的特点，可能会造成未经证实的消息迅速传播，造成恐慌从而引起社会稳定风险。

二、风险媒介化下的直接利益主体冲突过程

按照参与主体与事件有无直接利益关联分类，可以将利益冲突分为直接利益主体冲突和非直接利益冲突。直接利益主体冲突是指参与事件的主体人员，与冲突的指向对象存在着直接利益的冲突，非直接利益主体冲突，指的则是事件的参与者与冲突指向对象并无直接利益冲突。直接利益主体冲突主要包括以下两个方面。

（一）当地政府行政部门与项目所在地公众

政府作为公共管理机构，主要注重社会利益与官员政绩的提升，与此同时，建设环境污染型工程投资项目会为政府带来一定的经济利益。当地社会公众除了享受工程建设带来的增加就业、拉动经济发展等好处，部分公众则会为环境污染型工程投资项目做出牺牲。公众受损的利益由政府进行补偿，但是补偿方式及补偿多少，是社会矛盾的焦点。在实际补偿操作中，关于利益补偿的问题，项目所在地公众必然会将矛头首先指向当地政府。单个公众占有的社会资源较少，公众常常会通过引发环境群体性事件来实现环境诉求。在风险媒介化社会的背景下，环境群体性事件的爆发速度和规模逐渐增大，因此，在利益补偿问题上，极有可能引发社会稳定风险。

（二）当地政府行政部门与项目企业法人

两者的利益冲突表现在：首先，在环境污染型工程投资项目建设过程中，当地政府主要注重社会利益以及政治利益，经济利益一般情况下不是政府的主要追求；项目企业法人在环境污染型工程投资项目的建设过程中可以获得社会利益和经济利益，但是，企业的根本目的是盈利最大化，项目法人必然会将经济利益放于首位。其次，项目法人如果过于重视经济利益，不仅可能损害到项目法人的社会利益的实现，同时也不利于政府实现其社会利益和政治利益。同样，如果政府过于追求社会利益和政治利益也会对项目法人实现经济利益产生限制。

三、风险媒介化下的非直接利益主体冲突过程

非直接利益主体冲突过程具有人员无组织化、情绪化较为明显的特征。非直接利益主体的群体性事件是在利益矛盾为诱因的基础上爆发的，经过利益矛盾的发酵及参与群体的急剧扩张，造成了直接利益向非直接利益的位移，其参与人群的最终利益矛盾也不是最初的直接利益矛盾，发泄的过程中裹挟着更为严重的暴力性、破坏性。

（一）非项目所在地公众与政府行政部门

在环境污染型工程投资项目建设对项目当地公众的利益造成损害时，非项目所在地公众都曾有过与类似事件相关的利益损失。当个体拥有曾遭受某些不公平待遇的回忆，当再次遇到相似的不公平待遇场景时，围观者很容易选择同情相对弱势的受害者。非项目所在地公众是大规模群体，而风险传播方式以及风险传播主体的媒介化成为了非项目所在地群众之间情绪互相交叉、感染的催化剂，促使更多的人加入到事件中，当他们的对抗情绪逐渐强烈、行为逐渐脱序时，也就造成了事件规模的升级化、参与行为非理性化的局面。然而，与直接利益主体相比，非项目所在地公众的利益诉求并不明确，甚至会致使直接利益参与者的诉求越被边缘化。因此，非项目所在地公众同样与政府行政部门有利益冲突，而如何处理这种没有明确诉求的事件，是对政府及相关部门应对能力的更高挑战。

（二）媒体与政府行政部门

媒体包含经济效益和社会效益两方面：媒体的社会效益是指新闻媒介在实现其社会功能的过程中对社会稳定与发展所起的积极作用；经济效益则是指其作为一个经济实体在经济活动中的投入和产出之比。

一方面，从社会效益角度看，媒体人的社会责任其实就是媒体的生存法则，

媒体要“促进新闻信息真实、准确、全面、客观传播”，是政府处理社会事务、协调与社会大众关系的辅助者与参与者。

另一方面，在市场经济的今天，一些新闻媒体将经济效益放在首要地位。尤其是在新媒体的信息收集过程中，因带有强烈的个性化特征，部分人为了一己私欲可能会故意制造假新闻或是故意制造话题，引导舆论导向，对事实进行歪曲，追求片面的轰动效应。在整个环境污染型工程投资项目建设过程中，一旦大众媒体强化或忽略某方面的报道，就可实现对舆情的发生发展的掌控，这就容易造成政府与民众之间的信任危机，因此与政府的社会利益产生冲突。

第三节　媒介化社会环境下的社会风险放大过程

一、媒介化社会发展及其特征

大众媒介的大范围使用和传播促使了媒介化社会的出现。媒介化社会可简单地定义为媒介影响力交织构建的社会。媒介化社会的研究最早起源于 1958 年丹尼尔·勒纳（Daniel Lerner）在《传统社会的消逝》中对中东现代化的分析，他提出没有一个发达的大众传播系统，现代化社会就不能发挥有效作用。此外，一直关注发展中国家发展问题的传播学集大成者施拉姆（Schramm）也在《大众传播媒介与社会发展》中表明了类似的观点。复旦大学于 2004 年举办题为“媒介化社会：现状与趋势”的论坛，学者从信息环境与社会发展等各个方面阐释媒介化社会的形成。印刷媒体的出现，电视广播的普及，使得报纸、广播和电视三大传统媒体兴起，影响着并改变着人们对信息获取的方式和对社会的认知，在社会的发展中起到了潜在的作用。现代社会网络技术的加入，使得媒介化社会的进程进一步被推进，人们每天都通过媒介来传播和获取信息以完善对世界的认知。目前，媒介融合、信息依赖和环境建构这三重逻辑交织在一起，构成了媒介化社会的建设性力量。媒介化社会具有以下特征。

（一）信息传播内容覆盖广

随着社会进步，媒介手段愈发多样化，除了报纸、广播和电视这三大传统媒介，大数据网络媒介也在社会信息传播中发挥着重要的作用。前者通过专业的从业人员对信息进行收集、整合和传播，而后者的传播主体则更加多元化，不同地域、不同文化层次的社会公众都可以通过大数据网络媒介进行信息发布。因此，社会公众可以在法律允许的范围内，基于媒介的开放性和平等性，对自己获取的信息通过各类工具进行发布，具有较大的自由度和灵活度，这就使得媒介化社会中信息传播的内容变得丰富多彩，包罗万象。

（二）媒介影响力在社会全方位渗透

随着媒介的发展与进步，媒介产品日益丰富，社会公众依赖于媒介手段获取信息、认识世界并作用于日常生活。具体而言，在媒介化社会下，社会公众通过各类媒介所反映和传播的信息来了解事件发生的背景、起因、过程、结果，认识事件的本质和特征，部分社会公众完全基于此来判断事件的性质、评价事件的结果，进而对整个事件进行全面认知。因此，媒介化社会中媒介影响力在社会各种事件中进行全方位的渗透和传播，影响着人们对各类社会现象的判断。

（三）信息传播速度快

由于媒介工具的多样化发展、大数据网络技术的支持，社会公众都可以通过媒介工具，随时随地，几乎无需花费任何成本对搜集到的简单信息进行传播共享，实况更新。这个信息及与其相关的各类信息将通过媒介瞬间扩散，一传十、十传百，一个信息结点将通过媒介形成无数个新的信息结点，具有极其强大的扩散性和到达率，覆盖所有使用各类媒介的社会公众，最终实现裂变式无界传播。

二、媒体的社会风险定义与传播

社会风险是一种引起社会矛盾，导致社会动荡，破坏社会原有秩序的可能性，是对于是否改变现有社会运行机制和稳定局面的不确定性。通常我们用造成损害的可能性、严重性和破坏性来定义和衡量社会风险，但是这种传统的定义方法没有考虑到造成社会风险后果的间接影响。随着媒介工具的丰富与发展，媒介化社会的逐步形成与完善，大众媒体已经更新升级了传统的功能与作用，成为信息传播扩散的主力军，这使得社会风险事件的不确定性加剧，对社会风险的定义也产生一定的影响。媒体的社会风险可分为如下两种类型。

（一）先于媒体存在的传统社会风险

媒体对于传统社会风险的影响主要在于媒体是社会风险传播和扩散的一个渠道，社会公众通过媒体传播的风险信息形成自我对社会风险的认知并对此社会风险进行判断。媒体对于社会风险具有诠释性作用，其介入的程度、描述社会风险的符号等都影响着社会公众对社会风险的判断。比如，2018 年麻栗坡“9·02”特大山洪泥石流灾害事件。无论是否处于媒介化社会，泥石流灾害都会发生，媒体只是向社会公众发布信息，跟进事件进程的重要手段。在这个过程中媒体起到灾难预告、实时追踪、分担风险的作用，但也可能由于媒体报道扩大社会风险事件的影响。

（二）存在于媒体传播中的新社会风险

媒介化社会下，媒体的多样性使得现在信息的传播不比传统媒体具有严格的审核与把关，同时社会公众越来越依靠媒体来进行信息的收集和获取，这就会导致在媒体传播信息的过程中会生成新的社会风险，例如，无中生有的网络谣言、恶意炒作、夸张事实等。这是媒介化社会下产生的新的社会风险。例如，2007年厦门PX事件中，被信息接收者大批量转发的著名媒体的报道中均含有"致癌几率过高""导致胎儿畸形"等过度夸张，与事实严重不符的刺激性信号，这使得事件由于媒体的信息传播恶化，最终导致了群体性事件的发生。

基于现代社会风险的媒介化依赖于媒体的特点，可以把现代社会中人们依赖的媒体类型大致分为两类，一类是传统媒体，另一类是大数据网络媒体，其中传统媒体包括以报刊为代表的阅读媒体和以电视为代表的视听媒体。大数据网络媒体包括微信公众号、微博、论坛、贴吧等基于网络的媒体形式。传统媒体对社会风险是一种自上而下的传播，而大数据网络媒体对社会风险进行双向传播。同时，通过复制粘贴、转发、点赞、评论、投票、分享、搜索等手段进行传播的大数据网络媒体手段，扩大了社会风险传播蔓延的范围，加剧社会风险影响带来的不确定性。

三、媒体的社会风险信息机制作用

风险的社会体验主要分为两类。第一类是社会公众或者团体直接参与、感受风险事件的风险体验。另一类是基于媒体传递的关于风险识别、风险信息、风险管理的间接或次级的风险体验。日常生活中，社会公众直接参与、围观的社会风险可以对参与主体形成更具体、更巨大的冲击，强化参与主体的危险记忆以及可想象和发挥的空间，进而强化了对风险的认识。但是，社会公众面对像这样的直接风险体验的机会极少，人们更多都是通过从各类媒介手段中获取社会风险的信息，形成自己对风险事件的认知或弥补自己对风险事件认知的缺失。由此看来，媒介化社会下，通过各类丰富的媒体手段所传播出的信息流将成为社会公众认识、了解、识别、判断社会风险的一个关键因素。信息的量、信息的受争议程度、信息的戏剧化程度、信息的象征意蕴构成了媒体的社会风险信息机制四大组成部分。

（一）信息的量

随着媒介化社会的发展，丰富多彩的媒介手段使得信息可以通过多种途径大批量传播。在此，我们不研究信息的具体内容及其精准性，单纯从信息的数量出发，连载的电视报纸报道和极高的阅读转发传播量使更多的社会公众了解风险事件的发生始末，引发媒体设置特定风险议题。在这个过程中，与社会风险事件有关的多元利益相关者将各类媒体作为自身表述观点、寻求支持、发布声明、风险管理的重要手段。Renn 等学者研究表明，第一层级的风险后果与媒体的报道数量大致成正比，媒体报道的越多，传播的信息量越大，这类风险事件受到的关注也就越多。Mazur（1990）在其研究中也得出了相同的结论。井喷式的信息传播不仅有还原事件的作用，一定程度上也塑造和粉饰了风险事件。此外，多种主体不间断地通过各种媒体手段传播信息，大量的信息会刺激社会公众对以往类似风险事件整体过程的回忆，潜移默化地增加了现有社会风险的不确定性。这样一来，被视为相当危险的提供信息的技术或活动也就在媒体的报道之中了。

（二）信息的受争议程度

个体或团体对信息的争议程度是媒体的社会风险信息机制的第二组成部分。不同媒体有着各自不同的利益，对于报道所选择的角度也就不尽相同。同样，每一个人都共同生活在这个复杂的社会中，但是每一个体都保留着各自的特征。所以，对于任何一个事件都有可能引起一定的争论。对于社会公众已经知道或者熟悉，形成定性思维的领域和环境，如果出现个体或团体的信息争议，尤其这些争议若是风险专家或者是比他人更容易接触这类风险的个体、团体通过媒介发布和提出的，那么这些信息就会导致社会公众对风险是否真的被识别的疑虑增加，同时，官方发言人的可信赖程度将降低。社会公众、自然科学家、社会学者、新闻工作者等自身原有的知识储备不同，所以面对某一方面的风险事件时，所体现的冷静性与客观性也不同，对待风险事件的态度存在着很大的差异，因此就会产生对风险信息的争议。这种对风险的过度反应会引起社会公众对这类风险分歧的更加持续的关注，本来只是一定的社会风险就容易在争议中转换为社会焦点问题。

（三）信息的戏剧化程度

目前，媒体成为社会公众接收信息的重要手段之一，但是媒体的多样性使得参与媒介、传播信息的介入门槛变低，信息的传播者不仅局限于专业的传媒人才，任何人都可以通过媒介来发布自己想要扩散的信息。加之对风险事件本身所持有的恐惧态度，部分社会公众夸大事实真相、发布虚假信息。这些信息通过媒体工具进行传播，就会导致一个微小的事件持续发酵，引起比预期更大的社会反映和严重后果。卡斯蒂娜达（Castaneda）（2005）在其研究中表明，被不实信息所煽动起来的不理性舆论将会对风险的传播、扩散与放大产生推波助澜的作用。如果这些错误的或者夸张的社会风险信息没有被及时订正修改，那么一件本身微不足道的事情将会被无形地放大，信息的戏剧化程度导致它带来的影响和社会动荡也会随之放大和加剧。

（四）信息的象征意蕴

人际关系网络对社会风险的各个方面都会产生一定的影响。人际关系网络中非正式沟通网络的主体包括好友、家人、邻居、同事、同学和社会团体等。人们在考虑风险的时候，不会只根据自己的想法进行决策，还会参考类似社会事件的结果以及同龄人对此类事件的看法。非正式沟通网络为决策提供了证实风险认知的信息基准点。由于人们在思考问题时会考虑目前的时代背景、个人偏好及文化特征，这些很大程度上都会强化社会风险的影响。媒体工具的发展丰富填充了社会风险分析框架，新的框架包容了与原有理念相违背的新信息。非正式沟通的人际关系网也会导致风险识别、度量、关注持续度的不同意见。由于风险专家在讨论社会风险的认识、测度、评价、管理方面也存在文化偏好，因此多样的主体形成了多样的小组，不同的小组对社会风险的态度呈现了专家与理念的区别。象征性意蕴让某些风险事件与特定的专业名词联系在一起，各类媒体工具发布信息所使用的辞藻会引发社会公众产生与它们的本意完全不相干的联想。最终，特定术语或概念在风险信息中的使用，可能会对不同的社会和文化团体有着截然不同的意义。

四、媒体的社会风险响应机制作用

信息机制作用之后，社会风险事件将会受到广泛持续的关注，当风险事件与公众的认知产生共鸣或偏差时，媒体的社会风险响应机制将会发生作用。响应机制是指对信息机制传播的多元信息流进行充分地解读与反应。在这个过程中，基于事件所处的政治、经济、文化、社会背景，风险信息被阐述、被认知、被判断，并且被赋予了附加价值。媒体的社会风险响应机制主要有四个途径。

（一）启发式与价值

在面对复杂多变的社会风险信息时，个体与团体价值偏好的不同会导致对社会风险的不同反应和不同评估。在单独应对日常生活中复杂和大量风险的时候，个体有时是很乏力的。这个时候，人们在评估风险并塑造社会反应的时候会用简化的机制来应对，但这些过程有时会带来导致扭曲和错误的偏好，尤其是在让个体面对一个充满风险的世界的时候，这种情况更加可能出现。除此之外，在应对社会风险的措施方面，由于个体与团体在力量和价值观方面的不同也会产生不同的结果。媒体传播的信息可以启发社会公众对事件的思考。在社会公众没有直接参与体验风险的情况下，媒体传播事件时所用的语言、图片、标题、版面以及更新信息的频率都会引导公众沿着媒体报道的偏向对此进行思考和价值判断，从而起到媒体对社会风险响应的启发作用。

（二）社会团体关系

社会团体关系是指多元利益相关方的性质会导致其参与者对社会风险识别、认识、防御的差异。基于媒介化社会的背景，各类媒体工具使得信息的传播覆盖面更广，使得社会风险引起了更广泛社会公众的关注。首先，不同主体通过媒介的大规模信息传播，不仅对社会风险进行了报道，同时也界定和塑造了事件的本身。社会公众通过不同媒介手段接收到风险信息后，产生了事件的支持者、反对者和中立者，他们再通过各类媒介发表自己的观点与看法，对事件的结果进行不断地争辩。在这个过程中，三者对风险的认识和见解以及拟采取的措施会受到团体性质的影响，并通过媒介的传播影响和改变更多人。这种影响和改变包括新成员的加入和旧成员的退出。在风险的解读中结成的支持者、反对者、中立者群体会成为日后风险防范、管理、控制的重要阐释者。

（三）信号值

社会风险事件传递的更深影响及其产生的危险预兆和严重后果，取决于这个社会风险的信号数值，即信号值。信号值又称信息度，与社会风险事件的属性和危险程度高度相关。一般来说，高信号值事件不同于其他风险事件，它自身包含了更多的新风险，有更大的可能性产生比预期更严重的后果和危害。如果引起社会风险的事件是在被社会公众熟知的系统下发生的，那么这类社会风险产生的后果及引起的社会动荡基本在可以预计的范围内。但是，引起社会风险的事件所在的领域不在公众所熟知的范围，而是通过各类媒介手段传染病式的传播，就很有可能被社会公众解读为严重风险事件。社会公众对风险的态度和观点仍可以通过媒介手段持续传播，就导致这类社会风险事件持续发酵，超过其自身该有的风险影响和原有的预期损失值，引起更大程度的社会恐慌。此外，如果在这类社会公众陌生的领域，发生了信号源不详的社会风险事件，可能会加重社会风险的后果，从而对政治、经济的稳定与发展产生重大影响。

（四）污名化

污名化是指与不受欢迎的团体或个体联系在一起的负面形象。污名化在某种程度上先于社会风险存在，甚至成为社会风险形成和扩大的原因之一。由于污名化的主体具有不受公众欢迎、嫌弃憎恶、恐惧害怕、极力回避的特点，催生社会风险的污名与普通的社会风险相比，将导致更加重大的社会动荡。对于社会风险的污名化响应方式，主要分为两种。第一种是社会风险事件本身被污名，但由于媒介发展会造成更大更深远的影响。在媒介化社会下，由于媒体手段丰富、信息覆盖面广、信息传播速度快，此类被污名化的团体、个体或环境的负面影响所造成后果的范围将更大，所持续的时间将更长，所带来的恶劣社会影响也会更严重。第二种是媒介化社会下由于媒介传播而导致的污名。污名的产生有很多途径，比如，某种不愉快的亲身体验、人际传播、思想教育、社会已有的文化背景等。而媒介污名化是众多污名途径中影响最大、见效最快的一种。大众媒体在进行信息的共享传播时，会有意或无意地带有自身贬低、歧视、偏激的感情色彩而对某一社会事件进行报道，从而在信息接收者中形成污名化效应。除此之外，污名化也可作为某一社会风险事件的结果而存在。这种污名化将在这一事件结束之后依旧存在，当下次同类或相似事件发生时，社会公众将会不自觉地与这一事件进行联想，从而在还没有深入了解事件始末的时候，就产生了较差的第一印象，加剧新事件社会风险的传播。由此可见，污名化与社会风险相互影响，形成了一个无限循环的圆圈。

第四节　环境污染型工程投资项目社会稳定风险治理

一、风险媒介化下的多元利益主体冲突治理

（一）协同治理

1. 治理

"治理"是政府的治理工具，是指政府的行为方式，以及通过某些途径用以调节政府行为的机制。与统治、管制不同，治理指的是一种由共同的目标支持的活动。Stoker 关于治理的五个论点是最具代表性的：第一，他认为政府不再是国家唯一的权力中心，任何公众认可且合法的机构均可成为权力中心。第二，治理意味着政府在责任转移过程中或许会与民众的社会责任产生分歧。第三，参加集体行动的所有组织间存在权利依赖，各个组织要通过互相协作、交换资源、协商讨论来实现共同目标。第四，自主自治网络的形成。第五，政府应运用新技术和新方法对公共事务进行引导和控制，而不能仅靠自身的权力或权威。

2. 协同治理

"协同"指各参与主体有共同目标，并愿意为实现共同目标而协作。协同要求参与各方之间有序配合、共享资源、共定规则、共同行动、共担责任。通过对"治理"和"协同"概念的介绍，可知协同治理是指政府和各参与主体基于

信任，遵守共同制定的规则，进而采取行动解决公共事务的过程。其特征如下：

治理主体的多元性。治理主体包括政府、企业、社会组织、家庭甚至民众个人。当今社会公共事物的解决依靠市场供求体制已不现实，依靠传统的民主政治更不现实，而需依靠多方利益主体共同参与。

政府的主导性。在整个治理过程中，政府仍扮演主导角色。政府需制定规则和目标，在互动和沟通中仍需其引导和把控。此外，还要提供财务技术支持，并在多方平衡的基础上制定最终决策。

自组织的协调性。参与协同治理的每个主体间既有合作关系，也存在互相影响和干扰。要想充分发挥每个主体在参与治理中的主观能动性就必须充分协调好各方的利益，只有做到了这一点各方才更易就同一事物达成一致意见。

（二）冲突治理困境

1. 当地政府被动停工

在前期，政府对于是否进行环境污染型工程投资项目的建设通常采取封闭式决策。地方政府从地方发展的角度来看，招商引资、投资项目建设必然会促进当地经济增长、增加社会福利，而群众反对的声音更多的则是出于个人利益考量且专业认知有限，并未考虑到项目建设为区域整体发展带来的正面效应。因此，政府通常不会公开项目建设决策过程、忽略公众偏好，与社区居民缺乏有效沟通。

在环境污染型工程投资项目建设过程中，公众的表达诉求仍然没有引起当地政府的重视。然而在社会公民意识逐渐提升的当下，环境群体性事件严重影响了社会秩序，政府的责任意识和处理冲突事件的能力经受着考验。此时转变群众的态度已经有些乏力，当地政府出于维稳考虑，最终只能做出迁址或停工的决定。

2. 社会矛盾升级

从公众自身角度出发，反抗情绪越来越激烈、冲突升级的原因主要有两方面：一方面，公众的专业知识有限，对于环境污染型工程投资项目的了解局限于现实生活中社会经验的总结，并且在风险媒介化社会网络的大肆渲染下，公众认知被进一步模糊和混淆，其情绪更易受到操纵；另一方面，随着人们环境意识和生命安全意识的提升，环境污染型工程投资项目便成了项目所在地群众的“黑名单”，其潜在风险和现实危害让人们感受到自己的权益被侵犯。此外，封闭式决策导致了多数环境污染型工程投资项目是在大多数公众不知情的情况下动工兴建的，因此也更加刺激了公众心理上的“不公平感”。

此外，非项目所在地公众是大规模群体，而风险传播方式以及风险传播主体的媒介化成为了非项目所在地群众之间情绪互相交叉、感染的催化剂，促使更多的人加入到事件中，加剧了环境污染型工程投资项目社会稳定的风险。

3. 企业法人追求经济效益

企业以盈利为目的，在进行环境污染型工程投资项目的决策时考虑的首要因素是经济效益，而在风险方面却极易忽视安全事故成本和环境影响导致公众反对所带来的社会稳定风险成本。一方面，企业对自身安全技术过度自信从而对项目建设施工所带来的安全隐患视而不见；另一方面，其将群众反抗所引起的社会稳定风险归因于政府。最终资本的逐利性使民众的权益受损，严重侵犯了公众的生存权。从结果来看，环境污染型项目的中途停工不仅造成了经济资源和社会资源的极大浪费，同时也是企业社会责任缺失的体现。

4. 媒体社会责任缺失

舆论的形成和发展是发生社会稳定风险的关键因素，媒体对于环境污染型工程投资项目建设的整个过程和冲突事件的处理起着至关重要的作用。而媒体保持自身的中立性与肩负起为民监督的社会责任之间的矛盾、保持自身的独立性与部分媒体陷入抗争性的新闻报道范式的矛盾。部分媒体为博人眼球，不顾事实真相，对事件的报导易将公众认知指引到偏激方向。因此，环境污染型工程投资项目的危害和风险经过部分媒体的渲染与放大，使舆情持续发酵，公众会采取非理性的行动。

二、环境污染型工程投资项目的风险信息传播媒介治理

（一）传播媒介治理要素

1. 新媒体平台

在环境污染型工程投资项目规划和建设过程中，鉴于其敏感性，传统媒体不会率先报道，首曝多以微信、微博、论坛等新媒体为主。新媒体是有关项目信息发布和传播的最主要来源，也是加快舆情发酵的催化剂。新媒体平台具有一定的封闭性，是一种基于用户关系信息分享、传播及获取的简短实时信息的社交媒体，强化以关注机制获取信息和以朋友关系为基础的社交推荐，在流量红利时代，新媒体平台大量喷涌而出，信息真假难辨，质量良莠不齐。

2. 新媒体用户

新媒体平台上的信息传播多以文字、图片、视频等多媒体实现信息的及时分享、传播互动，形成了以知识爆炸为本质的信息过载，信息商品已无孔不入地侵占了人们的时间。在讲述一件事时，舆论力量削弱了人们在网络事件中保持独立思考和判断的能力，在信息洪流中，人们已很难分辨信息的真实性及客观性，且

极易相信非权威机构作为单一信息源的一面之词。部分用户媒介素养不高，法制观念和道德意识不强，便给了新媒体平台引导舆情、散发谣言的机会。此外，新媒体平台的匿名性鼓励了转发行为，使得虚假信息泛滥。

（二）传播媒介治理途径

作为一个独特的社会组织，新闻媒体的肩上担负着信息传播、舆论引导、民意表达、舆论监督等多项社会责任。在冲突的潜伏阶段和发生过程中，我们都会发现新闻媒体失语或缺位的情况。事实上，传播媒介是环境污染型工程投资项目社会稳定风险治理中的重要对象，其履行好自身的社会责任对于治理冲突意义深远。

1. 新闻媒体平台的治理

从技术层面来讲，对新媒体平台的治理有了更高的要求，需要不断整合优化。虽然微信、微博、论坛都有删帖、投诉等功能，但媒介事件的治理还需要一套完整的管理体系。相关部门应加大把关力度，从信息的产生、发布到监管，匹配关键词，及时有效地处理与关键词匹配的信息，增加过滤强度，在平台检测出不良信息时及时处理。新媒体传播迅速、广泛，网络事件治理的难度增大，新媒体平台需要不断提升技术来应对网络事件。

除治理的技术层面，新闻媒体平台的从业意识和责任意识是传播媒介治理 的关键。首先，要强化媒体责任意识，完善平台考核机制。相关部门应将媒体的科普宣传纳入考核范畴，任何引起社会不安和动荡的因素都应引起媒体关注，发挥其传播功能，保证信息的完整性、真实性和客观性。其次，要规范自身的传播范式，加强外部监督，避免猎奇报道，过于关注流量和点击量的报道范式应及时受到责令和整改。此外，要增强媒体平台的独立性，其独立性应建立在与政府部门充分有效沟通的基础上，做好政府政策的传播者，同时尊重行业使命，真正关注社会问题，揭露社会问题，推动社会问题的解决。

2. 自媒体的治理

在新媒体出现之前，报刊、广播和电视等传统媒体占据主导地位，而自媒体的出现使大众成为信息的发布者，专业媒体人的媒介素养也是风险信息传播媒介治理的关键。专业媒体人是新媒体的管理者和引导者，相较于普通公众对信息更敏感，更易捕捉和处理信息，从而发现问题、解决问题，并能根据当前的形势正确地引导大众，把社会效应放在首位，有利于舆情监控和舆论引导机制的建立健全。自媒体是大众交流、信息充分分享的平台，同样肩负着为社会传递正确舆论导向和价值观念的责任，在一个自由发声的平台上也应有其相应的法律规范和道德约束力，在社会热点事件面前每一个自由媒体人都应该自我约束。

3. 社会组织

环境污染型工程投资项目社会稳定风险治理强调协同治理和自组织的协调性，不应仅局限于政府。作为政府与市场之外的第三方，社会组织是群体性事件治理不可或缺的重要力量。其宗旨是服务公众，在一定程度上能弥补政府应对群体性事件时失灵的负面影响。

社会组织应熟悉传播媒介的特点，有针对性地对传播媒介散布的信息及新媒体用户传播行为、过程实行有效监督。同时，保持与新闻媒介的顺畅沟通，建立广泛而密切的联系。在风险信息传播媒介的治理方面，可建立网络信息鉴别委员会等，短时间内针对混淆视听的网络信息高效、及时地侦查和反馈，给出权威意见和指导，尤其在极具敏感性的环境群体性事件及相关问题上迅速反应，从而预防网络不实信息混乱，起到监督作用。

第三章

环境污染型工程投资项目多元利益冲突的社会网络分析

第一节　环境污染型工程投资项目的利益网络关系

一、环境污染型工程投资项目的因素识别与分类

（一）环境污染型工程投资项目的利益相关者识别

国内学者对利益相关者的识别主要参考了西方学者 Freeman，Wheeler，Mitchell 等人对利益相关者的识别方式。谢钮敏和魏晓平认为根据利益相关者与项目的不同影响关系，建设工程项目利益相关者分为：主要利益相关者（即那些与项目有合法的契约合同关系的团体或个人）和次要利益相关者（即那些与项目有隐性契约，但并未正式参与到项目的交易中，受项目影响或能够影响项目的团体或个人）。丁荣贵认为项目利益相关者的识别必须解决三个重要问题，一是怎样才能保证与项目成败相关的利益相关者都能够识别出来，二是如何清晰表达利益相关者的需求，三是由谁承担和识别利益相关者的责任。基于此他提出了项目利益相关者识别的三维模型来解决第一个问题：从角色维（信息传递者、决策者、影响者、实施者和受益者）、过程维（启动、计划、实施和收尾）和任务维（规划活动、操作活动和维护活动）三个维度出发，在后续的研究中基于该模型采用滚雪球的方式确定了重庆轨道交通六号线的项目治理中的各个利益相关者，包括业主方、设计方联合体、监理方联合体、施工方、勘察方、供应商、上级主管部门（市政府、市发改委）、相关管理部门（规划局、质监局、安监局、交通部门）和其他利益相关方（被征地农民）。

王文学和尹贻林对某建设工程利益相关者划分为内部利益相关者和外部利益相关者：内部利益相关者是指与建设工程决策、设计、施工、竣工和运营直接联系的单位或部门，如投资主体、政府主管部门、代建单位、施工单位、监

理单位、设计单位和运营单位等；外部利益相关者包括政府相关审批部门、政府各公共设施管理部门、被拆迁民用工程的居民、建设工程使用者等，并专门对小区拆迁利益相关者进行识别，包括拆迁部门、小区居民、当地建委、城投公司、市政部门等。王进和许玉洁通过问卷调查识别了大型工程项目的12类关键利益相关者，并从紧迫性、影响性和主动性及综合维度对这些利益相关者分析，将大型工程项目的利益相关者分为三种类型：核心型（建设单位、承包商），战略型（勘察设计单位、材料设备供应商、投资人、监理单位、政府部门、运营方、高层管理人员）以及外围型（员工、工程项目所在社区、环保部门）。刘奇等通过调研和统计分析的方法得到城市轨道交通项目的核心利益相关者是地方政府、投资人、运营方、使用者和施工单位。毛小平等通过问卷调查和统计分析的方法，从主导力和意愿度两个维度将建设工程项目利益相关者分为四种类型：核心主导型、核心诱导型、支持型和边缘潜伏型利益相关者。吕萍通过问卷调查识别出了政府投资项目全生命周期各阶段的利益相关者，并分为核心利益相关者、一般利益相关者和边缘利益相关者三类。

根据以上分析，对工程项目利益相关者的识别与分类趋势集中在以下两方面：一是对不同利益相关者进行度量，归结到不同的主要利益相关者至次要利益相关者；二是按工程项目的特点，按不同利益相关者的特征进行分类。考虑到环境污染型工程投资项目的特殊性，本书对环境污染型工程投资项目利益相关者进行归纳统计，统计结果见表3-1。

表3-1 环境污染型工程投资项目利益相关者识别

利益相关者	利益相关者的描述
S_1：地方政府	环境污染型工程投资项目所在地的政府机关
S_2：中央政府	所在地偏远，统筹规划的中央政府
S_3：项目法人	环境污染型工程投资项目建设的责任主体，负责项目策划、建设实施等
S_4：承包商	具体承担环境污染型工程投资项目建设的相关单位，受雇于项目法人
S_5：供应商	为环境污染型工程投资项目提供材料、设备等的相关单位
S_6：监理单位	承担环境污染型工程投资项目监理任务的单位
S_7：设计单位	为环境污染型工程投资项目进行设计工作的相关单位
S_8：当地群众	生活在项目所在地而且受到环境污染型工程投资项目影响的群众

续表

利益相关者	利益相关者的描述
S_9：专家学者	长期从事环境保护领域学术研究，研究水平被社会所认可
S_{10}：社会公众	对环境污染型工程投资项目比较关心的非项目所在地普通群众
S_{11}：媒体	报纸、网络、广播等传统媒体和微信、微博等新媒体平台及其从业者
S_{12}：环保组织	对环境污染型工程投资项目比较关注的环境保护组织
S_{13}：社会稳定与发展组织	当地对环境污染型工程投资项目比较关注的社会稳定与发展组织
S_{14}：当地环保局	当地负责生态维护的生态环境保护局

（二）环境污染型工程投资项目的利益相关者分类

国内学者王雪青等通过文献梳理出 18 种建设工程利益相关者，通过社会网络的密度、中心势、中心度和结构洞分析，阐述了各建设工程利益相关者的角色或位置，并将各利益相关者划分为核心利益相关者、蛰伏利益相关者和边缘利益相关者。

环境污染型工程利益相关者与一般建设工程利益相关者存在一定的相似性：

（1）识别方法上与其他领域类似，主要有调查、访谈、文献梳理、滚雪球、头脑风暴等。

（2）利益相关者的识别一般从利益相关者与工程的关系（主要、次要，内部、外部，确定/核心、潜伏/战略/一般、边缘/外围，直接、间接、其他等），利益相关者的角色（决策者、实施者、信息传递者、影响者、受益者等），工程所处的阶段（决策、规划设计、建造、运营等），识别者或研究者所关注的重点（一般建设工程、公共工程、环境污染型工程、PPP 项目，项目治理、风险管理等），以及这些因素的组合等角度进行。

因研究目的不同，其利益相关者种类和特征可能具有较大不同，因此必须根据研究目的，结合具体的管理活动进行利益相关者识别、分类、分析与管理，并根据分析结果有针对性地进行利益相关者管理，以顺利实现环境污染型工程投资项目建设目标。因此，针对环境污染型工程投资项目社会风险利益相关者的识别需要做到以下两点：

（1）围绕三个方面：对项目相关的所有利益相关者识别；能够清晰地表达所有利益相关者在不断变化的工程环境下与社会风险相关的属性、利益需求或诉求；明确利益相关者识别的责任或任务承担者。

（2）综合运用多种方法或工具：问卷调查、现场实地调研、访谈等，甚至根据需求建立工程项目社会风险研究相关的利益相关者数据库。

在环境污染工程项目社会风险管理实践中，首先要清楚地了解在工程建设过程中存在什么样的不确定或确定的因素可能导致社会风险的发生（即社会风险因素），然后进一步需要分析这些因素涉及哪个或哪些利益相关者（社会风险利益相关者），这些利益相关者又是在这些社会风险因素中扮演什么样的角色，我们认为利益相关者与社会风险关系中的角色是由其属性决定的（属性），具体是哪些属性还需要进一步研究。

因此，本研究提出环境污染工程项目利益相关者识别总体思路：首先识别利益相关者，然后根据具体的利益相关者确定所有与之相关的社会稳定风险因素，最后对各利益相关者的基本属性和所有与该社会风险相关的特殊属性进行判断，得到利益相关者社会风险属性（基本属性与特殊属性）。在此过程中可能采用实地调研、访谈、问卷调查、头脑风暴、案例、社会网络分析等方法。

环境污染型工程社会风险利益相关者既包括各参与团体也包括所有团体中的个人，利益相关方的属性包括基本属性和特殊属性（如与社会风险产生或减缓或消除等相关的个体感知或行为，或团体通过媒体的共同利益诉求、应对行为、权力等）。利益相关者的属性体现了他们在环境污染型工程社会风险形成过程中的角色。

本节根据初步识别出的环境污染型工程投资项目社会风险利益相关者，进行分类，如表 3－2 所示。

表 3－2　环境污染型工程投资项目利益相关者分类

利益相关者分类	利益相关者	说　　明
政府机关	地方政府	环境污染型工程投资项目所在地的政府机关
	中央政府	所在地偏远，统筹规划的中央政府
承建主体	项目法人	项目建设的责任主体，负责项目策划、建设实施等
	承包商	具体承担项目建设的相关单位，受雇于项目法人
	供应商	为环境污染型工程投资项目提供材料、设备等的相关单位
	监理单位	承担环境污染型工程投资项目监理任务的单位
	设计单位	为环境污染型工程投资项目进行设计工作的相关单位

续表

利益相关者分类	利益相关者	说　明
参与群众	当地群众	生活在项目所在地且受到环境污染型工程投资项目影响的群众
	专家学者	长期从事环境保护领域学术研究，研究水平被社会所认可
	社会公众	对环境污染型工程投资项目比较关心的非项目所在地普通群众
感知渠道	媒体	传统媒体和新媒体平台及其从业者
环境组织	环保组织	对环境污染型工程投资项目比较关注的环境保护组织
	社会稳定与发展组织	当地对项目比较关注的社会稳定与发展组织
	当地环保局	当地负责生态维护的生态环境保护局

（三）环境污染型工程投资项目社会稳定风险因素

环境污染型工程投资项目社会风险与一般风险类似，也包括风险源、风险事件和风险后果。

（1）风险源即环境污染型工程投资项目社会风险产生的根源，包括：征拆补偿问题、群众安置问题、项目设施选址问题、建设过程污染问题、生态破坏问题、污染隐患问题、人身安全隐患问题、经济损失问题、经济发展潜力影响、项目管理问题、工程技术问题、政府信息不透明、政府决策不民主、专家学者不客观、项目污名化、信息传播扩散快、媒体过度报道、民众诉求表达不畅、熟人抗争行为等社会风险因素。

（2）社会风险事件一般分为个体极端事件和群体事件，本研究主要对环境类群体事件进行研究。

（3）风险后果包括：工期延长、成本增加、工程质量降低、停工和项目终止等。无论何种风险源都可能引起上述风险事件、导致上述风险结果。

（四）环境污染型工程投资项目社会稳定风险因素的识别与分类

1. 利益争端导致的社会风险

利益争端问题是指环境污染型工程投资项目在决策阶段征地或拆迁过程中出现的征地拆迁补偿不合理或安置未使公众满意或强制征拆等问题。一方面，在环境污染型工程选址施工前，征拆问题可能引起利益相关公众的不满进而可能导致诉求或抗争行为；另一方面，如果由于种种原因征拆问题未解决或难以解决，这种情况下，若建设方为了使自身利益免于受损或减少损失可能强制开工；当地政府出于大多数公众的利益可能批准项目继续实施，这些问题都可能导致激烈的诉求行为甚至爆发严重的群体性事件。

2. 环境问题导致的社会风险

环境问题是指环境污染型工程建设过程中发生的生态自然环境问题（如生态破坏、建设过程污染等）、社会生活环境问题（如噪音、震动、辐射、垃圾堆放、出行受阻、人身安全受到威胁等问题）和未来环境问题（风险集聚、污染隐患等未来不可知的爆炸或泄漏污染），此类问题如果在环境污染型工程策划、审批或设计阶段没有及时解决或对公众隐瞒，一旦暴露，往往导致利益相关公众的不满与诉求，甚至会引发群体事件。

3. 经济问题导致的社会风险

经济问题导致的社会风险主要包括当地现有的经济条件损失和未来的发展潜力受限问题。项目对当地资源环境的破坏会造成直接经济损失，此外，项目的建设削弱了当地的营商环境，间接影响了其他地段的开发与建设，使得经济发展质量下降。

4. 技术问题导致的社会风险

技术问题导致的社会风险是指环境污染型工程设计方案不合理、材料选用不当，以及在施工过程中施工方法选择或机械设备使用不当等引起周边建筑受损、沉降甚至倒塌等，在项目管理过程中各相关方的利益诉求与利益补偿不协调，进而引起民众的利益诉求、不满或恐慌，如果处理不当，很可能导致群体性事件。

5. 感知风险导致的社会风险

感知风险源来源广泛，涉及政府的信息披露与民主决策、专家学者的客观评价、环境污染型工程投资项目在群众心中刻有的“污名化”头衔、信息的级联传播、个别媒体扭曲事实过度报道等，体现在以下方面：在项目立项过程中，某些地方增加政府隐瞒或者选择性公开信息，或没有向社会听证，也没有咨询专家学者会增加公众的恐慌心理；专家学者发布的评估意见有失客观性，会破坏公众的信任；“污名化”类似的项目事故宣传对公众产生负面影响，导致抵抗情绪的产生；传统媒体、新媒体的普及使项目建设的信息在公众中迅速传播扩散，吸引公众注意；此外，个别媒体追逐吸引眼球的新闻，会做出过度渲染和报道项目建设，甚至歪曲事实等行为。

6. 群众抗争导致的社会风险

群众抗争导致的社会风险主要涉及诉求表达不畅与熟人抗争行为。自身对项目建设的利益诉求找不到合法渠道表达，情绪无法疏解，信息的上传下达效率低下，甚至信息的失真度较高。地缘关系相近的社区网络中有熟人进行抗争，形成抗争团体进而跟随。

根据上述分析将环境污染型工程投资项目社会风险进行识别与分类，结果如表 3－3 所示。

表 3－3　环境污染型工程投资项目社会稳定风险分类

风险因素一级指标	风险因素二级指标	说明
利益争端	R_1 征拆补偿问题	被征拆公众的补偿不合理、未到位、不公平
	R_2 群众安置问题	安置未及时解决、不公平或引起不满等
	R_3 项目设施选址	项目的建设损害当地民众的利益，服务其他地方民众
环境问题	R_4 建设过程污染	工程建设实施过程中引起的噪音、空气、水、辐射等污染
	R_5 生态破坏	工程项目的建设运营会给当地的生态环境带来污染，如污染物排放
	R_6 污染隐患	工程项目的运营过程中存在辐射等污染隐患，威胁身体健康
	R_7 风险聚集	项目的建设运行存在一定的安全隐患，一旦发生事故，危及生命财产安全
经济问题	R_8 当地经济损失	项目对当地资源环境的破坏而造成的直接经济损失
	R_9 当地发展潜力受限	项目建设削弱了当地的营商环境，使得经济发展质量较低
技术问题	R_{10} 项目管理问题	项目实施中各相关方的不协调
	R_{11} 工程技术问题	项目建设过程中出现的各类技术问题
感知风险	R_{12} 政府信息不透明	项目立项建设过程中，某些地方政府隐瞒或者选择性公开信息，增加公众的恐慌心理
	R_{13} 政府决策不民主	项目立项阶段中，政府没有向社会听证，也没有咨询专家学者
	R_{14} 专家学者不客观	专家学者发布的评估意见有失客观性，破坏公众的信任
	R_{15} 项目污名化	类似的项目事故宣传对公众产生负面影响，导致抵抗情绪的产生
	R_{16} 信息传播扩散快	项目建设的信息在公众中迅速传播扩散，吸引公众注意
	R_{17} 媒体过度报道	个别媒体追逐吸引眼球的新闻，过度渲染和报道项目建设，甚至歪曲事实

续表

风险因素一级指标	风险因素二级指标	说明
抗争行为	R_{18} 诉求表达不畅	自身对项目建设的诉求找不到合法渠道表达，情绪无法疏解
	R_{19} 熟人抗争行为	地缘关系相近的社区网络中有熟人进行抗争，进而跟随

二、环境污染型工程投资项目的利益网络关系

（一）2－模网络数据矩阵的构建

2－模网络可以展开图形分析、二部数据结构分析、2－模网络定量分析和2－模网络分派分析等。2－模网络分析步骤为：

数据矩阵构建→从量化的角度分析2－模网络（2－模网络转化为1－模网络指标的测度与分析）。

2－模网络的数据通常用矩阵形式表示：在环境污染型工程社会风险“利益相关者—社会风险因素”矩阵中，列表示社会风险因素（R_j），行表示利益相关者（S_i），如表3－4所示。矩阵中的数据采用问卷中相关指标共现的方法获得，例如，如果 R_2 与 S_1 在所有搜集的问卷结果中共同出现了5次，则 $S_1R_2=5$。

表3－4 环境污染型工程社会稳定风险“利益相关者—社会稳定风险因素”数据矩阵样表

社会稳定风险因素 / 利益相关者	R_1	R_2	……	R_n
S_1	8	5	……	3
S_2	2	0	……	2
……	……	……	$S_i R_j$	……
S_n	11	5	……	7

通常2－模网络的分析，需要将2－模网络数据矩阵转化为两个1－模数据矩阵：利益相关者矩阵和社会风险因素矩阵。通过“利益相关者”数据矩阵可

以分析利益相关者之间的关系情况，通过“社会风险因素”数据矩阵分析社会风险因素之间的关系。“利益相关者”和“社会风险因素”数据矩阵样表分别见表3－5和表3－6。

表3－5 “利益相关者”数据矩阵样表

利益相关者	S_1	S_2	……	S_n
S_1				
S_2				
……			S_{ij}	
S_n				

表3－6 “社会稳定风险因素”数据矩阵样表

社会稳定风险因素	R_1	R_2	……	R_n
R_1				
R_2				
……			R_{ij}	
R_n				

本小节主要作用是确定环境污染型工程投资项目建设过程中的关键利益相关者，以及关键利益相关者所涉及的社会稳定风险因素（$S_i R_j$），因此研究中侧重关键利益相关者的确定，我们主要用到Jaccard相似算法将2－模网络转换为1－模网络。Jaccard相似指数是衡量两个集合相似度的一种指标，等于两个集合交集的元素个数与并集的元素个数的比值，因此，S_i与S_j的关系程度通过Jaccard相似算法可表示为：

$$S_{ij} = \frac{N(S_i R_k \cap S_j R_k)}{N(S_i R_k \cup S_j R_k)}; k = 1,2,\cdots,m \qquad (3-1)$$

网络分析首先要对2－模网络的测量，然后将2－模网络转换为1－模网络，在对1－模网络进行测量；根据网络指标测量结果进行相关分析。

1. 2－模网络的测量指标

2－模网络测量指标主要有度、度的中心性、点的中间中心性、线的中间中心性、接近中心性、特征向量中心性等。根据社会网络理论，“度”表示节点之间的直接联系，如果某点具有最高的度数，则称该点居于中心，很可能拥有最大的权力或影响力。由于度的测量忽略了间接相连的点，因此，所测量出来的度可以称为“局部中心度”。我们主要通过测量2－模网络的度，分析环境污染型工程社会风险“利益相关者—社会风险因素”关系中利益相关者的影响力。

2－模网络的节点分为两类：主节点集（Main Nodeset）和子节点集（Subnodeset），因此2－模网络的度也分为主节点的度和子节点的度。2－模网络的度有两种计算方法：一种方法是利用节点之间直接联系的数量表示，例如，S_i 的度就等于其与所有的 $R_1 \sim R_m$ 联系的个数，即 $S_i R_j \geq 1$ 的个数（j＝1，2，…，m），同理，R_j 的度就等于其与所有 S_1 S_n 的联系的个数，即 $S_i R_j \geq 1$ 的个数（i＝1，2，…，n）。第二种方法是利用节点直接的联系程度表示2－模网络的度，例如 S_i 的度就等于其与所有 $R_1 \sim R_m$ 的联系程度的总和，即 $D(S_i) = \sum_{j=1}^{m} S_i R_j$，同理，$D(R_j) = \sum_{i=1}^{n} S_i R_j$。

2. 1－模网络的测量指标

1－模网络是由2－模网络转换而来的。1－模网络的测量指标非常多，根据研究目的，主要利用网络中心性模型（Network－centric Model）、网络密度（Density）、结构洞（Structure Hole）指标对由2－模网络转换而来的利益相关者1－模网络进行分析。

（二）问卷搜集与矩阵构建

1. 问卷设计与搜集结果

根据上述识别的利益相关者、社会稳定风险因素设计环境污染型工程问卷样表。问卷中利益相关者、社会稳定风险因素识别如表3－7所示。

表3－7 案例搜集样表

	R_1	R_2	R_3	……	R_n（可补充）
S_1					
S_2					
S_3					
……					
……					
……					
S_n（可补充）					

填表说明：请您根据您对各类环境污染型工程投资项目的实际了解以及上述资料，分三步完成表格内容：

第一步：您认为环境污染型工程投资项目包括哪些利益相关者，请依次在表3－7的第一列列出，您既可以从表3－1中选择，也可补充其他利益相关者填入。

第二步：您认为环境污染型工程投资项目的社会稳定风险因素有哪些，请依次在表3－7的第一行列出，您既可以从表3－3中选择，也可补充其他因素填入。

第三步：您认为各利益相关者会与哪些风险因素有关系，如果某一利益相关者与某一风险因素有关系，则在相应表格中打"√"，无影响则不填。例如，如果您认为S1与R1、R3、R5有关系，则在S1与R1、R3、R5交叉的格子中打"√"。

您可以从您周围的环境污染型工程建设活动或者您印象最深刻的环境污染型工程投资项目中考虑进行思考，感谢您的参与！

2. 问卷搜集结果统计

通过对专家学者、施工单位以及政府部门等不同属性的人群进行调研考察，发布问卷40份，共回收问卷23份，其中有效问卷21份。根据上文对社会稳定风险因素的分析可知，环境污染型工程投资项目不同于一般重大工程项目，在社会风险因素的关系研究中主要涉及问卷内的社会风险因素统计结果。

3. 社会风险因素统计结果

通过问卷调查可以发现环境污染型工程投资项目社会风险主要由利益争端、环境问题和感知风险引起的，如表3－8所示。

表3－8　社会稳定风险因素案例调查统计结果

社会稳定风险因素			出现频次	占比	出现频次	占比
R_1	利益争端	征拆补偿问题	83	6.07%	234	17.12%
R_2		群众安置问题	66	4.83%		
R_3		项目设施选址	85	6.22%		
R_4	环境问题	建设过程污染	113	8.27%	402	29.41%
R_5		生态破坏	113	8.27%		
R_6		污染隐患	92	6.73%		
R_7		风险聚集	84	6.14%		

续表

社会稳定风险因素			出现频次	占比	出现频次	占比
R_8	经济问题	当地经济损失	63	4.61%	118	8.63%
R_9		当地发展潜力受限	55	4.02%		
R_{10}	技术问题	项目管理问题	59	4.32%	111	8.12%
R_{11}		工程技术问题	52	3.80%		
R_{12}	感知风险	政府信息不透明	100	7.32%	410	29.99%
R_{13}		政府决策不民主	81	5.93%		
R_{14}		专家学者不客观	48	3.51%		
R_{15}		项目污名化	67	4.90%		
R_{16}		信息传播扩散快	54	3.95%		
R_{17}		媒体过度报道	60	4.39%		
R_{18}	抗争行为	诉求表达不畅	64	4.68%	92	6.73%
R_{19}		熟人抗争行为	28	2.05%		

4. 利益相关者统计结果

通过问卷调查可以发现环境污染型工程投资项目的利益相关者主要由当地政府、媒体、周边群众等利益主体组成，如表 3－9 所示。

表 3－9　利益相关者案例调查统计结果

利益相关者			出现频次	占比
S_1	政府机关	地方政府	215	15.73%
S_2		中央政府	78	5.71%
S_3	承建主体	项目法人	110	8.05%
S_4		承包商	93	6.80%
S_5		供应商	39	2.85%
S_6		监理单位	44	3.22%
S_7		设计单位	40	2.93%
S_8	参与群众	当地群众	206	15.07%
S_9		专家学者	83	6.07%
S_{10}		社会公众	84	6.14%

续表

利益相关者			出现频次	占比
S_{11}	感知渠道	媒体	166	12.14%
S_{12}	环境组织	环保组织	69	5.05%
S_{13}		社会稳定与发展组织	61	4.46%
S_{14}		当地环保局	79	5.78%

5. “利益相关者—社会风险因素”2 - 模数据矩阵

“利益相关者—社会风险因素”2 - 模数据矩阵是指对环境污染型工程利益相关者与社会风险因素在案例中同时出现（即共现，Co - occurring）的频次统计而形成的二维数据表，结果如表 3 - 10 所示。该矩阵中数据的含义：例如，表 3 - 10 中第 8 行第 6 列的数字 18 代表当地群众对污染隐患的关注程度出现了 18 次。

表 3 - 10　“利益相关者—社会稳定风险因素”2 - 模数据矩阵

	R_1	R_2	R_3	R_4	R_5	R_6	R_7	R_8	R_9	R_{10}	R_{11}	R_{12}	R_{13}	R_{14}	R_{15}	R_{16}	R_{17}	R_{18}	R_{19}
S_1	19	17	14	12	12	8	12	16	14	5	4	20	16	8	10	6	9	10	3
S_2	11	7	6	2	3	2	2	4	2	1	0	12	10	2	3	0	5	6	0
S_3	10	4	13	12	12	10	8	2	2	11	9	4	3	0	6	1	1	2	0
S_4	5	2	3	12	10	8	7	4	2	9	9	5	3	1	7	2	2	2	0
S_5	3	0	0	6	0	0	2	2	2	7	8	2	1	0	1	1	3	0	1
S_6	2	1	2	6	3	1	3	3	2	6	6	3	0	0	1	1	2	2	0
S_7	2	0	3	3	2	1	1	0	2	3	8	3	2	1	1	2	3	2	1
S_8	19	17	15	15	15	18	10	10	8	5	0	13	8	7	8	8	8	13	9
S_9	2	3	5	5	8	6	6	2	5	4	4	5	7	11	4	2	3	0	1
S_{10}	1	2	3	1	6	5	4	3	4	0	1	7	8	6	7	7	7	9	3
S_{11}	5	8	8	11	11	8	9	8	6	5	3	12	8	8	12	13	12	11	8
S_{12}	1	0	5	13	12	8	7	1	0	1	0	5	5	2	3	2	1	3	0
S_{13}	3	3	3	1	3	3	6	4	5	2	0	4	6	2	3	5	3	3	2
S_{14}	0	2	5	14	16	14	7	4	1	0	0	5	4	0	1	4	1	1	0

6. 可视化处理

环境污染型工程投资项目的“利益相关者—社会风险因素”2－模网络关系图、利益相关者涉及的社会稳定风险因素1－模网络关系图借助社会网络分析软件 ucinet6（for windows － version 6.186）绘制完成，依据表3－10“利益相关者—社会风险因素”2－模数据矩阵，将其导入至 ucinet6 中，可以做出“利益相关者—社会风险因素”2－模数据二部图，见图3－1。

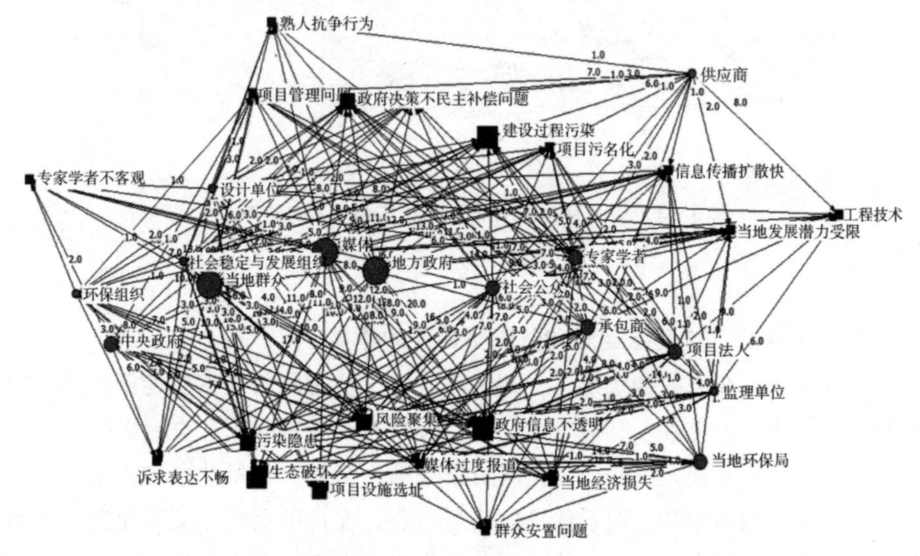

图3－1　“利益相关者—社会稳定风险因素”关系二部图

依据图3－1可以发现，环境污染型工程投资项目“利益相关者—社会风险因素”表现出一定的聚类性，可以清楚地观察出2－模关系的结构。二部图中一共包含了33个节点。红色圆形节点表示14个利益相关者，蓝色方形节点表示19个社会稳定风险因素，节点越大利益相关者的地位越重要，两者之间的连线表示利益相关者与社会稳定风险因素之间的联系，连线上的数字代表联系程度，数字越大则联系程度越大。将“利益相关者—社会风险因素”2－模数据矩阵转化为“利益相关者—利益相关者”1－模数据矩阵后可以得到利益相关者的关系网络图，见图3－2。

依据图3－2可以发现，红色方形代表14个利益相关者，节点越大利益相关者的地位越重要，两者之间的连线表示利益相关者与利益相关者之间的联系，连线上的数字代表联系程度，数字越大则联系程度越大。

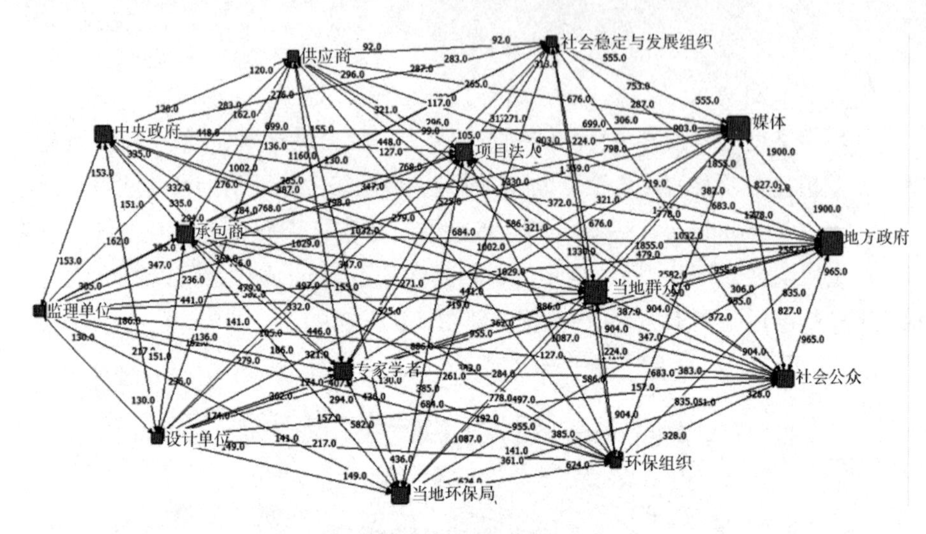

图3－2 “利益相关者—利益相关者”1－模关系图

三、传播源、传播路径对利益网络关系的作用

诸如报刊、杂志等传统媒体，源头单一，所披露的信息扩散性弱。社会网络环境下，手机、电视、电脑等社交平台为利益相关者的信息交流提供了新的途径；其主流服务模式——社会化网络服务则逐渐成为信息共享和传播的重要平台。社会化网络服务有别于传统的信息服务，在帮助利益相关者建立关系网络的基础上，为信息的交流、传播和分享提供无障碍平台，对信息流过程产生了革命性影响。社会化网络服务将信息流嵌入到利益相关者自主选择所衍生出的关系网络中，成为了一种关系化的信息流，它将根据每个利益相关者的需求偏好聚合“碎片化”信息以及相投的利益相关者。以利益相关者为中心的关系网络，在群体作用下，能够有效地过滤和推荐信息。随着关系网络的拓展和扩大，加快了信息传播的速率以及提高了信息过滤和推荐的准确性，从而实现服务质量的提升。

本小节分析了环境污染型工程投资项目在社会化网络服务中的信息传播机制，从社会网络环境下的信息传播模式变革入手，重点分析了社会化网络中基于信息传播源、信息传播路径的信息传播模型，为媒体等主要利益相关者的测算提供依据。

（一）基于媒体传播源的传播

利益相关者在获取环境污染型工程投资项目的建造信息时，作为信息传播源也担任了极其重要的角色。

社会关系和信息内容为社会化网络服务中利益相关者的两大本质需求，利益相关者构建社会关系的目的是分享和传递有价值的信息；而信息的分享和传播则加强了传播源之间的关系，同时又作用于信息传播。利益相关者在信息分享和传播中构建了关系网络以及形成了社区群组，产生巨大的社会化群体作用，能够有效地筛选和聚合信息。

伴随着群组内利益相关者的互动交流，“专家”的影响力在社区群组内扩散，社会化的群体作用逐渐凝聚放大并开始影响服务的质量。首先，社区群组中“专家”推荐所产生的影响和利益相关者之间的交流，将拓展传播源信息来源的渠道，让传播源得知更多有益的信息。其次，通过社会化的群体作用，按照传播源的认同与否来进行信息的聚合推荐；而且聚合的信息在群组中被反复地接触、吸收、理解和整合后转化为知识；将信息的简单收集和拼贴上升到知识的挖掘与分享。最后，在信息转化为知识的过程中，需求偏好相投的传播源建立联系、彼此关注，增强了传播源的群体认同感和凝聚力，激励利益相关者持续分享知识和经验，获得情感上的满足，提升利益相关者对服务的黏度。传播源只有在认同的社区群组中，通过积极的利益相关者关系才能充分地分享信息和体验，运用群体智慧将信息转化为知识。

上述过程通过社会化的群体作用无缝地衔接在一起，相互促进，循环上升，不断对信息进行过滤和筛选，提升信息服务的质量。众多社会化网络服务将传播源的关系引入信息的分享和传播中，如 Digg 引入了利益相关者的参与因素，利用参与的利益相关者民主选择和推荐新闻；社交网络、微博等基于利益相关者关系实现了信息的快速获取和传播。传播源在信息传播和获取活动中承担起一个社会化的媒体角色，纯粹的机器语义信息传播已经逐渐走向没落，基于社会化的利益相关者群体交往关系的信息传播将成为未来的方向。

（二）媒体传播路径的传播

社会网络环境下，新型的信息传播媒介和工具——社会化媒体（Social Media）迅速地发展开来，成为当前网络信息传播的主要媒介和方式以及现代生活的组成部分。社会化媒体作为一种给予利益相关者极大参与空间的新型在线媒体，将博客、论坛、社交网络、微博、微信、内容社区、社会化书签等融为一体，组成了新型的信息传播媒介。

针对网络环境特别是社会网络环境下的信息传播问题，国内外很多学者纷纷从构建网络信息传播概念模型的角度研究其传播过程，把握其在社会网络环境下的运行形态。谢新洲将网络信息传播的基本要素概括为：传播者、接受者、信息、媒介、噪音等，建立了基于上述因素的网络信息传播模型（如图 3-3）。

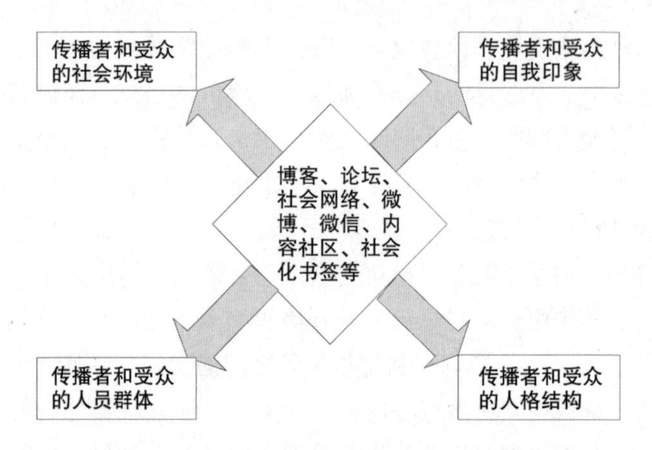

图 3-3 基于相关因素的网络信息传播模型图

胡吉明在网络信息传播一般模型的基础上，结合上述有关社会化网络服务中信息传播的特点，根据传播者/受众（利益相关者及群体）、传播媒介和途径（社会化媒体）、传播内容、传播方向、传播效果等自身特性，构建了社会网络环境下基于利益相关者关系的信息传播模型（如图 3-4）。基于利益相关者关系的信息传播模型侧重于两个层面的信息传播：在利益相关者关系层面，强调社会化网络服务中利益相关者关系网络对信息传播的作用；在传播工具方面，即信息通过社交网络中的各种社会化媒体进行融合、扩散、共享、协作等，最终达到信息的创新传播。

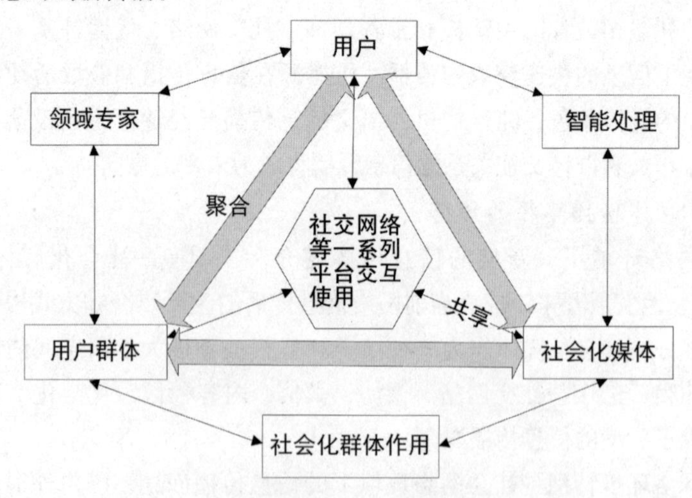

图 3-4 基于利益相关者关系的信息传播模型图

相较于线性模式、控制模式和社会模式这三种传统的信息传播模式，社会网络路径下的信息传播可以归纳为三种：基于利益相关者关系的非线性传播、低门槛平等化传播和信息级联传播。

1. 基于利益相关者关系的非线性传播

Web 和 SNS 促使网络服务从以信息为核心向以利益相关者为核心转变，将网络信息传播转变成一种全新的信息传导机制。而在这种传导机制中，每个利益相关者都可以成为一个消息源，将信息快速地传递给其各自的关注者，而这些关注者亦可以按照利益相关者关系链条将信息以非线性方式继续传递下去。因此，利益相关者在信息传播过程中的角色发生了变化，不仅是信息的接受和利用者，更是信息的产生和传播者，承担着信息传播的媒介角色并成为信息传播的重要枢纽。社交网络中，利益相关者多以真实身份建立起人际关系，形成需求导向的“圈子”或社区群组，表现为一种群体传播形式，通过关注和转载等形式及时、迅速地分享和传播信息，实现信息在利益相关者关系链条上的级联传播，加快了信息传播的速度和拓宽了信息传播的范围，实现了信息增值。

2. 低门槛平等化传播

在技术上，“开放共享”为社会化网络服务的重要特征和运作理念，任何利益相关者都可以在社会化网络服务平台上开展相应的信息行为，如信息发布、获取、分享、传递等，实现了利益相关者服务应用的零门槛。在社会关系上，将利益相关者身份进行虚拟化，从而大大消除了利益相关者在现实生活中的不平等，赋予了利益相关者平等的信息获取和发布权利，使利益相关者以平等自由的身份互动交流，没有明显的主次之分，也没有中心和边缘之分。在一定程度上，社交网络将权威中心化的主体意识淡化，更加注重异质性资本的流动和分享，颠覆了传统传播方式以信息源为中心的线性模式，演变为以利益相关者为中心的互动传播模式。在这种“大众创造内容”的环境下，特别是微博这种“自媒体”形式的发展，利益相关者个人都在“自媒体”的放大下成为信息的即时生产者、接受者和分享者；低门槛和“去中心化”产生了大量的信息碎片分散了利益相关者的注意力。因此，旨在聚合碎片化的信息和利益相关者的信息聚合推荐应运而生，利用聚合的利益相关者关系分享知识，实现信息的准确推荐，也成为社会化推荐的一个重要环节。

3. 信息级联增值传播

在社交网络中，信息传播表现为两种极端的传播模式：一是一次性消亡模式，如果信息发布后没有被分享和传播，其信息传播过程已经结束，消失在信息海洋中；二是裂变中的级联传播，信息因其重要价值性，一经发布则在不同利益相关者之间和利益相关者群体之间呈级数般多次传播，通过利益相关者关系链条对信息进行过滤和加工，特别是在利益相关者彼此成为好友并聚集为有机的好友群体时，能够使信息通过“群体关系”以几何级数传播，形成信息流动的新秩序，实现信息的重组和增值，信息价值在利益相关者交互和传播中不断提升。如微博发布之后，通过“粉丝”的层层转发而传播扩散，形成了一个典型的级联传播网络。约翰·佩里·巴洛（John Perry Barlow）认为信息只有在增值的情况下才能称之为信息，否则信息就不存在；而信息传播作为信息增值的重要手段，对于信息的共享和利用具有重要作用。与此同时，社会化的群体作用不仅能够帮助有效地过滤信息，而且激励利益相关者分享和贡献经验，提高和改善利益相关者的服务体验，增强利益相关者对服务网络的信任和忠诚度，提升服务质量。

社会化媒体作为大众化的新型在线媒体，具有以下特征：平等参与，社会化媒体可以激发利益相关者主动地贡献和反馈，模糊了媒体和受众之间的界限；公开共享，大部分的社会化媒体都可以免费参与其中，鼓励利益相关者评论、反馈和分享信息；双向交流，社会化媒体将信息内容在媒体和利益相关者间进行双向传播，将利益相关者交互作为其服务质量提升的关键；虚拟社区化，用通过社会化媒体以需求偏好、话题等形式迅速聚合为群体，发挥群体交互作用，实现信息的传播和创新；互联互通性，社会化媒体将各种社会化网络服务应用链接在一起，实现了跨系统、跨平台的互联互通。

社会化媒体作为当前信息传播的主要媒介，其显著特点为快速创新和技术聚合。社会化媒体将一种或多种软件、网站聚合到一起，进行资源、信息的共享和协作，有效地发挥其协同作用。社会化媒体还可以将内容如视频和音乐进行聚合，以发掘潜在的热门信息，如网络上的热门视频经常会衍生出数以百计的模仿和阐释，通过视频将利益相关者的注意力聚合在一起，更好地促进信息的传播。由此可见，媒体传播源、路径推动环境污染型工程投资项目的利益网络关系实现快速化和多元化。

第二节　环境污染型工程投资项目多元利益冲突的测度分析

一、环境污染型工程投资项目多元利益冲突的网络密度

网络密度（Density）表示关系网络中所有关系的总数或所有关系的强度占有的可能最大关系数或强度的比例，从节点的连接程度来看，也可以理解为某

节点之间连接线的数量或者连接线的强度占网络中所有节点连接线数量或者连接线强度的比例，网络密度越大说明环境污染型工程投资项目中利益相关者的关系越复杂，可以用如下公式表述：$D(G) = K/N(N-1)$。其中 $D(G)$ 表示网络密度，K 表示现有网络 G 中利益相关者的矛盾风险关系强度，N 为所有节点的关系强度之和。

（一）环境污染型工程投资项目多元利益冲突的整体网络密度测度

将“利益相关者—社会稳定风险因素”2－模数据结构转化为方阵，通过网络 > 凝聚力 > 密度测算过程，计算出整体网络密度，结果保留四位小数，如表 3－11所示。

表 3－11　“利益相关者—社会稳定风险因素”整体网密度测度

对象	类目	结果
整体网	密度（矩阵平均值）	1.2553
整体网	标准差	3.1379

依据表 3－11 结果可知，该网络的整体密度为 1.2553，标准差为 3.1379。说明网络整体上联系较紧密。

（二）环境污染型工程投资项目多元利益冲突的个体网络密度测度

为了更加清晰地表示 2－模网络中各节点的影响力，我们进行了节点度的测量，在该 2－模网络中，节点分为主节点集与子节点集，因此度的测量也分为主节点的度与子节点的度，在环境污染型工程投资项目“利益相关者—社会稳定风险因素”2－模网络中，主节点集是利益相关者的集合，子节点集是社会稳定风险因素的集合。表 3－12 显示了该 2－模网络的总体情况。

表 3－12　“利益相关者—社会稳定风险因素”网络度的测量总体情况

节点集	主节点	子节点
平均值	16.8571	12.4211
标准差	1.8337	1.7422
最大值	19	14
最小值	13	8

表 3－12 可以看出，主节点度的平均值为 16.8571，最小值为 13，最大值为 19，说明平均每个利益相关者在 21 份调查问卷中与 16.8571 次社会稳定风险因

素有联系，最多的一个利益相关者与19次的社会稳定风险因素有联系，最少的一个利益相关者与13次的社会稳定风险因素有联系。子节点度的平均值为12.4211，最小值为8，最大值为14，说明平均每个社会稳定风险因素在21份调查问卷中约与12个利益相关者有联系，最多的一个社会稳定风险因素与14个利益相关者有联系，最少的一个社会稳定风险因素与8个利益相关者有联系。

为了更清晰地表现各个利益相关者或者社会稳定风险因素的重要性，表3－13给出了“利益相关者—社会稳定风险因素”2－模网络各自度数的情况。

表3－13 “利益相关者—社会稳定风险因素”网络度的测量结果

利益相关者	主节点的度	社会稳定风险因素	子节点的度
地方政府	19	媒体过度报道	14
媒体	19	风险聚集	14
当地群众	18	政府信息不透明	14
承包商	18	项目污名化	14
专家学者	18	建设过程污染	14
社会公众	18	政府决策不民主	13
社会稳定与发展组织	18	征拆补偿问题	13
项目法人	17	当地经济损失	13
设计单位	17	当地发展潜力受限	13
中央政府	16	项目设施选址	13
监理单位	16	污染隐患	13
环保组织	15	生态破坏	13
当地环保局	14	信息传播扩散快	13
供应商	13	诉求表达不畅	12
		项目管理问题	12
		群众安置问题	11
		专家学者不客观	10
		工程技术问题	9
		熟人抗争行为	8

由表3－13可以发现，对环境污染型工程投资项目而言，在利益相关者方面，地方政府、媒体与当地群众与大多数社会稳定风险因素有关系，且出现的

频次很高；在社会稳定风险因素方面，媒体过度报道、风险聚集、政府信息不透明、项目污名化与建设过程污染与大多数利益相关者有关系，且出现的频次很高。

（三）环境污染型工程投资项目多元利益冲突的派系

1. “利益相关者—社会稳定风险因素”2－模数据的对应分析

根据网络度的测量结果，我们进行派系分析，在 ucinet6 中，根据样本数据，我们先将“利益相关者—社会稳定风险因素”2－模数据进行二值化处理，次数选择大于等于 8 的取值为 1，小于 8 的取值为 0。

通过 Tools >2－Mode Scaling > Correspondence 这一过程实现了对应分析，结果见图 3－5。

图 3－5 利益相关者对应的社会稳定风险因素图

由图 3－5 中利益相关者与社会稳定风险因素联系的紧密程度可以发现关键利益相关者主要涉及哪些社会稳定风险因素。基本关键利益相关者与涉及的社会稳定风险因素集中在图的左下角位置，图 3－5 直观地显示了关键利益相关者与社会稳定风险因素的集聚程度（因利益相关者与社会稳定风险因素较多，所以存在部分重叠在一起）。接下来进行分派分析。

2. “利益相关者—社会稳定风险因素”2－模数据的分派分析

同样，由二值数据，通过 Network >2－Mode > Categorical Core/Periphery 这

一操作过程可以实现分派分析，最终拟合值为0.512，拟合结果良好，分派结果见表3-14。

表3-14 “利益相关者—社会稳定风险因素”2-模数据的分派分析表

	R_1	R_2	R_3	R_4	R_{15}	R_6	R_7	R_8	R_9	R_{12}	R_{13}	R_{14}	R_{17}	R_{16}	R_{19}	R_{18}	R_5	R_{10}	R_{11}
地方政府	1	1	1	1	1	1	1	1	1	1	1	1	1			1	1		
媒体		1	1	1	1	1	1	1		1	1	1	1	1	1	1	1		
当地群众	1	1	1	1	1	1	1	1	1	1	1		1	1	1	1	1		
中央政府	1										1	1							
供应商																			1
承包商				1		1											1	1	1
设计单位																			1
项目法人	1		1	1		1	1										1	1	1
专家学者												1					1		
社会公众											1					1			
监理单位																			
环保组织				1		1											1		
社会稳发																			
地环保局				1		1											1		

由表3-14可知，计算结果将地方政府、媒体、当地群众和大多数社会稳定风险因素归为第一（主要）派别，派别密度为0.788，其他利益相关者与社会稳定风险因素为第二（次要）派别，派别密度为0.375。基于此，接下来进行“利益相关者—社会稳定风险因素”2-模网络的社会网络中心性分析。

二、环境污染型工程投资项目多元利益冲突的社会网络中心性

2-模网络在网络中心性测度方面测量的指标包括节点中心性分析、接近中心性分析、中间中心性分析和特征向量中心性分析，而“度”是指各个节点之间的直接联系，倘若某节点的度数最高，则该点处于中心，会拥有很大甚至最大的影响力，也可以称为“局部中心度”。对环境污染型工程投资项目多元利益冲突的社会网络中心性进行分析的目的是：通过测量2-模网络的度，来分析环境污染型工程投资项目“利益相关者—社会稳定风险因素”关系里不同利益相

关者的影响程度。

（一）环境污染型工程投资项目多元利益冲突的网络中心性测度

首先，通过度数、接近中心度、中间中心度和特征向量中心度对利益相关者数据进行测定，测定结果见表3－15。

表3－15 “利益相关者—社会稳定风险因素”中间性多值测度表

	度	接近中心度	中间中心度	特征向量中心度
地方政府	59.375	71.111	3.898	29.467
媒体	59.375	71.111	3.898	29.467
当地群众	56.25	68.085	3.299	28.339
承包商	56.25	68.085	3.218	28.453
社会稳定与发展组织	56.25	68.085	3.299	28.339
社会公众	56.25	68.085	3.48	27.973
专家学者	56.25	68.085	3.477	27.961
项目法人	53.125	65.306	2.747	27.168
设计单位	53.125	65.306	3.076	26.459
中央政府	50	62.745	2.345	25.713
监理单位	50	62.745	2.428	25.556
环保组织	46.875	60.377	1.993	24.306
当地环保局	43.75	58.182	1.647	22.92
供应商	40.625	56.14	1.717	20.367

由表3－15可知，地方政府、媒体与当地群众在四种中心性测度中，均占据中心位置（数值相对较大），表3－15可以间接反映主要利益相关者至次要利益相关者的变化趋势。接下来以图的形式直观展现2－模数据的可视化网络中心度。

（二）环境污染型工程投资项目多元利益冲突2－模可视化网络中心度

通过Visualize > File > Open > Ucinet dataset > 2－Mode network确定“利益相关者—社会稳定风险因素”2－模数据根目录，再通过Analysis > Centrality Measures可实现2－模可视化中心度分析，接下来分别以节点中心度（Degree）和中间中心度（Betweennees）为例画出“利益相关者—社会稳定风险因素”2－模可视化网络中心度图，分别见图3－6和图3－7。

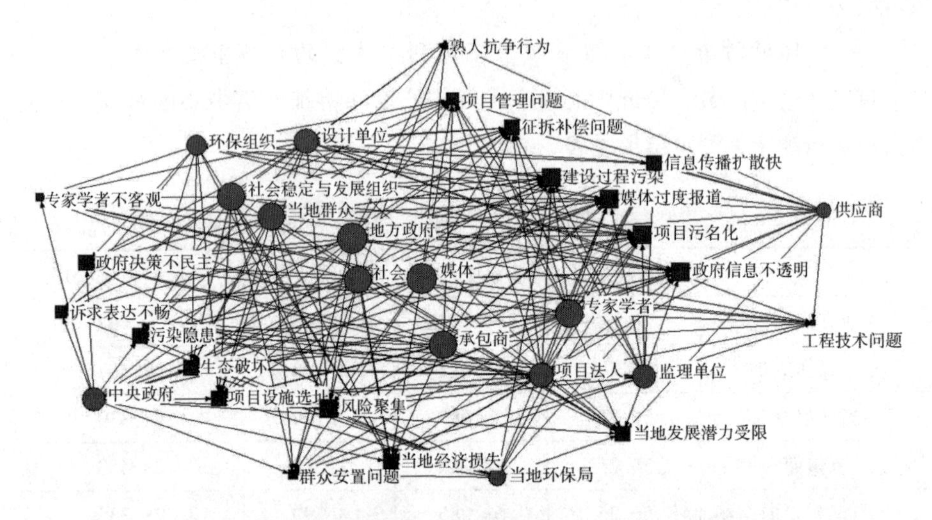

图 3 – 6 “利益相关者—社会稳定风险因素” 2 – 模可视化网络节点中心度

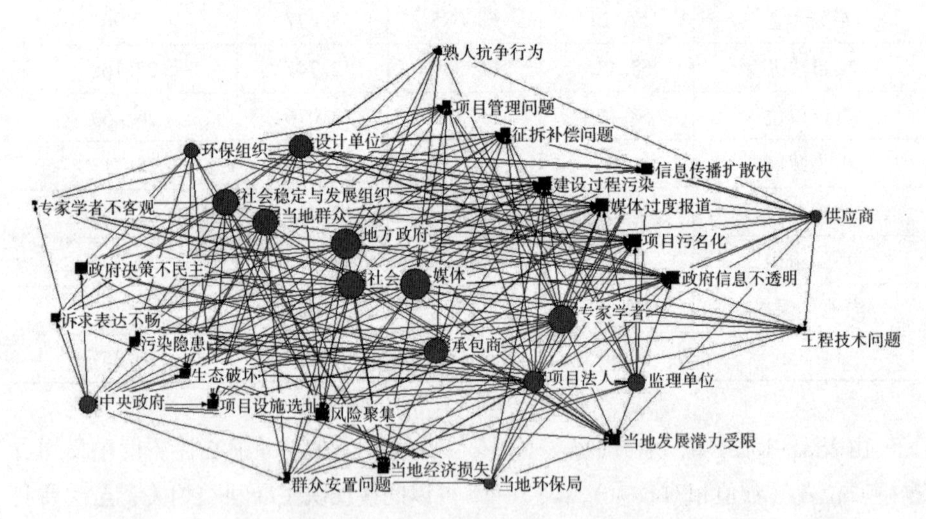

图 3 – 7 “利益相关者—社会稳定风险因素” 2 – 模可视化网络中间中心度

由图 3 – 6 和图 3 – 7 可以发现环境污染型工程投资项目利益相关者的圆形节点中地方政府、媒体与当地群众的节点较大且基本处于中间核心位置，说明三者是核心利益相关者之一且对整个社会网络具有较大影响力。为了确保分析结果的准确性，接下来我们再对其进行结构洞分析，测度利益相关者及其之间的关系。

三、环境污染型工程投资项目多元利益冲突的社会网络结构洞

结构洞表示网络中不同的利益相关者之间的非冗余联系，结构洞的主导者掌握了结构洞利益相关者之间信息的交换传递，这使得主导者可以得到有关的“信息、控制利益”。结构洞位置中的利益相关者会对其他利益相关者产生比较重要的间接影响。反映环境污染型工程投资项目中利益相关者网络结构洞特征的相关指标主要涉及有效规模、效率、限制度以及等级度等。其中：①利益相关者的有效规模表示该利益相关者网络的规模（与该利益相关者直接相关的利益相关者个数）减去网络的冗余度（与该利益相关者连接的其他利益相关者的平均度数）。其大小反映了某利益相关者对其他利益相关者之间相互影响的控制程度。②利益相关者效率表示该利益相关者的有效规模与实际规模之比。效率反映了一个利益相关者在其所在的个体网络中相对控制能力。利益相关者的效率越大说明该利益相关者在对与其相关利益相关者的控制过程中自身作用发挥得越大。③利益相关者限制度表示该利益相关者在其个体网络中拥有的运用结构洞的能力，或网络中某利益相关者与其他利益相关者产生直接或间接联系的紧密程度，限制度指标最为重要。限制度指标反映某利益相关者在其个体网络中与其他利益相关者联系紧密程度所受到的限制，其值越大说明受限越大。④等级度是指限制度在某种程度上集中在某利益相关者上。

（一）环境污染型工程投资项目多元利益冲突的结构洞测度

环境污染型工程投资项目多元利益冲突的结构洞测度主要从以下四个方面展开，首先基于“利益相关者—社会稳定风险因素”2 – 模网络数据，通过Jaccard 相似算法得到社会稳定风险利益相关者 1 – 模网络数据矩阵（表 3 – 16），接下来通过利益相关者 1 – 模网络数据矩阵对其结构洞进行具体分析，包括社会稳定风险利益相关者冗余性（表 3 – 17）、社会稳定风险利益相关者限制性（表 3 – 18）以及社会稳定风险利益相关者关系网结构洞（表 3 – 19）的四个指数分析（有效规模、效率测度、总限制度和等级度）。

（二）环境污染型工程投资项目多元利益冲突的结构洞分析

由于结构洞测度只能通过 1 – 模网络展开，因此通过 Jaccard 相似匹配算法得到社会稳定风险利益相关者 1 – 模网络数据矩阵可以很好地解决这一问题，表 3 – 16 反映了环境污染型工程投资项目社会稳定风险利益相关者关系数据矩阵，表中的利益相关者分别是：地方政府（S_1）、中央政府（S_2）、项目法人（S_3）、承包商（S_4）、供应商（S_5）、监理单位（S_6）、设计单位（S_7）、当地群众（S_8）、专家学者（S_9）、社会公众（S_{10}）、媒体（S_{11}）、环保组织

(S_{12})、社会稳定与发展组织（S_{13}）、当地环保局（S_{14}）。

表 3－16　环境污染型工程投资项目社会稳定风险利益相关者关系数据矩阵

	S_1	S_2	S_3	S_4	S_5	S_6	S_7	S_8	S_9	S_{10}	S_{11}	S_{12}	S_{13}	S_{14}
S_1	1	0	0. 105	0. 105	0	0	0	0. 158	0. 053	0. 053	0. 158	0. 105	0	0
S_2	0	1	0. 056	0. 111	0. 105	0. 111	0. 053	0	0	0	0. 053	0. 176	0. 222	0. 059
S_3	0. 105	0. 056	1	0. 278	0. 167	0. 176	0. 105	0	0. 053	0	0	0. 111	0. 053	0. 059
S_4	0. 105	0. 111	0. 278	1	0. 053	0. 167	0. 263	0	0. 105	0. 158	0. 105	0. 222	0. 105	0. 222
S_5	0	0. 105	0. 167	0. 053	1	0. 222	0. 278	0	0. 167	0	0	0	0. 105	0. 056
S_6	0	0. 111	0. 176	0. 167	0. 222	1	0. 316	0	0. 053	0. 053	0	0	0. 053	0. 059
S_7	0	0. 053	0. 105	0. 263	0. 278	0. 316	1	0	0. 211	0. 053	0	0. 056	0. 105	0. 053
S_8	0. 158	0	0	0	0	0	0	1	0	0. 053	0. 105	0	0	0
S_9	0. 053	0	0. 053	0. 105	0. 167	0. 053	0. 211	0	1	0	0	0. 158	0. 211	0. 105
S_{10}	0. 053	0	0	0. 158	0	0. 053	0. 053	0. 053	0	1	0. 053	0. 053	0. 105	0. 056
S_{11}	0. 158	0. 053	0	0. 105	0	0	0	0. 105	0	0. 053	1	0. 053	0	0
S_{12}	0. 105	0. 176	0. 111	0. 222	0	0	0. 056	0	0. 158	0. 053	0. 053	1	0. 167	0. 235
S_{13}	0	0. 222	0. 053	0. 105	0. 105	0. 053	0. 105	0	0. 211	0. 105	0	0. 167	1	0. 056
S_{14}	0	0. 059	0. 059	0. 222	0. 056	0. 059	0. 053	0	0. 105	0. 056	0	0. 235	0. 056	1

由表 3－16 可以发现利益相关者之间的关系，表内数值为 0 代表二者之间没有关系，表内数值越大代表利益相关者之间的关系越紧密，因表格可视性调整表内小数位数只保留了 3 位，环境污染型工程投资项目社会稳定风险利益相关者冗余矩阵见表 3－17。

表 3－17　环境污染型工程投资项目社会稳定风险利益相关者冗余矩阵

	S_1	S_2	S_3	S_4	S_5	S_6	S_7	S_8	S_9	S_{10}	S_{11}	S_{12}	S_{13}	S_{14}
S_1	0	0	0. 21	0. 41	0	0	0	0. 17	0. 21	0. 33	0. 31	0. 31	0	0
S_2	0	0	0. 41	0. 51	0. 31	0. 28	0. 45	0	0	0	0. 14	0. 39	0. 33	0. 44
S_3	0. 24	0. 42	0	0. 41	0. 33	0. 36	0. 56	0	0. 53	0	0	0. 44	0. 44	0. 46
S_4	0. 28	0. 32	0. 25	0	0. 4	0. 32	0. 28	0	0. 44	0. 23	0. 14	0. 4	0. 4	0. 29
S_5	0	0. 32	0. 33	0. 65	0	0. 43	0. 43	0	0. 46	0	0	0	0. 46	0. 29
S_6	0	0. 31	0. 39	0. 56	0. 46	0	0. 4	0	0. 58	0. 27	0	0	0. 48	0. 33
S_7	0	0. 41	0. 49	0. 41	0. 38	0. 32	0	0	0. 42	0. 32	0	0. 41	0. 46	0. 42

续表

	S_1	S_2	S_3	S_4	S_5	S_6	S_7	S_8	S_9	S_{10}	S_{11}	S_{12}	S_{13}	S_{14}
S_8	0.39	0	0	0	0	0	0	0	0	0.28	0.56	0	0	0
S_9	0.19	0	0.42	0.56	0.36	0.42	0.38	0	0	0	0	0.41	0.36	0.38
S_{10}	0.39	0	0	0.39	0	0.26	0.37	0.14	0	0	0.33	0.52	0.26	0.4
S_{11}	0.43	0.18	0	0.29	0	0	0	0.33	0	0.4	0	0.42	0	0
S_{12}	0.26	0.29	0.32	0.48	0	0	0.34	0	0.38	0.36	0.25	0	0.43	0.31
S_{13}	0	0.27	0.34	0.52	0.36	0.34	0.41	0	0.36	0.2	0	0.45	0	0.44
S_{14}	0	0.46	0.47	0.48	0.3	0.31	0.48	0	0.49	0.39	0	0.43	0.57	0

表3－17社会稳定风险利益相关者冗余矩阵表达的含义是列中的利益相关者相对于行中的利益相关者在多大程度上是冗余的，例如第一行地方政府（S_1）的最大值是0.41，即相对于地方政府（S_1）来说承包商（S_4）是比较冗余的。环境污染型工程投资项目社会稳定风险利益相关者限制度矩阵见表3－18。

表3－18　环境污染型工程投资项目社会稳定风险利益相关者限制度矩阵

	S_1	S_2	S_3	S_4	S_5	S_6	S_7	S_8	S_9	S_{10}	S_{11}	S_{12}	S_{13}	S_{14}
S_1	0	0	0.03	0.07	0	0	0	0.07	0.01	0.02	0.09	0.04	0	0
S_2	0	0	0.02	0.06	0.03	0.03	0.03	0	0	0	0	0.07	0.08	0.02
S_3	0.01	0.01	0	0.11	0.05	0.05	0.05	0	0.02	0	0	0.03	0.01	0.01
S_4	0.01	0.01	0.04	0	0.01	0.03	0.05	0	0.02	0.01	0.01	0.05	0.02	0.03
S_5	0	0.02	0.05	0.04	0	0.09	0.13	0	0.05	0	0	0	0.03	0.01
S_6	0	0.02	0.05	0.07	0.08	0	0.13	0	0.02	0.01	0	0	0.02	0.01
S_7	0	0.01	0.03	0.08	0.07	0.09	0	0	0.04	0	0	0.01	0.02	0.01
S_8	0.38	0	0	0	0	0	0	0	0	0.06	0.21	0	0	0
S_9	0	0	0.02	0.05	0.05	0.02	0.08	0	0	0	0	0.05	0.06	0.02
S_{10}	0.03	0	0	0.12	0	0.02	0.03	0.01	0	0	0.02	0.03	0.04	0.02
S_{11}	0.18	0.02	0	0.09	0	0	0	0.07	0	0.03	0	0.04	0	0
S_{12}	0.01	0.03	0.02	0.09	0	0	0.02	0	0.03	0.01	0.01	0	0.04	0.05
S_{13}	0	0.05	0.01	0.05	0.03	0.02	0.04	0	0.05	0.01	0	0.06	0	0.02
S_{14}	0	0.02	0.02	0.12	0.02	0.02	0.03	0	0.03	0.01	0	0.1	0.03	0

表3-18社会稳定风险利益相关者限制度矩阵表达的含义是环境污染型工程投资项目中列项的利益相关者对行项利益相关者的限制力度有多大，例如第一行地方政府（S_1）的最大值是0.09，即相对于地方政府（S_1）来说媒体（S_{11}）对其的限制力度最大；第八行当地群众（S_8）的最大值是0.38，其次是0.21，即相对于当地群众（S_8）来说地方政府（S_1）对其的限制力度最大，其次是媒体（S_{11}）；第十一行媒体（S_{11}）的最大值是0.18，即相对于媒体（S_{11}）来说地方政府（S_1）对其的限制力度最大。环境污染型工程投资项目社会稳定风险利益相关者关系网结构洞指数见表3-19。

表3-19　环境污染型工程投资项目社会稳定风险利益相关者关系网结构洞指数

利益相关者	有效规模	效率测度	总限制度	等级度
地方政府	5.0424	0.7203	0.3426	0.0896
中央政府	5.7319	0.6369	0.3483	0.0935
项目法人	5.8346	0.5835	0.3647	0.1218
承包商	8.2668	0.6889	0.2912	0.0636
供应商	4.6305	0.5788	0.4072	0.1064
监理单位	5.2145	0.5794	0.4040	0.1662
设计单位	5.9593	0.5959	0.3770	0.1340
当地群众	1.7778	0.5926	0.6387	0.1910
专家学者	5.5332	0.6148	0.3596	0.0822
社会公众	5.9466	0.6607	0.3281	0.1244
媒体	3.9429	0.6572	0.4283	0.1546
环保组织	6.5783	0.6578	0.3219	0.1177
社会稳定与发展组织	6.3231	0.6323	0.3455	0.0590
当地环保局	5.6240	0.5624	0.3919	0.1529

表3-19环境污染型工程投资项目社会稳定风险利益相关者关系网结构洞指数分别表示了不同利益相关者的有效规模、效率测度、总限制度和等级度。其中有效规模越大代表该利益相关者行动越自由，越不受限制；效率测度越大代表该利益相关者行动越高效；总限制度越大代表该利益相关者受到的限制越大；等级度越大代表该利益相关者越居于网络核心。由表3-19可知地方政府与媒体的有效规模相对较大，受到的限制较低，地方政府、媒体与当地群众的

效率测度相对较高，等级度测量的结果中当地群众与媒体的值较大，说明其二者是居于网络的核心地位。

综上，通过衡量环境污染型工程投资项目多元利益冲突的网络密度测度、中心性测度以及结构洞测度，分别识别出环境污染型工程投资项目中当地政府、当地群众与媒体在项目的建设过程中影响力很大，甚至可能主导项目建设的全生命周期，接下来通过媒体、当地政府与当地群众在环境性群体性事件中的演化博弈进一步探究三者的利益关系。

第三节　关键利益相关者在环境群体性事件中的演化博弈

一、环境污染型工程投资项目中关键利益相关者的角色分析与利益关系研究

（一）环境污染型工程投资项目中关键利益相关者的角色分析

1. 政府角色分析：议程设置者、信息审查者和秩序维护者

通过以上分析，在环境群体性事件三方博弈过程中的信息流场域，政府始终担任着两个重要的角色（图3－8）：

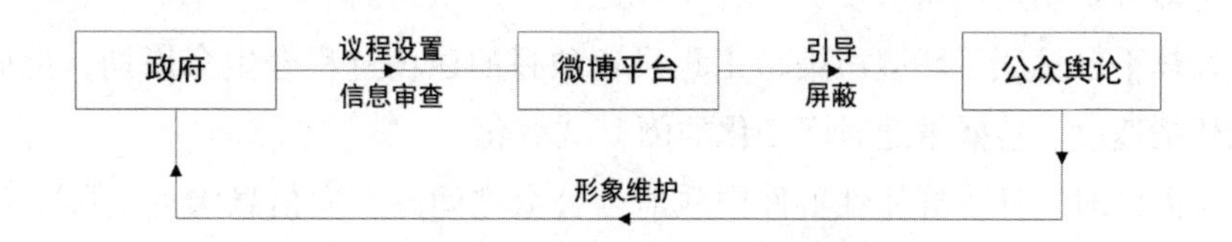

图3－8　当地政府在信息流场域的角色关系图

一是议程设置者。面对微博的民意高潮，各级地方政府都没有隐瞒或逃避，而都及时、主动地发布微博进行跟进，并对事件中的谣言及时辟谣，试图通过“项目公示—官方表态—辟谣—事件后续处理”的议程设置方式来引导舆论。另一个角色是信息审查者。政府借助微博进行信息审查，试图通过危态屏蔽、良态扩散的方式来干扰事态在微博场域中的影响程度。

而在实际干预过程中，政府表现出更多的是秩序维护者。由于环境污染型工程投资项目建设的特殊性，施工企业在建设之前通常已经征求了当地政府的意见并得到了许可，因此可以把施工企业看作与当地政府利益一致的合作伙伴。在项目得到批准，直至建设完成这整个过程中，一方面政府要防止环境群体性

事件的发生，保证施工企业的生命财产安全，另一方面，当地政府也要做好群众安抚工作，防止过激等非理智行为出现。

2. 媒体角色分析：信息爆炸导火索和上情下达渠道链

之所以称媒体是环境群体性事件信息爆炸的导火索，是因为无论是在环境污染型工程投资项目的建设情报搜集阶段，还是报道内容真实性与夸张性的把握力度，还是项目建设过程中的不同跟进阶段，媒体有着重要的发言权和传播力度。媒体在信息流场域的角色关系图见图3-9。

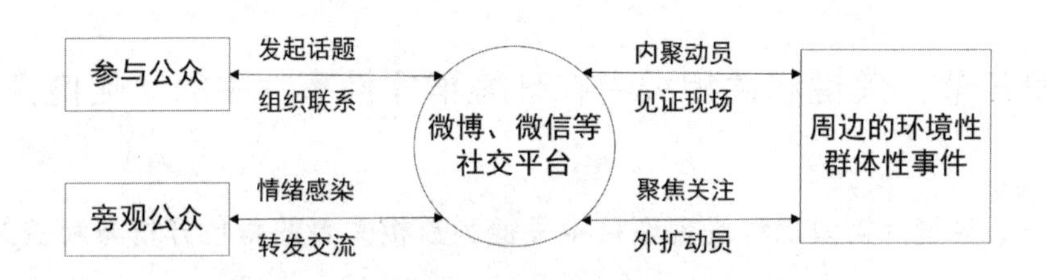

图3-9　媒体在信息流场域的角色关系图

通过联动参与观众，能够让群众发起话题并参与项目优劣性讨论，进而扩大微博事件的影响力；通过见证现场，不仅能够内聚动员施工企业周围的群众，同时也能外扩动员从而引发更多的聚焦关注。

媒体平台见证了环境污染型工程投资项目的建设过程全生命周期，见证了信息传播速度、传播量随时间变化的倒U式变化。

与此同时，环境群体性事件中政府与公众之间的双向信息沟通实际上都是在微博平台上发生的，从这一点来看，新媒体作为上情下达信息传递平台的角色没有改变，并进一步得到了强化。当地政府、媒体、当地群众在信息流场域的信息传导图见图3-10。

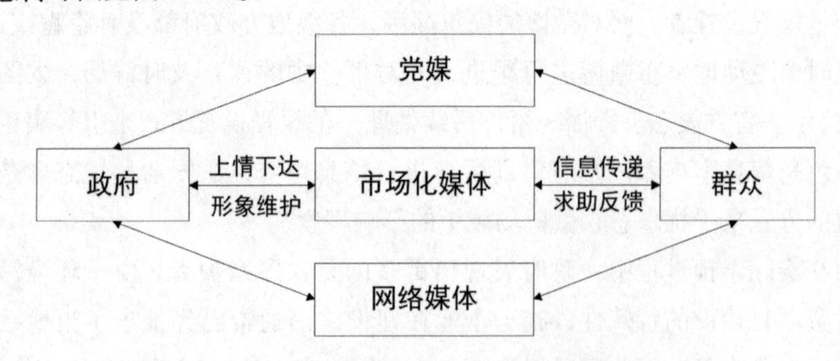

图3-10　关键利益相关者在信息流场域的信息传导图

党媒、市场化媒体和网络媒体，它们既是几个不同类型的个体，相互之间的角色与表现有着微妙的差别；同时又作为一个整体，是介于政府与公众之间的重要桥梁和纽带。根据现实中的案例来看，媒体基本都会在事件发生后及时发布微博，并在后续过程中进行持续关注。其中，党媒、市场化媒体多是官方态度的再现，以经济化为导向，宣传环境污染型工程投资项目的无害性或弱污染性，因为它们兼顾社会稳定、经济发展、微博声誉与传播影响力。而来源渠道不一、代表阶层不同的网络媒体则不同，它们的报道内容更务实，这意味着它们的报道内容可能以经济化为导向，也可能以环境化为导向，这主要是因为它们直接反映民意，表达群众的直接态度。网络媒体的主要利益来源是自身声誉及传播影响力。

3. 公众角色分析：第一见证人、事件推动者和项目批准者

在群体性事件中，公众主要可以分为参与公众和旁观公众两大类。一方面，环境污染群体性事件发生当天，一部分参与公众会将现场的抗争态势通过文字、图片或视频的方式发布在微博上，代替媒体扮演着“第一见证人”的角色；对于旁观公众来说，在事件现场信息被封锁的情况下，这些来自现场的微博信息成了最重要的信息来源。另一方面，首条引起较大关注度的微博都是由参与公众率先发布的，他们通过呼吁性文字在微博平台上发起话题，为现实中的群体性事件做好内聚动员的准备；面对环保问题所涉及的生存权，旁观公众与参与公众的内在利益存在着一致性，会受到微博话题的情绪感染，成为现实中群体性事件外扩动员的重要力量。两类公众的动员力量凝聚在一起，通过舆论造势推动事件发展的过程，扮演着“事件推动者”的角色。

政府、媒体、公众在环境群体性事件中作用关系见图 3－11。在事件发展到高潮的时候，环境污染型工程投资项目不得不面临两个选择，要么继续修建，

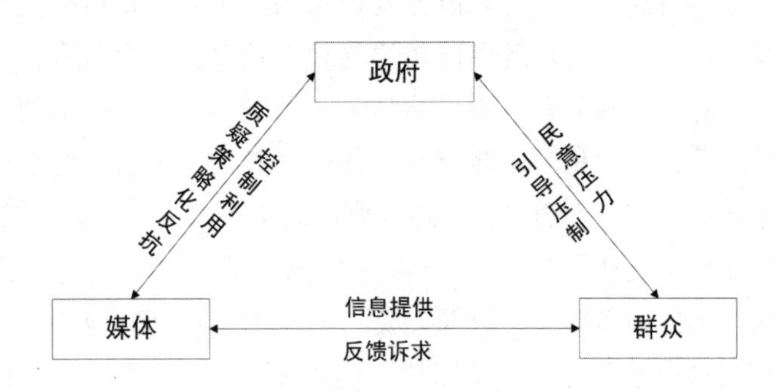

图 3－11　关键利益相关者在环境群体性事件中作用关系图

要么停工，而决定权往往不是政府，而是当地群众的最终态度，这涉及社会经济效益、政府对当地群众的补偿力度等多方面，因此，公众也是环境污染型工程投资项目的批准者。

（二）环境污染型工程投资项目中关键利益相关者的利益关系研究

1. 政府与媒体：控制与反控制的抗衡

在传统媒体语境下，政府对各类媒体都进行着严格的管控和利用。在许多现实案例中，传统媒体报道都在事件发生过后的1—2天才滞后地出现，内容上也主要是消息的客观发布。即使是在新媒体环境中，政府的控制也依然存在。无论是党媒还是市场化媒体，发布的微博基本都是对官方消息的转发或是官方态度的再现。但新网络媒体的开放性环境还是一定程度上为媒体赢得了“策略化抵抗”的空间，在一定程度上对政府起到监督作用。

2. 媒体与公众：信息的双向供给与互动

在传统媒体语境下，公众对于媒体的需求表现得尤为突出。但综合现实中的案例来看，传统媒体的表现并不尽如人意，纸媒在对群体性事件的报道都出现了明显的滞后，且对事件本身明显说明不足，对于公众的诉求表达也较为有限。而新媒体的出现则使得事件信息发布的主动权在很大程度上转移到了公众的手中，甚至在事件中反过来成为媒体报道的重要信息来源。值得指出的是，尽管公众能够一定程度上实现信息的“自给自足”，需求的“淡化”并不意味着需求的“消失”，其对于媒体的依赖和需求依然存在。在群体事件发生的最初期，权益受损的公众通常会发布呼吁性的微博并“@”大量媒体官方微博和传媒人士，希望通过媒体的影响力来获得更多对事件的关注度。

3. 政府与公众：权力与权益的对峙

在传统的群体性事件报道中，在政府行使“权力”和公众维护“权益”的对峙中，前者通常占据了上风。政府作为信息的制定者，是拥有优先行动权的一方，传统媒体语境也使当地政府能较容易地对信息传播渠道进行控制。群体性事件发生时，有些时候采取“隐瞒事实真相”的策略，试图遏制事态影响的扩大化。相比之下，公众相对于政府和媒体而言是处于最底层的群体，信息获取方面则处于弱势，其行动通常在当地政府的政策决议之后，较为被动。然而，新媒体的出现扭转了这样的局势，微博、微信朋友圈的出现为公众意见的表达拓展出前所未有的广阔空间。一方面，公众可以通过微博、微信朋友圈，抢先发布信息，实现对当地政府“信息圈禁”的突围。另一方面，公众还会通过评论的方式针对当地政府发布的微博表达自己的意见，以维护自身权益。从事件的结果来看，2002年的江苏启东事件的排海污染项目与2012年的宁波镇海的

PX 项目，最终都被“永久停工”，这正是两地政府对于强烈的“民意压力”做出让步和妥协的重要表现。

二、环境污染型工程投资项目中关键利益相关者的协同演化博弈模型构建

（一）基本假设

假设 1：在不考虑其他约束条件下，当地政府、媒体与公众构成完整系统，三方均是具备学习能力的有限理性个体。

假设 2：在环境污染型工程投资项目博弈系统中，博弈三方均具备各自行为选择的权利和方案。每个行为主体均有两种选择方案，政府策略集合为（干预/不干预），媒体（主要指网络媒体）策略集合为（宣传事实/散布谣言）及周边民众策略集合为（抵抗/不抵抗）。博弈三方在学习和模仿的过程中经过不断试错来调整自身的策略选择，来寻求最佳的策略组合直到达成均衡。

假设 3：在环境污染型工程投资项目博弈系统中，政府是三方博弈的核心节点。由于基本了解环境污染型工程投资项目存有其自身的社会经济效益，当政府选择干预策略时，媒体报道宣传事实真相不会存在损失；反之，个别媒体若为了博人眼球散布谣言，将环境污染进行夸张性宣传，会受到政府惩罚。当政府采取不干预策略时，即默认政府的相关利益与媒体不同的宣传行为策略无关。作为环境污染型工程投资项目的外部干预者，当地群众的策略选择在一定程度上影响政府的行为选择。若当地群众根据媒体的报道选择不抵抗时，政府会选择续建。当当地群众根据媒体的报道选择抵抗策略时，政府将会面临续建项目或停建项目的双重选择；当安抚当地群众抵抗行为的成本低于续建项目带来的社会经济效益时，项目会得到续建；当安抚当地群众抵抗行为的成本高于续建项目带来的社会经济效益时，政府会停建环境污染型工程投资项目，而项目一旦停建，那么三方博弈也就宣告结束，这不是我们的研究范畴，我们仅针对项目续建的情况加以分析。

假设 4：个别媒体之所以会散布谣言，其目的是为了通过事件发展前中期的社会舆论来获得规模关注以提高社会影响力，因此个别有关媒体不惜通过夸张炒作来扩大媒体知名度。而媒体对谣言的散布力度也直接影响了当地群众的抵抗概率和抵抗规模。

（二）收益期望函数构建

基于上述假设，我们构建出了政府、媒体和当地群众的三方演化博弈模型。采用 0 - 1 变量，$x = 0$ 表示政府采取干预（媒体）策略，$x = 1$ 表示政府采取不干预（媒体）策略；$y = 0$ 表示个别媒体散布谣言，$y = 1$ 表示媒体宣传事实真相；

$z=0$ 表示当地群众采取抵抗策略，$z=1$ 表示当地群众采取不抵抗策略。依据排列组合定理，我们的三方博弈模型生成 8 种策略组合，其三维表达如图 3-12。

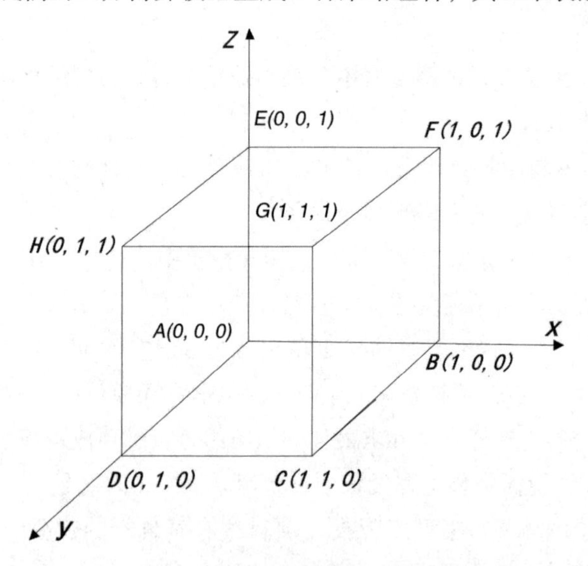

图 3-12 博弈主体策略选择的三维表达示意图

当地政府、当地群众与媒体关于环境污染型工程投资项目续建与否获得的成本与收益见表 3-20。

表 3-20 参数符号及表达含义

符号	含义
G_1	环境污染型工程投资项目给政府带来的经济效益与社会效益总和
g_2G_2	政府干预，个别媒体博人眼球散布谣言，政府控制谣言扩散澄清事实付出干预成本
G_3	政府干预媒体情况下，因居民抵抗而采取安抚措施所承担的安抚补贴成本总额
G_4	政府不干预媒体情况下，因居民抵抗而采取安抚措施所承担的安抚补贴成本总额
G_5	政府支付的环境污染型工程投资项目的建设成本
m_1M_1	政府干预前提下，个别媒体博人眼球散布谣言，受到政府惩罚
M_2	个别媒体散布谣言，前中期获得的高流量关注（品牌声望、收视率的增加）
M_3	媒体对环境污染型工程投资项目建设过程中，所承担的信息搜集成本
M_4	媒体报道宣传事实，获得的一般性关注（公众关注度、收视率）
N_1	环境污染型工程投资项目建成后预计给当地居民带来的风险损失总额

续表

n_2N_2	个别媒体散布谣言情况下，居民因抵抗所承担的抵抗成本总额
N_3	媒体宣传真相情况下，居民因抵抗所承担的抵抗成本总额
N_4	环境污染型工程投资项目建成后预计给当地居民带来的收益总额

注：其中 g_2 为政府对谣言的控制力度，m_1 为政府对媒体散布谣言的惩罚力度，n_2 为居民的抵抗力度。

通过表 3－20 可以计算出三方在不同策略选择下的收益函数，计算结果见表 3－21 相应策略下的收益矩阵。

表 3－21　相应策略下的收益矩阵

A（0，0，0）	$(G_1-g_2G_2-G_3-G_5,\ -m_1M_1+M_2-M_3,\ G_3-N_1-n_2N_2+N_4)$
B（1，0，0）	$(G_1-G_4-G_5,\ M_2-M_3,\ G_4-N_1-N_3+N_4)$
C（1，1，0）	$(G_1-G_4-G_5,\ -M_3+M_4,\ G_4-N_1-N_3+N_4)$
D（0，1，0）	$(G_1-G_3-G_5,\ -M_3+M_4,\ G_3-N_1-n_2N_2+N_4)$
E（0，0，1）	$(G_1-g_2G_2-G_5,\ -m_1M_1+M_2-M_3,\ -N_1+N_4)$
F（1，0，1）	$(G_1-G_5,\ M_2-M_3,\ -N_1+N_4)$
G（1，1，1）	$(G_1-G_5,\ -M_3+M_4,\ -N_1+N_4)$
H（0，1，1）	$(G_1-G_5,\ -M_3+M_4,\ -N_1+N_4)$

假定政府、网络媒体与当地群众采取不干预、宣传事实真相与不抵抗策略的概率分别为 x，y，z，则选择干预、散布谣言与抵抗策略的概率分别为 $1-x$，$1-y$，$1-z$。设 Exg、Exm、Exj 分别表示政府、网络媒体与当地群众的平均收益，故：

政府采取不干预策略的平均收益为：

$$Exg_1 = G_1 - G_5 - (1-z)G_4 \tag{3-2}$$

政府采取干预策略的平均收益为：

$$Exg_0 = G_1 - G_5 - (1-y)g_2G_2 - (1-z)G_3 \tag{3-3}$$

政府的平均收益为：

$$\begin{aligned} Exg &= xExg_1 + (1-x)Exg_0 \\ &= (G_1-G_5) - (1-x)[(1-y)g_2G_2 + (1-z)G_3] - x(1-z)G_4 \end{aligned} \tag{3-4}$$

网络媒体宣传事实真相的平均收益为：

$$E\,xm_1 = -M_3 + M_4 \tag{3-5}$$

网络媒体散布谣言的平均收益为：

$$E\,xm_0 = -(1-x)\,m_1 M_1 + M_2 - M_3 \tag{3-6}$$

网络媒体的平均收益为：

$$\begin{aligned} Exm &= yEx\,m_1 + (1-y)Ex\,m_0 \\ &= y\,M_4 - M_3 + (1-y)[M_2 - (1-x)\,m_1 M_1] \end{aligned} \tag{3-7}$$

当地群众采取不抵抗策略的平均收益为：

$$E\,xj_1 = -N_1 + N_4 \tag{3-8}$$

当地群众采取抵抗策略的平均收益为：

$$E\,xj_0 = (1-x)\,G_3 + x\,G_4 - N_1 - (1-y)\,n_2 N_2 - y\,N_3 + N_4 \tag{3-9}$$

当地群众的平均收益为：

$$\begin{aligned} Exj &= zEx\,j_1 + (1-z)Ex\,j_0 \\ &= (1-z)[(1-x)\,G_3 + x\,G_4 - (1-y)\,n_2 N_2 - y\,N_3] + N_4 - N_1 \end{aligned} \tag{3-10}$$

(三) 基于复制动态方程的演化稳定策略求解及分析

尽管政府、网络媒体及当地群众三者间存在信息不对称，但随着时间的推移，博弈三方通过学习模仿不断调整自己的策略选择，会做出最佳决策。政府、网络媒体及当地群众在动态调整自身策略选择时，表现出演化博弈论所描述的复制动态过程。复制动态的本质是某一特定策略组合在一系列策略组合中被采纳频次的动态微分方程。假设某一博弈主体采取某一策略的收益大于平均收益，该策略就能发展。根据表 3-21 相应策略下的收益矩阵表得出政府、网络媒体和当地群众三方博弈主体的动态复制方程如下：

政府的复制动态方程为：

$$\begin{aligned} F(x) &= dx/dt \\ &= x(Ex\,g_1 - Exg) \\ &= x(1-x)(Ex\,g_1 - Ex\,g_0) \\ &= x(1-x)[(1-y)\,g_2 G_2 - (1-z)(G_4 - G_3)] \end{aligned} \tag{3-11}$$

网络媒体的复制动态方程为：

$$\begin{aligned} F(y) &= dy/dt \\ &= y(Ex\,m_1 - Exm) \\ &= y(1-y)(Ex\,m_1 - Ex\,m_0) \\ &= y(1-y)[(1-x)\,m_1\,M_1 + M_4 - M_2] \end{aligned} \tag{3-12}$$

当地群众的复制动态方程为：

$$\begin{aligned} F(z) &= dz/dt \\ &= z(Ex\,j_1 - Exj) \\ &= z(1-z)(Ex\,j_1 - Ex\,j_0) \\ &= z(1-z)\{[(1-y)\,n_2\,N_2 + yN_3] - [(1-x)\,G_3 + x\,G_4]\} \end{aligned} \tag{3-13}$$

在政府、网络媒体和当地群众的三方博弈过程中，复制动态方程呈现了三个有限理性方经过学习并且最终采取干预、宣传环境无害性和不抵抗策略的动态过程，当三方均达到稳定状态时，表明博弈三方通过不断试错找到了有效的纳什均衡。为了寻找环境污染型工程投资项目中政府、网络媒体和当地群众三者演化博弈的均衡点，将分别对这三方博弈主体的动态演化趋势和稳定性进行分析：

政府复制动态方程的导函数为：

$$\begin{aligned} F'(x) &= dF(x)/d(x) \\ &= (1-2x)[(1-y)\,g_2\,G_2 - (1-z)(G_4 - G_3)] \end{aligned} \tag{3-14}$$

网络媒体复制动态方程的导函数为：

$$\begin{aligned} F'(y) &= dF(y)/d(y) \\ &= (1-2y)[(1-x)\,m_1\,M_1 + M_4 - M_2] \end{aligned} \tag{3-15}$$

当地群众复制动态方程的导函数为：

$$\begin{aligned} F'(z) &= dF(z)/d(z) \\ &= (1-2z)\{[(1-y)\,n_2\,N_2 + yN_3] - [(1-x)\,G_3 + x\,G_4]\} \end{aligned} \tag{3-16}$$

（四）基于复制动态方程的政府稳定演化博弈策略选择分析

$$F(x) = x(1-x)[(1-y)g_2G_2-(1-z)(G_4-G_3)] \tag{3-17}$$

$$F'(x) = (1-2x)[(1-y)g_2G_2-(1-z)(G_4-G_3)] \tag{3-18}$$

令 $F(x)=0$ 有 $x=0, x=1$ 和 $(1-y)g_2G_2-(1-z)(G_4-G_3)=0$，此时有 $g_2=\frac{(1-z)(G_4-G_3)}{(1-y)G_2}$，依据复制动态微分方程稳定性定理和演化稳定策略原理，当 $F(x)=0$，$F'(x)<0$ 时，x 为演化稳定策略点，分以下三种情况加以讨论：

(1) 若 $(1-y)g_2G_2-(1-z)(G_4-G_3)=0$。则 $F(x)=0$，$F'(x)=0$，在这种情况下，当政府对个别媒体所散布谣言的澄清力度达到 $g_2=\frac{(1-z)(G_4-G_3)}{(1-y)G_2}$ 时，政府采取干预和不干预策略均是其最优的策略选择。

(2) 若 $(1-y)g_2G_2-(1-z)(G_4-G_3)>0$。则当 $x=0$ 时 $F(x)=0$，$F'(x)>0$，不是演化稳定策略点；当 $x=1$ 时 $F(x)=0$，$F'(x)<0$，是演化稳定策略点。在这种情况下，当政府对个别媒体所散布谣言的澄清力度达到 $g_2=\frac{(1-z)(G_4-G_3)}{(1-y)G_2}$，且呈现逐步增加趋势时，政府采取不干预策略是其最优选择。

(3) 若 $(1-y)g_2G_2-(1-z)(G_4-G_3)<0$。则当 $x=0$ 时 $F(x)=0$，$F'(x)<0$，是演化稳定策略点；当 $x=1$ 时 $F(x)=0$，$F'(x)>0$，不是演化稳定策略点。在这种情况下，当政府对个别媒体所散布谣言的澄清力度达到 $g_2=\frac{(1-z)(G_4-G_3)}{(1-y)G_2}$，且呈现逐步减弱趋势时，政府采取干预策略是其最优策略选择。政府策略选择稳定性演化复制动态相位图见图 3-13。

（五）基于复制动态方程的网络媒体稳定演化博弈策略选择分析

$$F(y) = y(1-y)[(1-x)m_1M_1+M_4-M_2]$$

$$F'(y) = (1-2y)[(1-x)m_1M_1+M_4-M_2]$$

令 $F(y)=0$，有 $y=0, y=1$ 和 $x=1-\frac{(M_2-M_4)}{m_1M_1}$，此时有 $m_1=\frac{(M_2-M_4)}{(1-x)M_1}$；

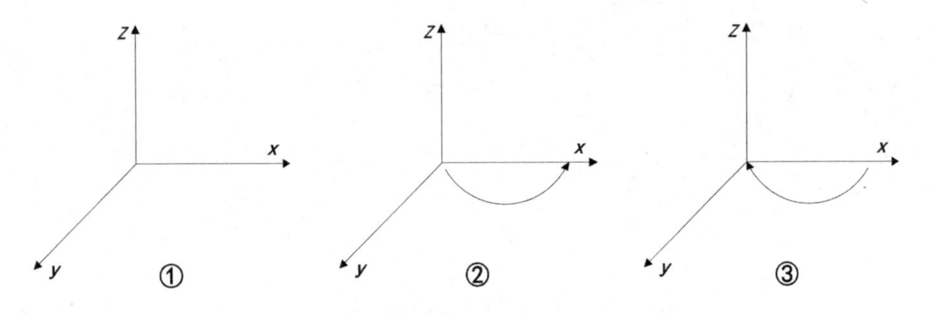

图 3-13　政府策略选择稳定性演化复制动态相位图

依据复制动态微分方程稳定性定理和演化稳定策略原理，当 $F(y)=0$, $F'(y)<0$ 时，y 为演化稳定策略点，分以下三种情况加以讨论：

（1）若 $x=1-\dfrac{(M_2-M_4)}{m_1 M_1}$。则 $F(y)=0$, $F'(y)=0$, 在这种情况下，当政府对散布谣言的网络媒体的处罚力度达到 $m_1=\dfrac{(M_2-M_4)}{(1-x)M_1}$ 时，个别网络媒体采取散布谣言策略和报道事实策略均是其最优的策略选择。

（2）若 $x>1-\dfrac{(M_2-M_4)}{m_1 M_1}$。则当 $y=0$ 时，$F(y)=0$, $F'(y)<0$, 是演化稳定策略点，当 $y=1$ 时，$F(y)=0$, $F'(y)>0$, 不是演化稳定策略点。在这种情况下，当政府对散布谣言的网络媒体的处罚力度达到 $m_1=\dfrac{(M_2-M_4)}{(1-x)M_1}$, 且呈现逐步减弱趋势时，个别网络媒体采取报道谣言策略是其最优的策略选择。

（3）若 $x<1-\dfrac{(M_2-M_4)}{m_1 M_1}$。则当 $y=0$ 时，$F(y)=0$, $F'(y)>0$, 不是演化稳定策略点，当 $y=1$ 时，$F(y)=0$, $F'(y)<0$, 是演化稳定策略点。在这种情况下，当政府对散布谣言的网络媒体的处罚力度达到 $m_1=\dfrac{(M_2-M_4)}{(1-x)M_1}$, 且呈现逐步增强趋势时，网络媒体采取报道事实真相策略是其最优的策略选择。网络媒体策略选择稳定性演化复制动态相位图见图 3-14。

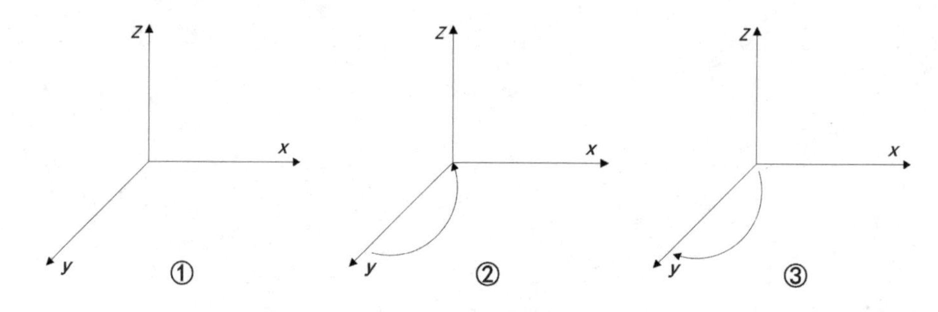

图 3-14 网络媒体策略选择稳定性演化复制动态相位图

（六）基于复制动态方程的当地群众稳定演化博弈策略选择分析

$F(z) = z(1-z)\{[(1-y)n_2N_2 + yN_3] - [(1-x)G_3 + xG_4]\}$

$F'(z) = (1-2z)\{[(1-y)n_2N_2 + yN_3] - [(1-x)G_3 + xG_4]\}$

令 $F(z) = 0$，有 $z = 0, z = 1$ 和 $[(1-y)n_2N_2 + yN_3] - [(1-x)G_3 + xG_4] = 0$；此时有 $n_2 = \frac{[(1-x)G_3 + xG_4 - yN_3]}{(1-y)N_2}$，依据复制动态微分方程稳定性定理和演化稳定策略原理，当 $F(z) = 0, F'(z) < 0$ 时，z 为演化稳定策略点，分以下三种情况加以讨论：

（1）若 $[(1-y)n_2N_2 + yN_3] - [(1-x)G_3 + xG_4] = 0$，即政府因续建环境污染型工程投资项目给当地居民带来的反抗补偿等于居民采取抵抗措施后的成本总额时，有 $F(z) = 0, F'(z) = 0$，在这种情况下，当居民对经个别媒体散布谣言后的环境污染型工程投资项目的抵抗力度达到 $n_2 = \frac{[(1-x)G_3 + xG_4 - yN_3]}{(1-y)N_2}$ 时，当地居民采取不抵抗策略与抵抗策略均是其最优的策略选择。

（2）若 $[(1-y)n_2N_2 + yN_3] - [(1-x)G_3 + xG_4] > 0$。当 $z = 0$ 时，$F(z) = 0, F'(z) > 0$，不是演化稳定策略点，当 $z = 1$ 时，$F(z) = 0, F'(z) < 0$，是演化稳定策略点。在这种情况下，当居民对经个别媒体散布谣言后的环境污染型工程投资项目的抵抗力度达到 $n_2 = \frac{[(1-x)G_3 + xG_4 - yN_3]}{(1-y)N_2}$，并呈现逐步减少趋势时，当地居民采取不抵抗策略是其最优的策略选择。

（3）若 $[(1-y)n_2N_2 + yN_3] - [(1-x)G_3 + xG_4] < 0$。当 $z = 0$ 时，$F(z) = 0, F'(z) < 0$，是演化稳定策略点，当 $z = 1$ 时，$F(z) = 0, F'(z) > 0$，不是演化稳定策略点。在这种情况下，当居民对经个别媒体散布谣言后的环境污染型工程投资项目的抵抗力度达到 $n_2 = \frac{[(1-x)G_3 + xG_4 - yN_3]}{(1-y)N_2}$，并呈现逐步增加

趋势时，当地居民采取抵抗策略是其最优的策略选择。当地居民策略选择稳定性演化复制动态相位图见图 3－15。

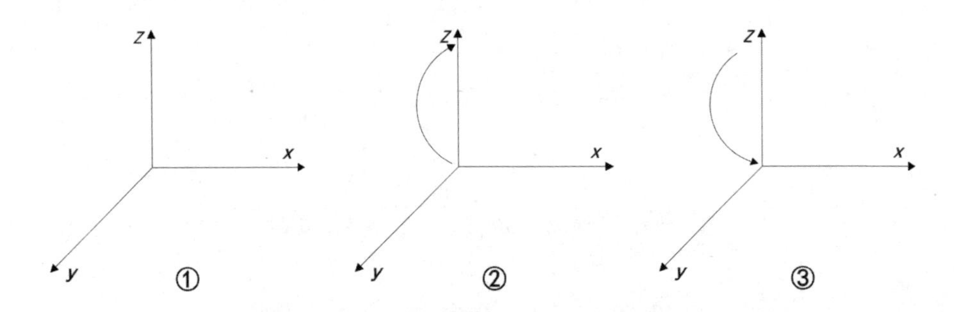

图 3－15 当地居民策略选择稳定性演化复制动态相位图

（七）基于复制动态方程下政府、网络媒体与当地居民的稳定演化博弈策略结果分析

结合上述分析可以得出，环境污染型工程投资项目的三方博弈系统演化由以下三个平面构成：

$$\begin{cases}(1-y)g_2G_2-(1-z)(G_4-G_3)=0, 0<y<1, 0<z<1\\ x=1-\dfrac{(M_2-M_4)}{m_1M_1}, 0<x<1\\ [(1-y)n_2N_2+yN_3]-[(1-x)G_3+xG_4]=0, 0<x<1, 0<y<1\end{cases}$$

三个平面相交构成三维立体图曲面，表示在不同条件下，不同博弈主体所演化的临界面，根据三维立体图曲面可以看出，在临界面内侧，三方博弈主体收敛于点 B（1，0，0），即政府、个别网络媒体与当地居民分别采取不干预、散布谣言和抵抗策略；在临界面外侧，三方博弈主体收敛于点 H（0，1，1），即政府、网络媒体与当地居民分别采取干预、宣传事实真相和不抵抗策略。将这三方博弈主体稳定性演化复制动态趋势用三维表达示意图如图 3－16。

因环境污染型工程投资项目的特殊性，政府对媒体干预有利于控制环境污染型工程投资项目建设过程中的不稳定因素，使网络媒体宣传事实真相的概率上升，间接减少当地群众抵抗的概率。因此，我们追求的三者博弈主体的演化稳定策略点是 H（0，1，1）。

同时，博弈演化是一个复杂漫长的过程，为了加速推动博弈主体向演化稳定策略 H 点（干预策略，宣传环境无害性策略，不抵抗策略）收敛，博弈三方

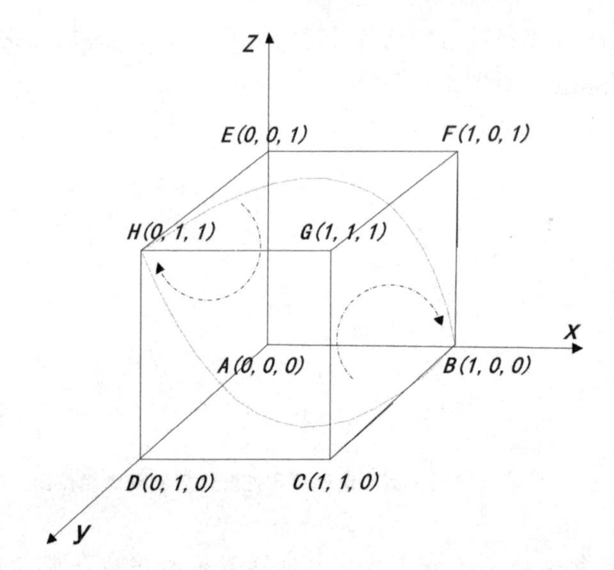

图 3-16 政府、网络媒体与当地居民的稳定性演化复制动态相位图

应该同时满足以下三个条件：

$$\begin{cases}(1-y)\,g_2\,G_2-(1-z)(G_4-G_3)<0\\0<x<1-\dfrac{(M_2-M_4)}{m_1\,M_1}<1\\0<[(1-y)\,n_2\,N_2+yN_3]-[(1-x)\,G_3+x\,G_4]<1\end{cases}$$

即政府对当地群众的反抗补贴达到一定程度，且在政府的接受范围内；个别网络媒体散布谣言受到的惩罚大于因谣言带来的高流量效应，且达到一定程度；政府建设环境污染型工程投资项目给居民的总体收益大于所受到的抵抗风险成本时，博弈三者会分别选择采取干预策略、宣传事实真相策略、不抵抗策略。为了直观反映博弈三方策略选择的稳定演化过程，用 Spyder（Python 3.7）对其动态进行仿真模拟。

三、环境污染型工程投资项目中关键利益相关者演化博弈的仿真分析

（一）系统稳定性分析

在开始时，假设地方政府、网络媒体与当地群众对不同策略选择的概率都是50%，即选择不同策略的概率相同，则出发点为（0.5，0.5，0.5）；为较精确地反映系统内三方策略选择的演化轨迹，轨迹步长设置为0.1；为排除假稳定状态对系统稳定真实性的干扰，开始时迭代次数设置为1000，在演化稳定结果

不变的情况下，为了图片反映比例的直观性，下图中各图的迭代次数为30。在对地方政府、网络媒体与当地群众的支付矩阵进行赋值时，在经验数据的基础上，参考康伟和杜蕾对地方政府和当地群众的赋值标准：当地政府的各效益总和 G_1 为10；政府干预下，个别媒体为了博人眼球散布谣言受到政府惩罚，政府控制谣言扩散澄清事实付出的干预成本 G_2 为5；政府干预下，因居民抵抗而采取安抚措施所承担的安抚补贴成本总额 G_3 为2；政府不干预下，因居民抵抗而采取安抚措施所承担的安抚补贴成本总额 G_4 为6；环境污染型工程投资项目的建设成本 G_5 为5；政府干预下，个别媒体博人眼球散布谣言，受到政府惩罚 M_1 为5；媒体散布谣言，前中期获得的高流量关注 M_2 为3；媒体承担的信息搜集成本 M_3 为0.5；媒体报道宣传事实，获得的一般性关注 M_4 为1；环境污染型工程投资项目建成后预计给当地居民带来的风险损失总额 N_1 为4；个别媒体散布谣言情况下，因居民抵抗所承担的抵抗成本总额 N_2 为5；媒体宣传真相情况下，因居民抵抗所承担的抵抗成本总额 N_3 为2.5；工程项目建成后预计给当地居民带来的收益总额 N_4 为5。政府、媒体与群众稳态演化轨迹见图3－17。

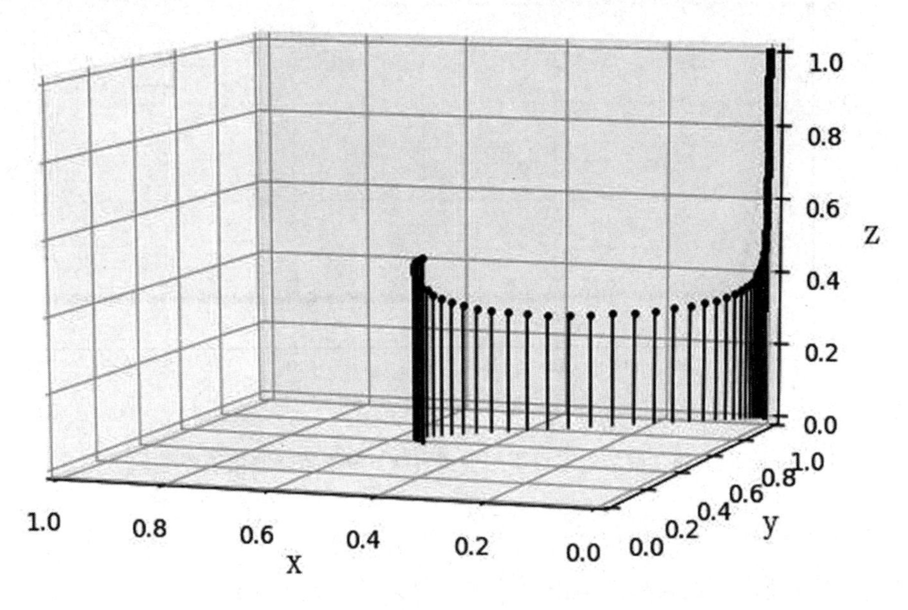

图3－17 政府、媒体与群众稳态演化轨迹图

如图3－17所示，x,y,z 分别表示当地政府选择不监管的概率，网络媒体宣传事实真相的概率，以及周边群众选择不抵抗的概率。图3－17中的出发点为 $(x,y,z) = (0.5, 0.5, 0.5)$，稳态为 $(x,y,z) = (0, 1, 1)$，这说明政府通过对媒体一定程度的监管，可以实现媒体宣传事实真相，群众不抵抗的三方理想稳态。下图3－18至图3－29反映的是不同维度下政府对谣言的干预力度、政府对散布谣言媒体的惩罚力度以及群众对环境污染型工程投资项目的抵抗力度，在不同灵敏度水平下的策略稳态。

（二）不同情境下的灵敏度差异分析

1. 政府对谣言不同干预力度下三方演化策略选择

政府对谣言不同干预力度下三方演化策略选择分别见图3－18、图3－19、图3－20和图3－21。

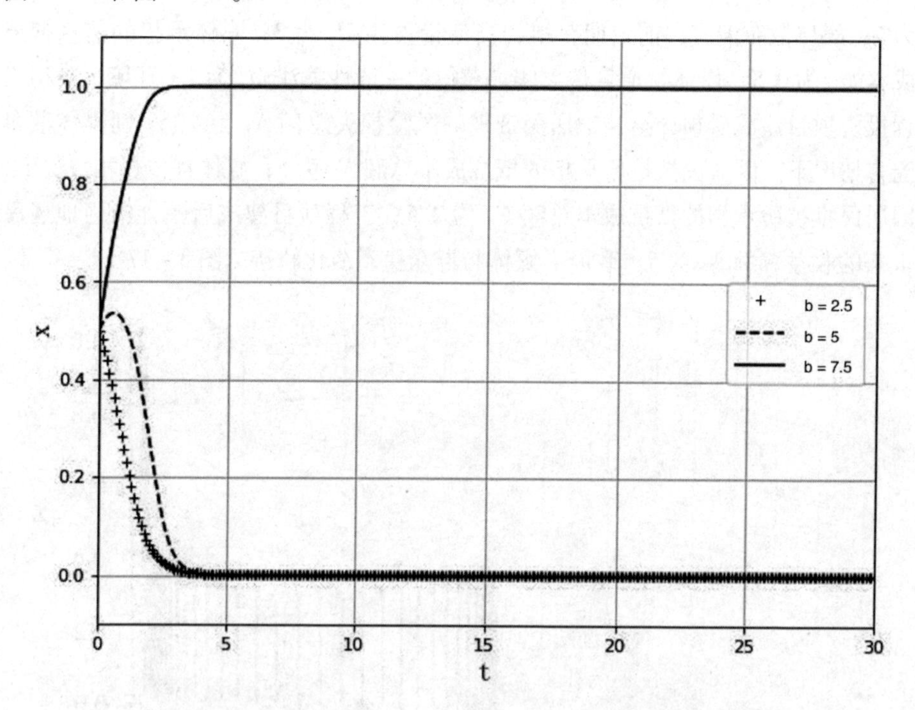

图3－18　政府对谣言不同干预力度下政府策略演化轨迹图

图3－18中三条演化轨迹由下至上分别表示政府对谣言干预力度为2.5，5和7.5水平下政府的策略选择演化轨迹，可以发现政府对谣言的干预成本影响政府的最终策略选择：干预成本越低，政府干预的倾向越大；随着干预成本的扩大，政府刚开始选择不干预的倾向越大；当干预成本超过某一临界值时，政府会选择不干预策略。

图3－19中三条演化轨迹由上至下分别表示政府对谣言干预力度为2.5，5和7.5水平下媒体的策略选择演化轨迹，可以发现政府对谣言的干预程度影响

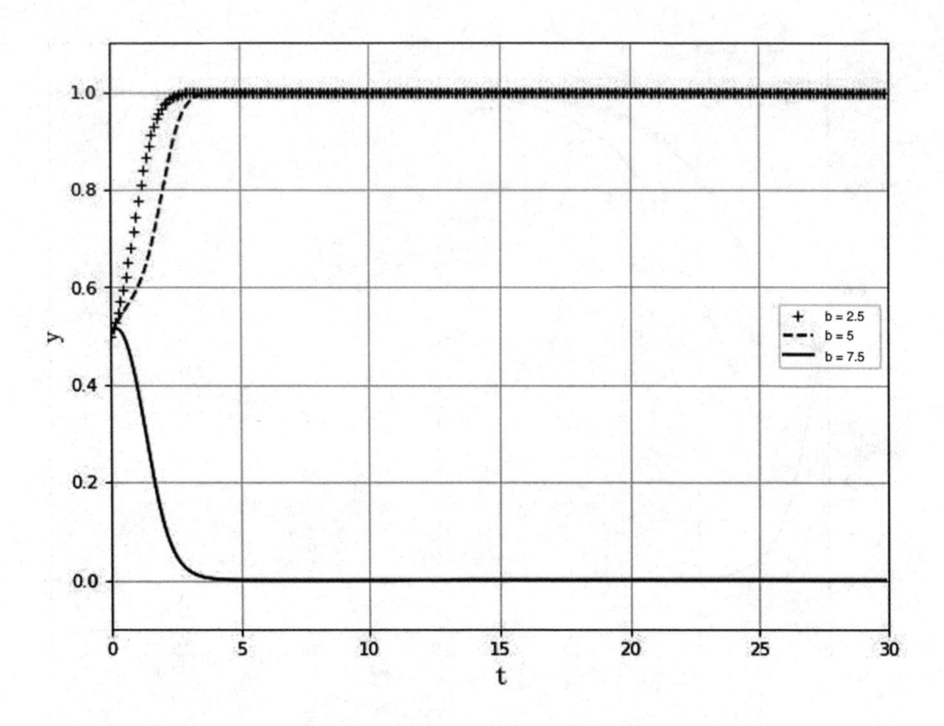

图 3－19　政府对谣言不同干预力度下媒体策略演化轨迹图

媒体的最终策略选择：当政府的干预力度在某一临界值内，媒体会趋于信服采取宣传事实真相策略；当政府的干预力度超过某一临界值时，即会使个别媒体由信服转为不信服，从而选择散布谣言策略，由此可知政府对谣言的控制力度不是越大越好。

图 3－20 中三条演化轨迹由上至下分别表示政府对谣言干预力度为 2.5，5 和 7.5 水平下群众的策略选择演化轨迹，可以发现政府对谣言的干预程度影响群众的最终策略选择：当政府的干预力度在某一临界值内，群众会趋于信服采取不抵抗策略；当政府的干预力度逐渐增大超过某一临界值时，即会使群众由信服转为不信服，从而选择抵抗策略，由此可知政府对谣言的控制力度不是越大越好。

图 3－21 中三条演化轨迹由右顺时针旋转至左分别表示政府对谣言干预力度为 2.5，5 和 7.5 水平下三方的策略选择演化轨迹，最后分别稳定在点（0，1，1），点（0，1，1）和点（1，0，0）。可以发现政府对谣言的干预程度影响三方的最终策略选择：当政府的干预力度在某一临界值内，媒体和群众会趋于信服采取宣传事实真相和不抵抗策略；当政府的干预力度逐渐增大超过某一临界值时，首先，干预成本的扩大会使得事态超过预期，政府选择放弃干预，其

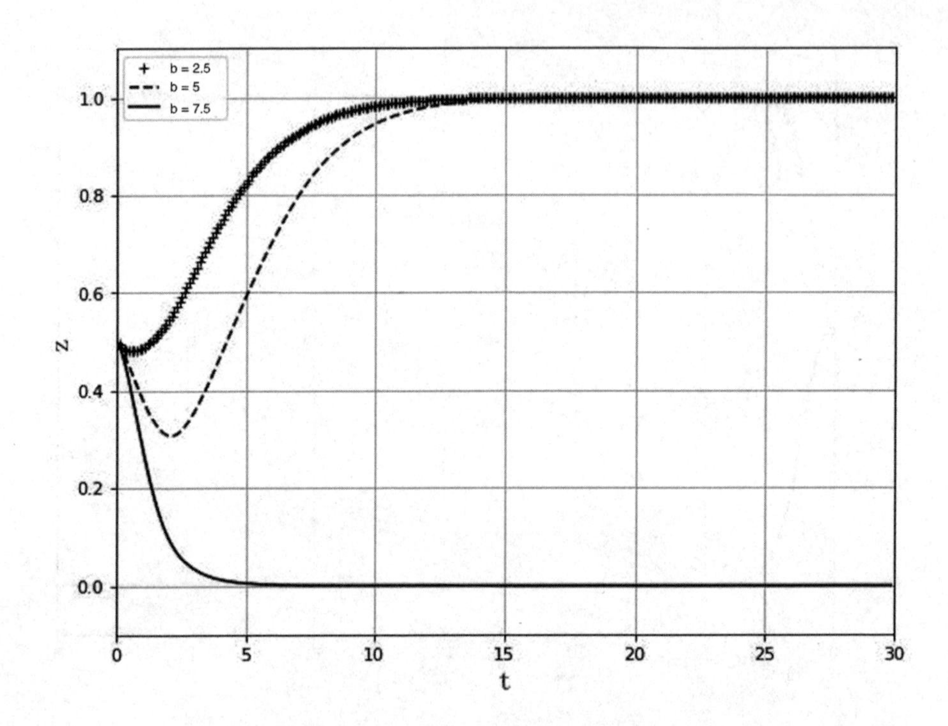

图 3 – 20　政府对谣言不同干预力度下群众策略演化轨迹图

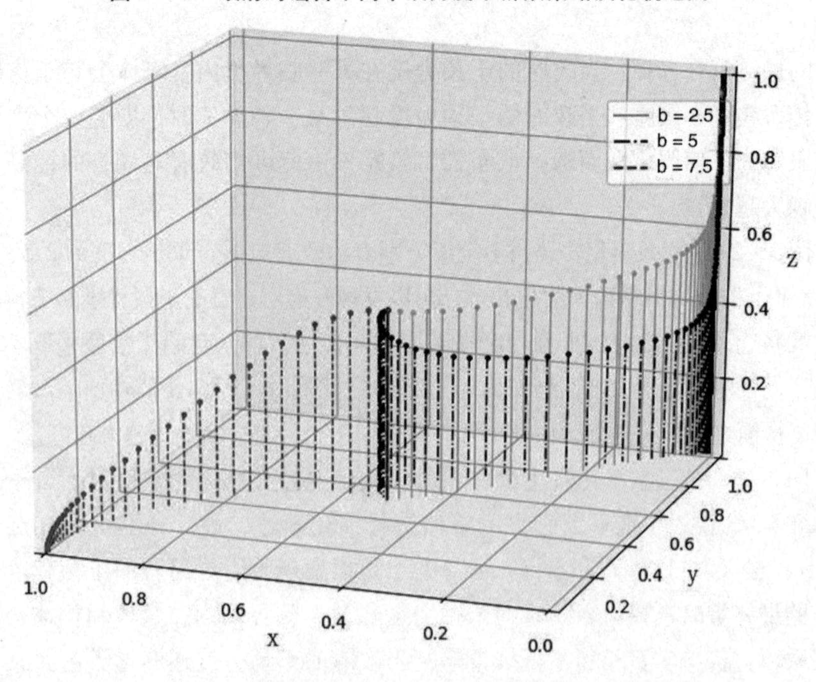

图 3 – 21　政府对谣言不同干预力度下三方策略演化轨迹图

次，个别媒体与群众也会分别采取宣传谣言和抵抗策略，由此发展环境污染型工程投资项目将面临不可续建的风险。政府应控制好干预力度与干预成本。

2. 政府对散布谣言的媒体不同惩罚力度下三方演化策略选择

政府对散布谣言的媒体不同惩罚力度下三方演化策略选择分别见图3－22、图3－23、图3－24和图3－25。

图3－22中三条演化轨迹由上至下分别表示政府对散布谣言的媒体惩罚力度为2.5，5和7.5水平下政府的策略选择演化轨迹，可以发现政府对媒体的惩罚程度影响政府的最终策略选择：当政府的处罚力度小于某一临界值时，政府会采取不干预策略；当政府的处罚力度超过某一临界值时，会选择干预策略，且政府的处罚力度越大，干预的趋势越快。

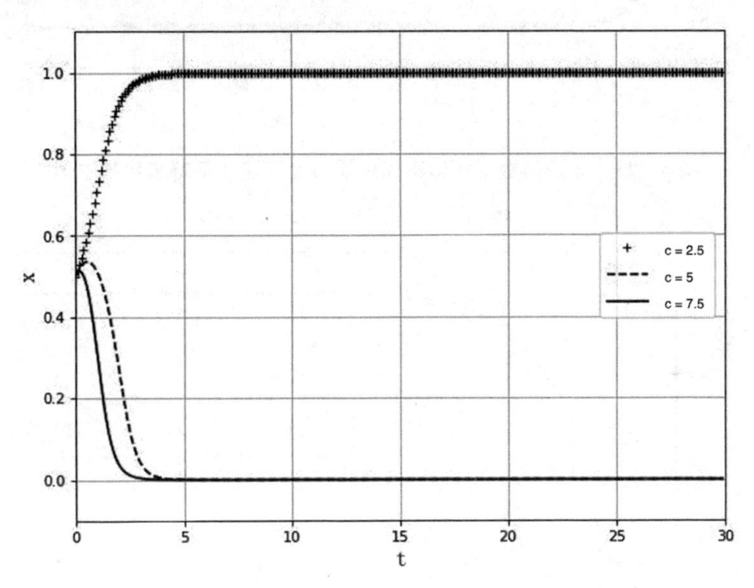

图3－22 政府对散谣媒体不同惩罚力度下政府策略演化轨迹图

图3－23中三条演化轨迹由下至上分别表示政府对散布谣言的媒体惩罚力度为2.5，5和7.5水平下媒体的策略选择演化轨迹，可以发现政府对媒体的惩罚程度同时影响媒体的最终策略选择：当政府的处罚力度小于某一临界值时，个别媒体会采取散布谣言策略；当政府的处罚力度超过某一临界值时，媒体会选择宣传事实真相策略，且政府的处罚力度越大，媒体向宣传真相的演化趋势越快。

图3－24中三条演化轨迹由下至上分别表示政府对散布谣言的媒体惩罚力度为2.5，5和7.5水平下群众的策略选择演化轨迹，可以发现政府对媒体的惩

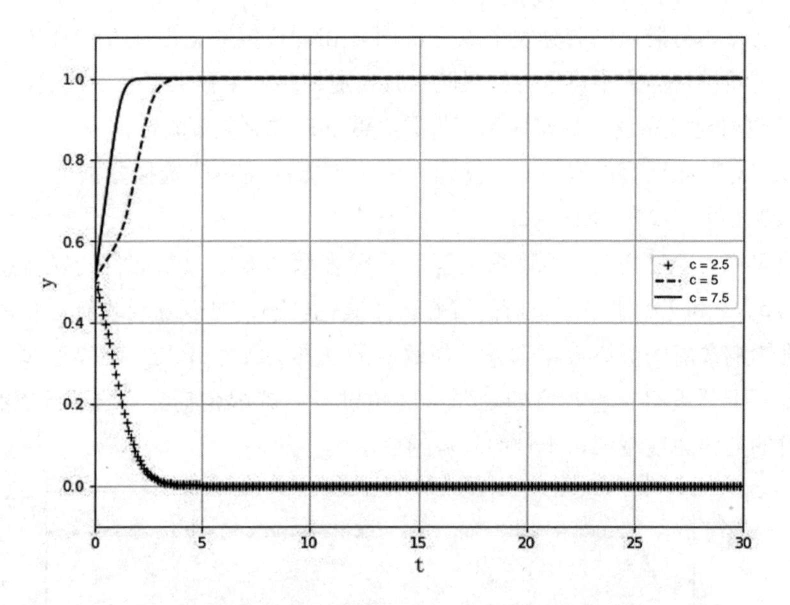

图 3-23　政府对散谣媒体不同惩罚力度下媒体策略演化轨迹图

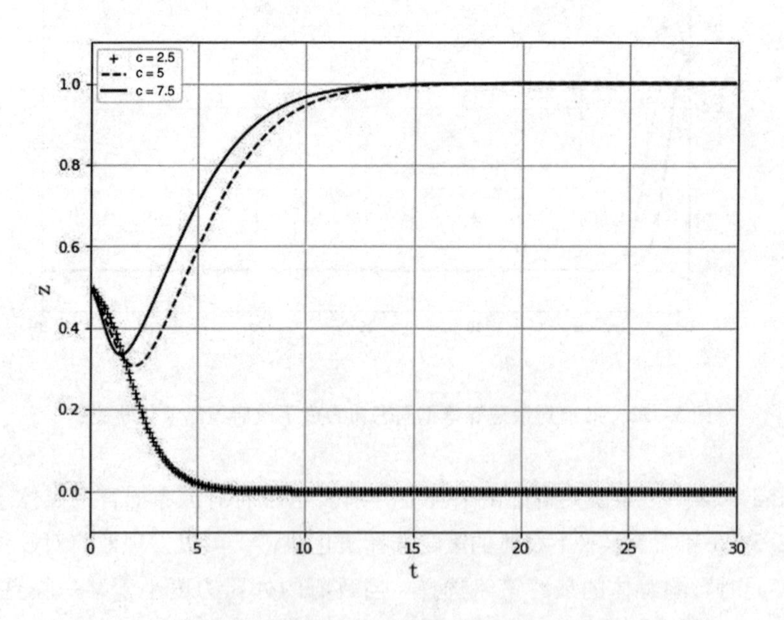

图 3-24　政府对散谣媒体不同惩罚力度下群众策略演化轨迹图

罚程度同时影响群众的最终策略选择：当政府对媒体的处罚力度小于某一临界值时，个别媒体会采取散布谣言策略，这导致群众趋向于采取抵抗策略；当政府的处罚力度超过某一临界值时，媒体会选择宣传事实真相策略，群众虽刚开始有向抵抗策略演化的趋势，但后来仍趋向于不抵抗，且政府对散布谣言的媒体惩罚力度越大，群众向抵抗策略演化的趋势越弱，向不抵抗策略演化的趋势越强。

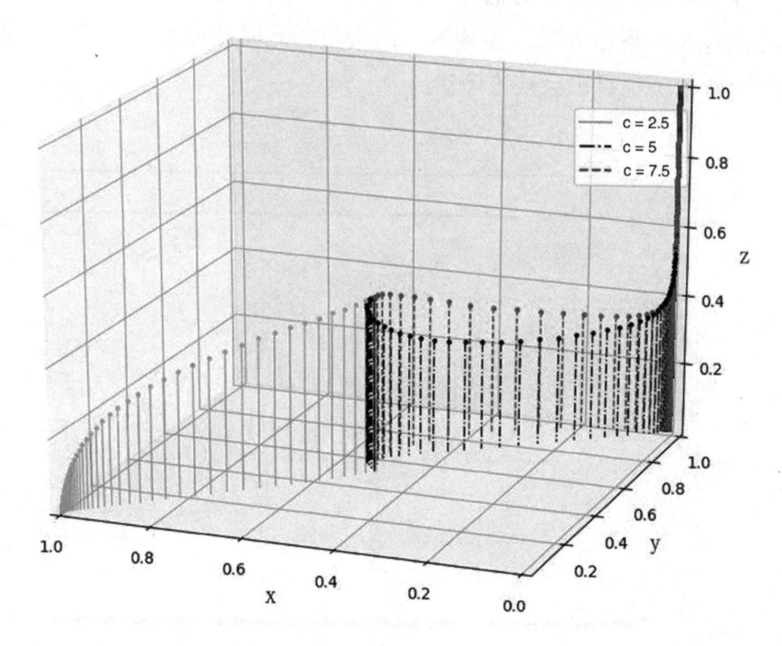

图 3－25 政府对散谣媒体不同惩罚力度下三方策略演化轨迹图

图 3－25 中三条演化轨迹由左逆时针旋转至右分别表示政府对散布谣言的媒体惩罚力度为 2.5，5 和 7.5 水平下三方的策略选择演化轨迹，最后分别稳定在点（1，0，0），点（0，1，1）和点（0，1，1）。可以发现政府对散布谣媒体的惩罚程度同时影响三方的最终策略选择：当政府对散谣媒体的处罚力度小于某一临界值时，个别媒体会采取散布谣言策略，这导致群众趋向于采取抵抗策略，从而促使政府无法进行有效干预；当政府对散谣媒体的处罚力度超过某一临界值时，媒体会选择宣传事实真相策略，群众虽刚开始有向抵抗策略演化的趋势，但后来仍趋向于不抵抗，且政府对散布谣言的媒体惩罚力度越大，群众向抵抗策略演化的趋势越弱，向不抵抗策略演化的趋势越强。由三方演化趋势可知，政府对散谣媒体的处罚力度应保持在一定水平以上。

3. 群众在媒体散布谣言策略下不同抵抗力度的三方演化策略选择

群众在媒体散布谣言策略下不同抵抗力度的三方演化策略选择分别见图 3－26、图 3－27、图 3－28 和图 3－29。

图 3－26 中三条演化轨迹由下至上分别表示群众在媒体散布谣言策略下抵

抗力度为2.5，5和7.5水平下政府的策略选择演化轨迹，可以发现群众的抵抗程度同时影响政府的最终策略选择：当群众的抵抗力度小于某一临界值时，政府会采取干预策略，且群众的抵抗力度越强，政府的干预压力越大；当群众的抵抗力度超过某一临界值时，会导致政府失灵，此时政府无法再进行干预，环境污染型工程投资项目也会被迫停建。

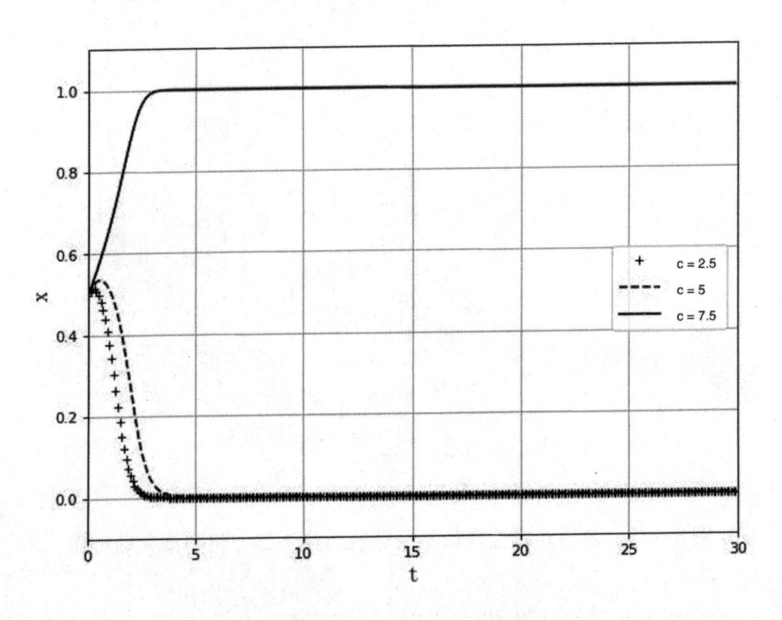

图3-26　群众在媒体散谣策略下不同抵抗力度的政府策略演化轨迹图

图3-27中三条演化轨迹由上至下分别表示群众在个别媒体散布谣言策略下抵抗力度为2.5，5和7.5水平下媒体的策略选择演化轨迹，可以发现群众的抵抗程度同时影响媒体的最终策略选择：当群众的抵抗力度小于某一临界值时，媒体会采取宣传事实真相策略，且群众的抵抗力度越弱，媒体宣传事实真相的趋势越大；当群众的抵抗力度超过某一临界值时，会使个别媒体不顾被惩罚的风险，选择采取散布谣言策略，此时环境污染型工程投资项目也会被迫停建。

图3-28中三条演化轨迹由下至上分别表示群众在媒体散布谣言策略下抵抗力度为2.5，5和7.5水平下群众的策略选择演化轨迹，群众的抵抗程度虽不影响其最终的策略选择，但对环境污染型工程投资项目的影响是巨大的：当群众的抵抗力度小于某一临界值时，抵抗成本可以接受，刚开始有采取抵抗策略的倾向，随着政府和媒体对事件真相的披露，群众会逐渐接受环境污染型工程投资项目选择不抵抗策略；当群众的抵抗力度超过某一临界值时，由e=7.5的

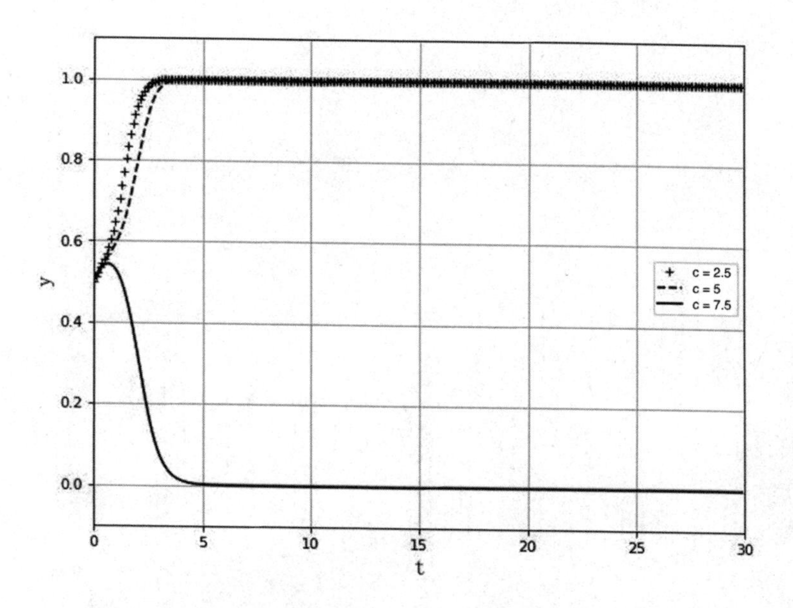

图 3-27　群众在媒体散谣策略下不同抵抗力度的媒体策略演化轨迹图

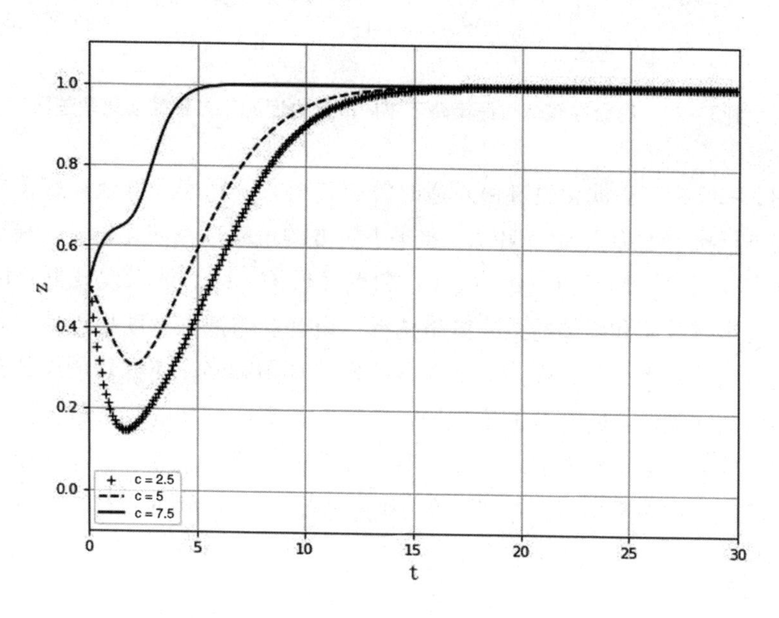

图 3-28　群众在媒体散谣策略下不同抵抗力度的群众策略演化轨迹图

演化轨迹可以发现，此时群众虽最终趋向于不抵抗，是由于过高的抵抗成本是群众无法接受的，稍微抵抗便会面临巨大的损失，群众的心中仍不接受该续建项目。

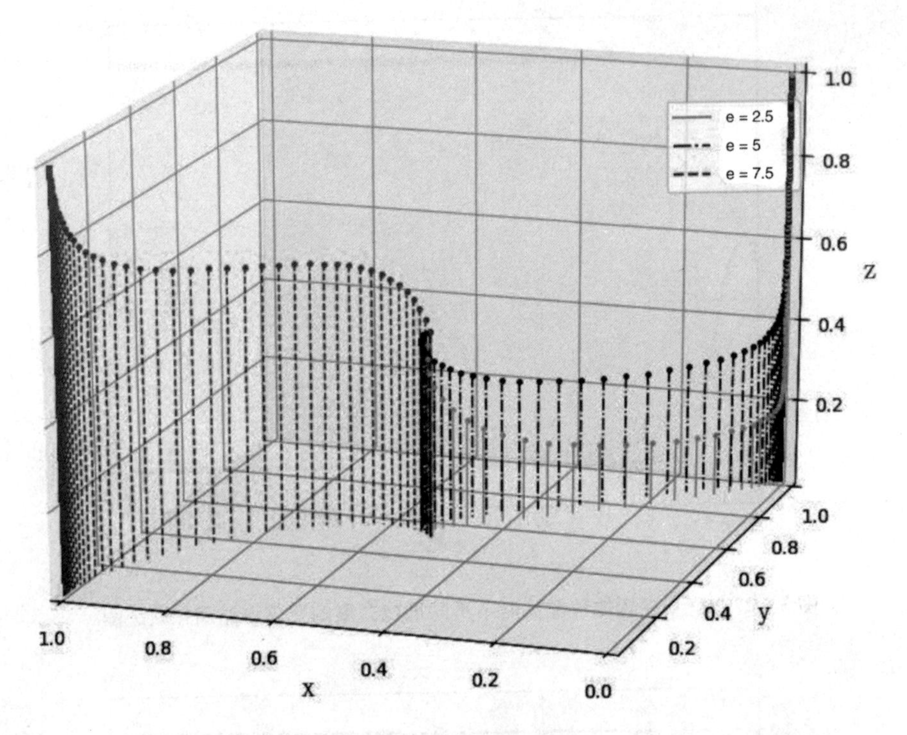

图 3-29　群众在媒体散谣策略下不同抵抗力度的三方策略演化轨迹图

图 3-29 中三条演化轨迹由左逆时针旋转至右分别表示群众在媒体散布谣言策略下抵抗力度为 2.5，5 和 7.5 水平下三方的策略选择演化轨迹，最后分别稳定在点（0，1，1），点（0，1，1）和点（1，0，1）。可以发现群众的抵抗程度同时影响政府和媒体的最终策略选择：当群众的抵抗力度小于某一临界值时，政府通过合理干预，媒体会采取宣传事实真相策略，使群众最终选择采取不抵抗策略；且群众的抵抗力度越弱，媒体宣传事实真相的趋势越大；当群众的抵抗力度超过某一临界值时，群众不能接受过高的抵抗成本被迫选择不抵抗策略，政府干预失灵从而放弃干预，个别媒体趋向于选择“散布谣言”策略。

第四章

风险媒介化下环境污染型工程投资项目的社会稳定风险扩散的机理

第一节　环境污染型工程投资项目利益冲突的社会稳定风险演化

一、环境污染型工程投资项目冲突中的环境利益格局

（一）环境污染型工程投资项目冲突中的利益关系解构

随着社会经济水平的不断提高，公众的权利意识也逐渐觉醒，更加重视自身的各项权益，继而围绕工程项目建设引发了各种类型的冲突。环境污染型工程投资项目的冲突就是其中的典型代表，在这类冲突中，众多利益关系的不均衡是冲突发生的根本原因。环境污染型工程投资项目冲突涉及的众多利益中，按照主体的不同进行层次性剖析，可以简要划分为：个体利益、群体利益和公共主体利益。

1. 个体利益

环境污染型工程投资项目选址周边的民众是受到项目影响最大、利益失衡最严重，同时也必然是导致冲突发生的直接利益主体。民众个体利益主张的最低限度是生命、身体免遭各种类型的伤害，此外还包括生活利益、生产利益、环境权益、资产价值等其他利益方面。个体利益的保护需要在建设审批过程中遵循“比例原则”，务必将个体利益的损害降到最低，同时这也有利于减轻环境污染型工程投资项目建设对周边经济社会发展的影响，实现诸多利益的均衡。

2. 群体利益

个体对环境污染型工程投资项目冲突的影响作用十分有限，通常都是通过群体来声明主张，因此本书中的群体可以理解为受到环境污染型工程投资项目影响的诸多个体因共同的利益而结成的利益群体。群体利益是环境污染型工程

投资项目冲突中的一个重要的利益层次，当群体利益在与其他层次利益博弈的过程中被激化时，极易造成大规模的群体性事件，这也是社会稳定风险产生的重要原因。

3. 公共主体利益

公共主体是相对于个体而言的一个利益阶层。在环境污染型工程投资项目冲突中，公共主体利益主要是指政府从自身职能出发，通过上马项目来带动当地经济发展，增加社会就业机会，提供公共产品与服务，最终谋求政治利益、经济利益、社会利益和环境利益等实现共赢的利益束。但公共主体利益在环境污染型工程投资项目建设中可能呈现畸形的发展态势，一方面，项目的审批会成为公共主体权力寻租的重要工具；另一方面，由于一些项目会成为个别政府政绩的重要来源，故而可能会以牺牲生态环境、损害民众健康等其他社会代价来实现。

（二）环境利益在环境污染型工程投资项目利益冲突中的定位

环境污染型工程投资项目冲突的表象是冲突各方社会力量的对抗与较量，究其根源在于项目的建设会对相关利益主体的环境利益造成损害，使得环境利益处于失衡状态。在这类冲突中，公众对自身环境利益的关注是导火索，对于环境利益的竭力争取是直接原因。环境利益是现代社会环境权利意识觉醒的必然产物，是利益法学在环境时代的核心关怀。分析环境污染型工程投资项目引发的社会稳定风险，必须要从合理解析错综复杂的环境利益关系着手。利益解构是利益法学中研究利益平衡问题的必要前提，具有工具理性的性质。可以认为，治理环境污染型工程投资项目的社会稳定风险的过程就是发现、认识和确认环境权利和义务的过程。

董正爱将环境权利和义务按照不同的主体层次划分为个人环境权利和义务、社会公共环境权利和义务、政府环境权利和义务、代际环境权利和义务。余昊哲应用庞德的利益理论对冲突中的诸多利益关系进行定位时，依据引发冲突的原因大小，将环境利益划分为个人利益、社会利益和公共利益。刘莉认为环境利益并不是单独作为一个利益阶层得以体现，而是蕴含在各利益阶层中的子利益，且在诸多子利益中居于核心地位，具体可分为群体环境利益、公共环境利益和公共主体环境利益三大类。

本书在诸多研究的基础上，参考刘莉的界定，认为环境利益在环境污染型工程投资项目冲突中并不能作为一个单独的利益阶层，而是蕴含在各利益阶层中的子利益，且在诸多子利益中居于核心地位。结合环境污染型工程投资项目特性，将环境利益解构为个体环境利益、群体环境利益和公共主体环境利益。

并且，根据不同利益层级中环境利益的产生机理不同，将环境利益分成直接环境利益和间接环境利益两大类，其中，直接环境利益是指与利益主体直接相关的环境利益，存在于利益主体本身；而间接环境利益主要指公共主体环境利益，可以理解为将环境利益关联于本身不直接相关的主体上所体现出的利益表现，具体来说就是政府等公共主体出于自身职责要求，被动地将环境利益作为自身所追求的目标利益之一，其目的是更好地发挥社会服务功能，维护政权的稳固和社会的稳定。

二、环境污染型工程投资项目冲突中的环境利益失衡

（一）环境利益在个体利益中的失衡

首先，环境利益在个体利益内部的失衡表征为：部分个体的利益受损，即环境污染型工程投资项目周边居民个体环境利益与开发者经济利益之间的失衡。环境污染型工程投资项目的开发者通常是拥有较强经济实力的集团企业，他们不断地通过投资环境污染型工程投资项目来获取更多的经济利润。由于这些环境污染型工程投资项目项中有很大部分是市场前景好、经济利润高、环境危险性大的项目，带来的经济效益较为直观，往往会受到地方政府强有力的保护，故环境污染型工程投资项目周边居民个人的环境利益，相比较而言经常处于较为弱势的地位。

（二）环境利益在群体利益中的失衡

环境利益在群体利益的内部失衡表现为，较大范围内群体利益的受损，也成为典型的社会冲突现象。当环境污染型工程投资项目的审批建设危及周边居民群体的环境利益时，最易导致群体性事件的发生。这种情况下，环境利益受损的周边居民群体因存在着共同利益而自然结成利益群体。相比个体环境利益受损而言，群体环境利益受损更容易引起社会的广泛关注，具有更大范围的影响力。环境污染型工程投资项目带来的地方经济增长效益愈加明显，周边居民群体环境利益和地方经济利益之间的失衡也就愈加严重。当然，群体环境利益中的个体环境利益因受损的程度不同，不同个体对环境利益的要求也不尽相同，故群体环境利益内部分化现象较为严重，最终群体的话语优势也逐渐淡化。

（三）环境利益在公共主体利益中的失衡

对于公共主体而言，政治利益和经济利益一直是两种互相影响的重要利益，合理协调两者之间的利益关系，对于实现经济转型升级、社会稳定繁荣具有十分重要的意义。随着社会的发展变迁，环境问题日益凸显，民众的环境意识不断增强，环境利益也开始逐渐成为公共主体重点关注的利益之一，环境指标也

开始纳入到政府的政绩考核之中。因此，代表公共主体利益关系的政府也应充分兼顾环境与资源，通过平衡不同利益关系，以“权责利”的法律规则模式予以确定，通过合理法律规则的构建，使得公民自愿地认同自我环境利益与公共环境利益的合并保护。然而转型时期我国以维护公共利益、增进公共福祉、提供公共服务为基本价值取向的地方政府，在片面追求地方经济发展的同时却在很多领域成为社会利益分配两极化趋势的积极促进者，忽视或损害群众利益，在管理理念、方式、素质和手段上出现错位。就环境利益而言，地方政府等公共主体对环境利益的关注时间较晚，很多地方政府注重经济利益的传统执政理念还根深蒂固，相关环境保护的配套政策法规还未完全建立，因而环境利益在公共主体利益内部依旧处于弱势地位。

三、环境利益冲突到社会稳定风险的演化路径

（一）环境利益失衡引发环境风险

2012 年中国环境重大事件增长率达到 120%，以四川什邡市钼铜项目、江苏启东市污水排污工程、浙江宁波市 PX 项目、广东深圳市垃圾焚烧厂项目等为典型代表的环境污染型工程投资项目冲突频发。这类冲突的根源在于与环境相关的利益表达和负担分配呈现出失衡状态，并以社会问题的形式表现出来。这类问题是一种风险，有学者将其称之为环境风险。环境风险可以理解为在一定区域内，由人为活动或自然等原因引起的“意外”事故对人类、社会与生态等造成的影响及损失等。环境利益失衡到环境风险的转化方式主要有两种：一是自然转化，二是人为转化。自然转化是指在环境利益冲突转化为环境风险的过程中，遵循量变到质变的过程，不存在人为因素的干预。人为转化是指环境利益冲突在转化为环境风险的过程中，存在人为因素或管理不善而导致恶性事件，从而引发环境风险。

环境风险的表征一般有两种情形，一种是已经发生损害，即环境污染型工程投资项目已经造成民众生命健康受损、生态环境恶化等环境实际损害；另一种则表现为有可能造成生命健康受损、生态环境恶化等环境潜在损害。对比这两种环境风险，可以发现，第一种环境风险由于有实际的损害发生，损害的结果具有客观性，因此可以通过诉讼这种事后方式得到处理。而第二种环境风险由于损害能否发生具有不确定性，导致事实上拥有强势地位的主体运用制度赋予的力量压制处于弱势地位的对手，置弱势方于较大的环境风险之中于不顾，而弱势方只能采取非理性甚至不合法的方式表达自己的意见。

（二）环境风险转化为社会稳定风险

社会稳定风险是指导致社会冲突，危及社会稳定和社会秩序的可能性，导致社会稳定风险产生的可能性因素可能来自于社会的环境、经济、政治、文化等各个领域。环境事件引发的环境风险可以通过渐变式和突发式转化为社会稳定风险。渐变式是指从环境风险转变为社会稳定风险的过程不是瞬间完成的，而是一个持续的过程，整个过程经过一个逐步蔓延和扩散的中间状态。突发式是指从环境风险转变为社会稳定风险的持续时间并不长，而是在瞬间产生，强度较大。

不论是渐变式还是突发式，环境事件在影响环境质量造成环境风险的同时，极大可能也会对社会造成破坏性的影响。环境风险作用于民众，产生一定的心理变化导致心理压力，产生焦躁不安、缺乏安全感等情绪，在这种情形下，如果不能及时进行干预或控制，则容易导致社会恐慌或者产生较大的社会冲突，影响社会的稳定，从而使得环境风险进一步转化为社会风险。

第二节　环境污染型工程投资项目社会稳定风险信号的建构

一、社会稳定风险信号的社会性建构

（一）风险社会形塑“焦虑的共性”

德国社会学家贝克在《风险社会》一书中提出了“风险社会”的概念，他认为人类进入工业社会就必然意味着将会迎来风险社会，工业社会不仅创造出大量的财富，同时也给人类带来了大量的风险，并且这种风险是全球性的。贝克的风险社会理论自1986年提出以来，经过贝克、拉什（Lash）、卢曼（Luhmann）、吉登斯等学者的不断完善，已经得到学界的广泛认可，作为一种西方的显学被广泛研究。

目前为止，风险社会的内涵主要有两个层面：第一种理解是风险现象的全球性和风险意识的普遍性；第二种理解认为风险的普遍性将会对社会结构的分化和重组产生重要的影响，或者说风险分配为社会结构的重组带来新的逻辑。在本书中，只对风险社会的第一种内涵进行讨论，不考虑风险社会对社会结构的影响。进一步分析第一种理解，一方面，工业社会的“自反性”特征意味着其带来经济社会高速发展的同时，也蕴藏着巨大的社会风险和潜在威胁；另一

方面，既有的制度结构难以隐藏这些风险，使得风险频频暴露在社会大众的视野中，开始支配着公众、政治和私人的冲突，成为社会问题和政治问题，不断被公众讨论并纳入政策议程。

对风险社会的内涵进行深入思考，结合苏联切尔诺贝利事故、松花江水污染事件、日本福岛核泄漏事件等全球范围内众多真实发生的危机事件，可以提炼出风险社会的三大特征，即风险的全球性、风险分配的平等性和风险治理参与的开放性。贝克对于风险的全球性做了准确的论述，他认为全球风险创造了一个“共同世界”（Common World），这是一个无论如何只能共享的世界，没有“外部”、没有“出口”、没有“他者”，为创造跨越国界和冲突的公民责任文化创造了道德和政治的空间。风险分配的平等性强调的是，当风险不断地加重和广泛传播，并且随着分配的轴心围绕安全而不是平等运转的时候，风险最终将会影响所有人，不论其财富、阶级和性别的区别。风险治理参与的开放性是风险社会的主要成果，使得公众、专家学者、政府官员等不同利益主体可以在项目决策中充分讨论协商，防止政府官员闭门造车，牺牲公众的利益。

基于上述风险社会的三个特征，可以发现，不同民族国家、不同种族、不同职业、不同性别的人在风险社会中处于相对平等的状态，形塑出一种“焦虑的共性”，风险社会也因此可以跨越阶级和阶层，跨越信仰和种族，跨越职业和性别进行广泛的全社会动员。不同种族、不同阶级、不同国家和不同地域的人们都渴望参与到各种政策制定和科学活动之中，从社会理性角度干预科学活动，防止科学家完全按照其实验室逻辑来从事科学活动，完全按照科学实验标准来评价科学活动的成效，完全按照科学逻辑来改造社会和自然；从社会理性角度干预各种制度安排和政策制定，限制防范风险的制度和政策安排成为新的风险的始作俑者。这样也就不难理解，在我国发生的四川什邡 PX 事件、北京六里屯垃圾焚烧处理厂事件和启东污水排海工程事件等多起环境群体性事件中，冲突的群体构成非常复杂，有企业家、公务员、失地农民、国企员工和白领等各个社会阶层的人。

（二）多种风险放大站的广泛参与

从上文中对风险社会的特征描述可以认为，在大多数情况下，环境污染型工程投资项目引发的冲突风险并不仅仅只受到真实利益相关方的关注，许多其他层面的主体也会参与进来，对风险进行自我定义，这为风险信号的社会放大提供了必要的传播条件。根据 Kasperson 提出的风险社会放大框架（SARF），政府部门、媒体、新闻从业者、不同行业的意见领袖、环保团体及成员、执行和传播风险技术评估的专家学者、个体意见领袖、公众等都有可能成为环境污染型工程投资项目社会稳定风险沟通中的“风险放大站”。在本节对社会稳定风险信号的社会性建构中，将重点讨论政府部门、意见领袖、环保组织和专家学者对风险信号的作用。

1. 政府部门

政府部门是环境污染型工程投资项目社会稳定风险沟通中的重要风险放大站，其对于社会稳定风险信号的建构主要体现在承担了三个重要的角色。首先是最重要的风险信息源，同时又是风险信息的权威发布者，另外还是风险信息的监督管理者。具体表现为，环境风险事件与公众的切身利益密切相关，一旦群体性事件爆发，公众必将对其怀有强烈的知情欲望。但是绝大多数公众都不是事件的亲身经历者，获取信息的渠道和手段极其有限。而我国政府作为公众了解真相的最重要信源，在对风险进行初步判断以后，要在第一时间发布风险的相关信息，然后对后续情况进行持续地跟踪关注，及时发布事件的进展信息，并积极组织政府相关网站、政务微博、专家学者、意见领袖等与公众互动，引导公众正确地进行风险认知，承担公众教育和科学知识普及的功能，满足公众的信息需求及参与事件的要求，最大限度地降低公众的恐慌情绪，提高社会的信任。

同时，面对环境风险事件，公众不仅仅关心风险事件本身的信息，更关心管理部门如何化解危机，消除其带来的负面影响。而公众因为受到信息搜集渠道和自身条件等方面的限制，不可能全面了解到事件的全貌，也不知道相关方面是否瞒报了主要信息，是否采取了相应的化解措施，其措施是否准确有效，而此时媒体极大可能会介入其中，甚至部分媒体会引发谣言的扩散。因此，政府对媒体报道的监督引导是否正确，将直接关系风险化解的程度乃至社会秩序稳定与否。政府部门的风险沟通优先考虑的是公共利益和公众安全，加强公共服务机构与相关人群的信息与意见交换来避免风险转化为危机，并尽可能降低风险带来的负面影响。对于政府部门来说，他们的主要职能是“缩小”风险，通过提供相对准确的风险信息，保证公众的风险信息知情权与表达权来尽可能“缩小”风险，从而降低风险的社会性危害。

2. 意见领袖

意见领袖是指在对某项重要言论与事件的解释以及影响相应议题的个人选择方面扮演主要角色的人群。传播学中的意见领袖，主要指的是活跃在人际传播网络中，为他人提供信息、观点或者建议并对他人施加个人影响的人物。意见领袖是风险价值观的重要扩散渠道，也是本书所研究的风险信号的社会性建构的重要路径。意见领袖很多都是公共知识分子，他们力图超越利益关系，成为代表社会良知、公民理性和公共利益的表达者和守望者。公众受到自身认知水平和实践能力的限制，在对环境风险事件进行判断的过程中必然要接触到中介，这里的中介不仅仅是大众媒体，也包括被信任的对大众媒介信息进行解读的领袖人物。意见领袖最主要的作用，就是对面临信息轰炸、思想灌输的无主见、纯依赖的受传者在表明态度、采取行动、解脱矛盾时予以指点和调节。

相较于一般的社会公众，意见领袖具有消息灵通、分析力强和人格魅力三大优势。在实际中，意见领袖可以更多地获取风险事件的实时信息，信息的数量和质量都比较高；而且，意见领袖具有一定的价值判断能力，可以更及时、更深入地发现问题的关键所在；此外，一个具有人格魅力的意见领袖，拥有良好的威望和信誉后，可以扮演社会群体的利益代言人的角色。意见领袖的角色也具有两面性，一方面如果政府和媒体传递的是符合意见领袖及其团体成员需要的或者是可以为其接受的观点和主张，那么意见领袖会成为大众传播中引起良好效果的动力；另一方面，如果政府和媒体输出的信息违背或损害了意见领袖及其团体的利益，不能为其所接受，那么他就可能设置障碍或故意干扰，也可能对所接收到的信息只做出合意的加工和解释，或者干脆进行指责。互联网时代，意见领袖的舆论引导能力得到更加充分的释放，在各种社交网站如微博、微信、博客中，都能发现拥有大量追随者的“意见领袖”，他们对追随者实施着潜移默化的作用，影响着舆论环境。

3. 环保组织

环保团体在风险信号的社会性建构中主要扮演重要信息源和环保行动动员者的身份。近 30 年来中国社会的环保组织有了较快发展，他们正在参与到诸如“北京阿苏卫垃圾焚烧厂”“厦门 PX 项目事件”等事件中。环保组织在风险信号的社会性建构中扮演的角色具有两面性，一方面环保组织培育社会公众的权利意识，发挥其在环境资源动员领域的重大作用，推动中国公民社会的建设；另一方面，在重大环境群体性事件中，环保组织的过度介入不利于运动目标的实现。相对于政府部门与媒体，环保组织更能体现“公益”的立场。实际中，环保组织更多扮演的是科普工作者的身份，对于环境议题的科学传播发挥一定的作用。

4. 专家学者

从前文的分析可知，环境污染型工程投资项目引发的社会稳定风险在最初表现为环境风险，而由于项目的技术特性，又呈现一定的技术风险特征。因此，对于这种风险的认知需要一定的专业知识，普通公众无法通过感知能力去认识风险。在这种情形下，专家学者就扮演着风险认知和风险界定的角色，成为公众信任的权威人物。具体来说，这种角色主要表现为两个方面，一方面知识在风险社会变得更加专业化，另一方面社会分工细化产生了知识的隔离。这两种因素的综合作用使得专家与非专家之间的知识鸿沟越来越大，因此掌握着知识话语权的专家学者，就凸显出前所未有的社会意义，成为信任乃至权威的象征符号。

专家学者对风险信号的社会性构建主要是通过风险评估、判断和科学解释，推动信息的科学传播。在现实生活中，专家学者的角色又可以分为政府型专家和独立研究者。政府型专家是指那些在政府部门的风险管理系统中发挥作用的专家，他们的言论往往可以代表政府的治理效果或评估判断。独立研究者则由于其在环境、健康和科学领域的名望而在公众中建立了一定的信任和影响，主要表达的是个人的研究和思考。独立研究者在传统社会中对风险沟通的影响能力有限，很难作为风险框架构建的重要信息源。但是在信息化时代，网络为独立研究者提供了直接接触社会公众的渠道，他们覆盖的领域更加宽泛，拥有大量的“追随者”，表现出巨大的社会影响力。

二、社会稳定风险信号的公众建构

吉登斯的经典观点认为，人类对高风险的关切可能超越所有的价值观，以及其他排他性的权力划分。当环境污染型工程投资项目的风险关系人类的健康、生命安全等切身利益的时候，每一个风险信号都极易触动公众共同的神经。而随着公民环境权利意识的不断提高，更多常见的工程项目也会因为其潜在的环境污染风险后果而引发公众的强烈关切，产生更大范围的社会影响。因而本书认为，虽然一些受到公众抗议的环境污染型工程投资项目，其真实风险未必有民众感知的那么强烈，甚至有一些是低风险项目，环境污染事件的发生也仅仅是小概率事件，但这并不意味着公众就会因此而减轻自己的忧虑程度。尤其是当个体认为潜在的环境风险后果超过自身可以承受范围之时，就会不自觉地强化自身的忧患感。

Slovic 认为这种现象来源于“不对称原理”，主要是指在信息传播过程中，公众与政府在建立信任时，破坏比建立要容易太多。即使承受环境风险灾害后果的概率真的很小，但只要发生了一次，就不会被公众轻易遗忘，从而形成一种“风险信号”事件，不断地强化社会公众对于项目环境风险的感知，甚至产生“污名化”的后果。因而，研究者将“信任”纳入了 SARF 的分析框架，期望了解该变量在塑造公众认知和行为方面的作用。

典型的例子是近年来各地爆发的 PX 风波，PX 的确属于危险化学品，公众不愿意自己生活的城市上马 PX 项目是有一定道理的，但不必把 PX 项目“妖魔化”，因为 PX 虽然有毒，但毒性不强，而且化学性质比较稳定，只要管控得力，并不会给老百姓的生活造成不利影响。根据《全球化学品统一分类和标签制度》和《危险化学品名录》记载，PX 属于易燃低毒类化学品，可燃性与煤油相当，毒性与汽油、柴油同一级别。在国家公布的《首批重点监管的危险化学品名录》及《剧毒化学品名录》中，没有 PX 产品。从毒性来看，PX 对中枢神经系统有麻醉作用，但相对于苯等有机化学品，PX 对人体健康的影响较小。目前并没有科学证据表明 PX 对人体有致癌性。不仅国内，美国国家环保局也没有将其列为致癌物质。

（一）信任

社会心理学家认为，信任在影响公众对信息解读的过程中起着重要作用。但是如果想进一步分析信任对环境污染型工程投资项目社会稳定风险认知的作用程度，则需要将此结论放入 SARF 框架的放大过程中进行探索。判断信任程度的变量有两个：“称职”和“诚实”。前者主要聚焦于传播者对信息的专业化程度，这将直接影响传播者对信息科学化程度的控制力。“诚实”指传播者对信息真实性的忠实程度。所以本书认为信息的科学性、准确性以及传播者是否被认为关注公众的切身利益将决定个体对信息的信任程度。这些因素会和具体情境进行互动，并共同决定个体对环境污染型工程投资项目风险的认知。

Petty 和 Cacioppo 在 1986 年的研究中提出了“阐述可能性”模型，以便检测对信源的信任程度将会如何在风险信息的传播过程中决定公众的风险信念。该模型以“中心”说服模型和“边缘”说服模型为基础：“中心”说服模型以专业化信息为着力点，强调对信息进行深加工。这时，外在的社会因素对人们的认知结果产生的影响不大。相反，“边缘”说服模型则在于强调由于信息接收者缺乏专业素养，所以只能够借助更多的外部因素对信息内容进行解读和认知。而在此模型中，对信源的信任程度将影响公众对信源信息的认知和解读，从而影响公众对环境污染型工程投资项目风险的可控性和严重程度的判断。但是需要我们注意的是，“边缘”说服模型思维所造成的态度行为变化并不会长期保持，会随着信任感的变化而变化。而对于“中心”加工思维的个体来讲其对技术风险的态度行为会较为固定，这时，影响其认知更多的因素在于对信息科学性的判断，而信任因素的影响则会减弱。

此外，受众对信源组织传播行为动机的认知也会影响公众对组织传播信息的信任程度。具体来讲，如果公众认为信源组织不会受到任何来自经济或是政治方面的压力，并且以保护公共利益作为最高组织信仰时，信任感会增强，从而对其传递的信息进行深加工，改变风险认知判断体系，形成新的风险态度，对环境污染型工程投资项目的立场也会发生相应的改变。必须指出的是，公众对环境污染型工程投资项目风险的认知行为反应具有极强的个体性，所以有时候群体化的对象研究成果很可能忽视现实中社会放大过程中的个体差异，而这其中的个体差异则需要选择更多的个案进行研究。

（二）自我保护行为

在现实生活中，人们面临着众多形形色色的风险，同时就会形成许多带有自我保护行为的反应。环境风险也是一样，对于一些风险，例如，臭氧层破坏、大气雾霾、气候变暖等，公众没有办法采取有效的自我保护措施。但是对于绝大多数风险，例如，垃圾污染、饮用水污染、核辐射等，公众会采取他们认为能够降低风险的行为。现有研究表明，确实存在一些因素在指导人们的自我保护行为。

1. 预防性原则

在现实社会中，存在着这样的一个共识：预防大于后悔。这种共识告诉人们随时保持警惕就可以将伤害最小化。在这里我们将这种共识称作预防性原则。这种原则最大的好处在于我们能够对潜在的危害采取防范行为，从而使得伤害不发生，或者发生的时候可以将损失降到最小。但是，这种共识存在着一个漏洞：它并不能指导公众去注意自身保护行为可能会产生新的潜在风险。也就是说，这并不能让公众对自我保护行为进行全面的综合考虑。也许在公众采取保护行为时面临着比他们想要应对的风险后果的更大风险。当公众对工程项目的环境风险有了认知时，其所采取的自我保护行为也有可能会比不采取自我保护行为时造成更大的伤害。例如，宁波镇海 PX 事件中，当地民众出于对自身健康及安全的考虑，通过群众上访和集聚等方式抵制当地引进 PX 项目，最终演变为群体性事件。

2. 平衡机制

有研究显示，公众倾向于通过一种平衡机制认知工程项目所带来的风险和收益，当人们对风险认知提高时，对收益的认知就会下降，反之也是一样。这种平衡机制往往还有情感的介入，因为公众对项目潜在风险的考虑往往是以直觉为依据的，而这种直觉会掩盖自我保护行为中暗藏的对引发其他风险的考虑。例如，当公众认为集聚抗议政府引入 PX 项目的行为能够迫使政府让步，解决自身对项目风险的担忧，那么对于这种收益的认知会在一定程度上妨碍个体考虑群体性事件对社会和谐稳定的冲击，对政府—公众关系的破坏。在这种情境下，人们会忽视自身抵制行为的潜在风险。

（三）认知思维与风险放大

行为决策理论通过关注公众对风险相关信息的反应行为来探究决定公众对待环境污染型工程投资项目风险态度的影响因素。该理论认为，人类并非是完全理性的动物，不是所有的决策都来源于理性的推理和判断。事实上，在现实社会中，由于知识储备的缺乏，公众在对环境污染型工程投资项目风险进行判断的时候更多的是依靠情感和直觉。已有研究结果显示，人们在处理信息时主要依据两种思维：1. 在处理信息时使用捷径；2. 依赖于在预期效用和理性抉择中所推定的非常不同的内在偏好。因此，个体以“持久的和显著的”以及“经常的而不是偶然的”方式偏离理性的理智作为其自身的决策标准。具体来讲，情感和个体直觉是影响公众思维方式的主要因素。

1. 情感因素

环境污染型工程投资项目的风险是复杂并充满了不确定性的，公众在对其进行决策时，受到自身知识储备的限制，情感将成为重要的决策因素，引导思维的方向，甚至会激发其对该项目的“污名”印象，进而决定个人的风险态度和风险信念。当公众对某一类工程项目形成消极记忆和态度时，将会倾向于将该项目的风险划分为自身不可接受的范畴，反之亦然。此外，情感因素还会导致公众在进行信息搜索时，选取偏向于符合自身先前情感认知的信息，而对反面信息产生一种不自觉的排斥或是敌对性解读。简单来说，情感会让人们对信息进行选择性解读以便强化自身之前对风险信念和认知，这个过程极有可能导致公众对环境污染型工程投资项目的风险认知产生偏向性，最终影响其对项目风险进行理性的判断和决策。

另外一些研究表明，传播者与传播对象的身份也会影响公众对环境污染型工程投资项目风险的认知。罗德（Raude）的疯牛病案例研究已经证实了这个现象的存在，而在环境污染型工程投资项目背景下，专家学者面对普通公众的时候，出于职业和专业的考虑，会采取比较客观理性的“科学”态度；而当面对自己的亲属时，则会偏向于采用更为“关心”的感性思维。

2. 直觉因素

SARF 分析框架的一个重要作用就是，厘清为什么一些在科学上高概率的风险事件会被公众忽略，而另一些低概率事件反而会引发公众的热烈关注。德国学者伯内德·罗尔曼认为，在公众接收信息后，最开始使用的是自己的常识，这些常识具有易得性、典型性，以及相对稳定性等特点。

易得性是指当公众遇见某种社会现象时本能地所产生的某种记忆和联想。认知心理学家卡尼曼（Kahneman）认为个体对当前事件的判断首要借助的就是记忆中最容易提取的部分，也就是借助类似事件在经验中的有效性而做出相应的判断。

典型性则是指个人所经历的事件中总有那么一些会给个体留下更为深刻的印象，这种比较典型的风险事件通常会对个体造成风险较大的印象。

相对稳定性是指个体的风险认知存在着一种相对固定的思维方式，因为个体所拥有的信息和生活经历等因素是相对固定的，这就导致个体在对环境污染型工程投资项目风险的认知过程中存在一个先入为主的印象和态度，从而成为个体对项目环境风险进行下一步认知与判断的基础。上述因素综合在一起可以部分地解释为什么在对同一类项目进行判断时，社会公众与专家学者之间会存在较大的差异，进而让项目的环境风险产生社会性的放大后果。

第三节　环境污染型工程投资项目风险信号社会放大的环境分析

一、新媒体拓展公民环境权的主张空间

“新媒体的匿名性、准入门槛低以及民众对其的‘解放性使用’，赋予了环保行动动员结构的‘弱组织化’偏向和自下而上的传播模式”。目前，随着科学技术发展与进步，人民的生活水平不断提高，我国正处于社会转型的关键时期，现代化的转型是一个权力和意识形态不断分化的过程，公民的社会抗争与风险批评其正面建构作用越来越被重视。因此社会公众的权利意识逐步觉醒，开始追求和维护享有在健康、舒适、优美的环境中生存和发展的公民环境权，新媒体的发展更加促进了社会公众的维权意识，使为社会公众对公民环境权的维护和行使提供了更广泛的渠道。

传统媒体受时间和空间的限制，导致信息传播的速度较慢。同时，信息大多是单向传播，由传统媒体向社会公众发布，而社会公众无法全面、及时地通过媒体进一步反馈。此外，信息传播的范围也受到媒介工具的影响，这使得公民环境权的表达受到一定的限制。但是随着新媒体的出现和普及，使得媒介化社会具有信息传播内容覆盖广、媒介影响力在社会全方位渗透、信息传播速度快三个特征，这三个特征拓宽了社会公众行使公民环境权的途径，对社会公众行使公民环境权起到了推动和促进作用。新媒体不同于传统媒体，它不需要写稿、审稿、印刷售卖或录制播出等一系列纷繁复杂的流程，同时信息的传播者

也不拘泥于专业人士，而是包罗了几乎所有的社会公众，这使得每位公民都可以通过媒介手段，行使自己的环境权。新媒体诸如微博，为社会公众提供了更加广阔和自由的平台，可以实现快速发送和广泛传播，不仅为社会公众提供了更加便捷、宽容的公民环境权行使途径，同时使更多社会公众参与其中，利用新媒体，成为公民环境权的行使者、传播者，发表自己对环境污染型工程投资项目的看法，利用新媒体渠道维护自己的基本权益。此外，由于新媒体的传播过程突破了时间与地理上的界限，将传播范围扩大到整个世界，因而生态环境的相关理念得以普及，并能最大限度地聚集众多愿意参加环境保护的民众，为环境保护事业奠定广泛的群众基础。由于媒介化社会的三大特征，导致社会公众在行使公民环境权的同时传播、放大、扩散了环境污染型工程投资项目的社会风险。新媒体技术主要从风险扩散、风险体验以及风险信息三个层面极大地增进了风险放大的可能性，并创造了有利于风险扩散和放大的传播环境。由于更多的社会公众通过媒介手段参与到行使公民环境权的活动中，因此如果环境污染型工程投资项目的实施前期没有做好知识普及和风险预警，那么很有可能引发社会公众通过媒介手段进行维权，发生消息爆炸式的扩散传播，引起意料之外的群体性事件风险。综上，新媒体的发展使社会公众行使公民环境权的途径更加广阔，为社会公众行使公民环境权提供了便利。

二、污名化认知在风险事件中不断强化

污名化是指团体、个体或事件被冠以坏的印象、被标记消极的性质。污名化成为某一特定负面词汇的指代物。污名的持有者由于其自身异于常态的标签，包括瑕疵、缺憾、低劣、卑鄙、凶险等，使得社会公众在开始看待它们的时候就戴着有色眼镜。污名与风险相关，风险已经深深损耗了被污名的人和地域、技术等重新被正名的积极条件，并给污名持有者带来难以抹去的损害和玷污。这些损害和玷污使污名的持有者在污名化过程中不得以占据着不可撼动的地位。它们的存在说明了事件本身存在引人关注的非正常特质，这种会令人产生不良情绪的特质会导致事件本身的发酵和事件影响的扩大。

由此可见，被污名化的事件可能会在社会公众对事件过程和细节还不了解时，就存在自身的价值折损、涉事主体名誉破坏等现状。大多数社会公众都会带着责问的态度去了解事件的始末，在还没有充分认识事件的时候就存在着强烈的抵触情绪，最后可能会导致意想不到的恶果。同样的，在风险事件的整个过程中，污名化认知不断被强化。因为原有类似事件曾带来的不良影响、不理想效果以及恶劣后果，导致环境污染型工程投资项目在尚未开始或刚刚起步时，

就自带负面信号。除此之外，媒介化社会下，丰富多彩的媒体工具会将环境污染型工程投资项目的风险信号进行广泛快速传播、充分全面甚至夸张的解读，并且根据以往历史经验对该事件的后果进行预判。在环境污染型工程投资项目实施的工程中，各类媒体工具可能会向公众传播例如易损易耗、受害受难、影响健康与生活、不确定性灾难、责任模糊等带有负面导向性的信息。这样，各类媒介就对环境污染型工程的风险信号进行了标识，为这类事件贴上了污名化的标签，这类项目由此就与消极的社会影响紧密联系在一起。

通常而言，特定的环境污染型工程投资项目只是风险信号的一个开端，比如，“2014 年广东茂名 PX 事件”“2015 年福建漳州 PX 事件”等。大多数社会公众不能直接地参与、体验环境污染型工程投资项目给周边生活带来的改变，只能通过媒介信息的获取来了解和感知此项目带来的风险信号。因此在这个过程中，媒介工具和手段起到了风险传播和风险共同的使命，也使事件污名化程度不断加剧。大众媒体在报道环境污染型工程投资项目时所使用的辞藻、报道所占的版面和周期内报道的频率等都有可能使污名化在这个事件的认知中不断被强化。多元化的媒体可能会抓住事件不同的消极性质进行阐述，也会联想到曾经类似事件的不良结果并由此为基础对本次事件进行添油加醋的报道。

同时，媒体还会选择采访专家或正在体会环境污染型工程投资项目的情绪激动的社会公众，将他们对事件的看法进行报道。基于此，媒介作用就对环境污染型工程投资项目贴上了污名化的标签，并且这种污名化还会继续存在于今后的信息传播当中，使其持续扩散、发酵和放大。媒体的强大传播性、官方和非官方信号的鱼龙混杂使得污名化在风险事件中不断被强化。媒体在整个事件的过程中起到了推动剂、润滑剂的作用，使得贴有污名标签的环境污染型工程投资项目在公众认识、风险问责、信任程度等方面产生风险放大的效果。这种风险的放大还会再次通过媒介点对点传播产生涟漪效应，从环境污染型工程投资项目的直接受害者出发，慢慢波及本地区、该区域和其他区域，扩大了整个项目的影响范围，这种污名化认知还会在涟漪的扩大过程中受到更加广泛的社会关注，引发更加激烈的焦点讨论，导致风险事件影响的多次扩大。上述过程可以通过图来进行描述分析如图 4 – 1 所示。

就具体环境污染型工程投资项目而言，污名化标签不仅对其事件本身产生风险强化的作用，而且对后续同类事件发生也产生负面影响。例如，媒体对 2007 厦门 PX 事件、2012 宁波 PX 事件报道时，就贴上了污名的标签。

“厦门全岛意味着放了一颗原子弹，厦门人民以后的生活将在白血病、畸形

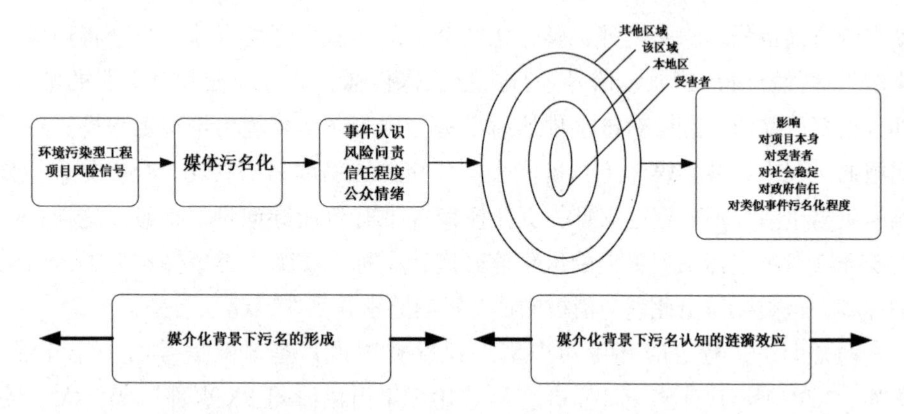

图4-1 媒介化背景下污名认知在环境污染型工程投资项目中的风险放大作用

儿中度过。"（2007 厦门 PX 事件）

"PX 高度致癌，会渗入土壤毒害几代人。"（2012 宁波 PX 事件）

这些报道不仅在环境污染型工程投资项目实施时引起了社会公众的恐慌，对于日后的 PX 事件风险也产生了一定的影响。例如，2014 年，广东茂名的社会公众上网搜索大量相关信息，知道了厦门等地发生的 PX 事件，看到了网上流传的关于 PX 的各类信息，包括 2013 年漳州 PX 工厂发生爆炸、民众聚众散步反抗 PX 项目建立等。民众开始质疑政府极力塑造的"项目安全论""项目有益论"，从而再次强化了环境污染型工程投资项目带来的社会风险。2017 年，中国石化上海石化拟建 PX 项目也引起一阵焦虑。受污名化的影响，PX 项目"一建就闹，一闹就停"，2016 年之后，国内几乎没有新增 PX 产能，这使得国内 PX 产量供不应求，只能依赖于进口，对社会经济的发展也产生了一定的影响。

三、政府信任的差序格局衍生更多风险

（一）环境污染型工程投资项目政府信任差序格局的描述

政府信任是指政府在行政过程中能够积极履行自己的职责，承担应尽的义务，信守对公众做出的承诺，从而使公众在内心形成一种对政府部门、工作人员以及与此相关的社会制度的信任感。在环境污染型工程投资项目中，地方政府代替企业实际扮演着主导性角色，导致部分地方政府往往取代相关利益方成为民众抗议的对象，使得原本的"企业—民众—政府"三方博弈简化为官民两方博弈。而且往往集中在区、县等基层政府，因为他们承担了规划、建设及监管的大部分责任。中国基层政府的初级信任有限，民众对政府信任呈现"差序格局"。政府信任的差序格局指的是随着政府层级的降低，公众对政府的信任程

度逐步减弱的现象。例如，在番禺垃圾焚烧事件等国内地方抗争中，卷入风险事件中的公众虽然表示了对地方政府的不信任，却依然对国家宏观政策保持肯定。总之，对于信任程度趋于最弱的区域、县域政府，公众的强烈表现往往不仅仅由风险事件本身触发，而包括由于它们自身行为表现衍生的更多风险。

社会公众与地方政府之间的信息不对称，会导致公众焦灼与愤怒情绪加重，进而衍生更多的风险，加剧情绪的爆发。环境污染型工程投资项目从策划到实施的整个过程中，当地政府与社会公众的沟通都是至关重要的结点。其中，如果在项目的整个过程中地方政府与社会公众没有进行良好的信息交互，存在严重的信息不对称，社会公众对于环境污染型工程投资项目的疑惑和担忧长期得不到解决，当地政府公布的信息前后不一致，地方政府充当进行环境污染型工程投资项目企业的代言人，这些都会使公众对地方政府的信任进一步降低，从而激起社会公众的不满和焦灼，容易由此产生规模较大、影响力较强的群体性事件，这些事件的起因确实是因为环境污染型工程投资项目本身，但是地方政府的差序信任格局成为事件爆发的导火线。

具体而言，环境污染型工程投资项目事件与传统风险事件（如地震、海啸等自然灾害）的一个不同在于环境污染型工程投资项目是有策划的、有预想的，而不是突发的、偶然的。这就要求地方政府在环境污染型工程投资项目实施之初就与公众进行积极的沟通交流，开展充分的心理建设。但是往往由于在环境污染型工程投资项目前期策划中，没有考虑到社会公众的情感因素、真实诉求和对环境权的主张与维护，产生了信息不对称现象，部分地方政府的不作为也导致了信息滞后的问题。

（二）政府信任差序格局的博弈模型构建

在环境污染型工程投资项目中，中央政府和地方政府存在着一定的委托代理关系。中央政府属于委托方，地方政府属于代理方。在面对环境污染型工程投资项目时，地方政府可以选择实时跟进项目进展，积极与社会各界进行沟通，通过各种媒体手段进行信息公开。与此同时，由于环境污染型工程投资项目存在“一建就闹，一闹就停”的可能，对于环境污染型工程投资项目前期宣传成本高、周期长，生态治理成本投入高，这导致某些地方政府也可能选择不披露环境污染型工程投资项目相关信息。而中央政府作为委托方，有责任对地方政府在环境污染型工程投资项目中披露信息、解决邻避问题的行为进行激励和监督，以保障政府的公信力、社会的稳定和谐及人民的健康安全。

假设一：在有限理性假设下，中央政府和地方政府是博弈的两个参与群体：中央政府为参与人 1；地方政府为参与人 2。参与人 1 的策略选择空间为｛严格监管，宽泛监督｝；参与人2的策略选择空间为｛信息公开，信息隐瞒｝。

假设二：当地方政府选择在环境污染型工程投资项目中进行信息公开时，地方政府会获得信息公开带来的收益 R_2，支付信息公开带来的成本 C_2，与此同时中央政府如果严格监管，会发现地方政府积极进行信息公开这一行为，会给予地方政府适当激励，可记为隐性收益 ε；如果中央政府宽泛监督，可能并不会发现地方政府信息披露这一行为，此时地方政府因信息披露只能获得 R_2-C_2。

假设三：当地方政府选择对环境污染型工程投资项目信息进行隐瞒时，可以获得隐瞒信息带来的收益 R_3，与此同时中央政府如果严格监管，会发现地方政府积极进行信息隐瞒这一行为，会给予地方政府适当惩罚，罚金记为F；如果中央政府宽泛监督，可能并不会发现地方政府信息隐瞒这一行为，此时地方政府获得的净收益为 R_3。

假设四：当地方政府选择在环境污染型工程投资项目中进行信息公开时，与此同时中央政府如果严格监管，其将从地方政府的积极公开行为中获得包括社会稳定、公信力提升等的收益 R_1，支付监督成本 C_1；如果中央政府宽泛监督，也能获得收益 R_1，但由于没有发挥有效的监督和激励作用，此时中央政府将会失去对地方政府的行政威慑力 C_3。

假设五：当地方政府选择对环境污染型工程投资项目信息进行隐瞒时，中央政府如果严格监管，会收到地方政府给予的罚金F，同时需支付监督成本 C_1；如果中央政府宽泛监督，可能并不会发现地方政府信息隐瞒这一行为，但是要承担环境污染型工程投资项目所引发的社会稳定风险，如邻避运动等，所带来的政治经济损失 C_4。

中央政府与地方政府两方的支付矩阵，见表4-1。

表4-1　中央政府与地方政府两方的支付矩阵

地方政府	中央政府	
	严格监管	宽泛监管
信息公开	$(R_2-C_2+\varepsilon, R_1-C_1)$	(R_2-C_2, R_1-C_3)
信息隐瞒	$(R_3-F, F-C_1)$	$(R_3, -C_4)$

（三）地方政府与中央政府共同作用的演化稳定策略分析

假设地方政府，采用信息公开策略的概率是X（$0\leqslant X\leqslant 1$），则采用信息隐瞒策略的概率就是1-X；同时中央政府，采用严格监管的概率为Y（$0\leqslant Y\leqslant 1$），则宽泛监管的概率为1-Y。对地方政府而言，其选择信息公开与信息隐瞒的期望收益及其平均收益分别记为 U_{1e}、U_{1d} 和 $\overline{U_1}$ 可得：

$$U_{1e} = Y\varepsilon + R_2 - C_2 \tag{4-1}$$

$$U_{1d} = R_3 - YF \tag{4-2}$$

$$\overline{U_1} = Y U_{1e} + (1 - Y) U_{1d} \tag{4-3}$$

根据 Malthusian 动态方程，可得地方政府选择信息公开的复制动态方程为：

$$F_1 = \frac{dY}{dt} = X[U_{1e} - \overline{U_1}] = X(1 - X)(R_2 - C_2 + Y\varepsilon - R_3 + YF) \tag{4-4}$$

同理，对中央政府而言，其中选择严格监管和宽泛监管的期望收益及其平均收益分别记为 U_{2e}、U_{2d} 和 $\overline{U_2}$ 可得：

$$U_{2e} = X R_1 + F - C_1 - XF \tag{4-5}$$

$$U_{2d} = XR_1 - X C_3 - C_4 + X C_4 \tag{4-6}$$

$$\overline{U_2} = X U_{2e} + (1 - X) U_{2d} \tag{4-7}$$

根据 Malthusian 动态方程，可得中央政府选择严格监管策略的复制动态方程为：

$$F_2 = \frac{dX}{dt} = Y[U_{2e} - \overline{U_2}] = Y(1 - Y)[-C_1 + X C_3 + (1 - X)(F + C_4)] \tag{4-8}$$

对演化博弈参与人策略选择的分析主要是根据演化稳定策略理论，即要求博弈参与人的复制动态方程 F 满足 F =0 和一阶偏导数 $F' < 0$，其机理是用单调递减性表明函数具有抗干扰能力，即当函数偏离稳定点时可向相反方向变动。

1. 地方政府的复制动态分析

$$F_1 = X(1 - X)(R_2 - C_2 + Y\varepsilon - R_3 + YF) = 0 \tag{4-9}$$

$$F'_1 = (1 - 2X)(R_2 - C_2 + Y\varepsilon - R_3 + YF) < 0 \tag{4-10}$$

若 $Y^* = \frac{R_3 + C_2 - R_2}{\varepsilon - F}$，则 $F_1 = 0$，即对所有 X 都为稳定状态。若 $Y \neq \frac{R_3 + C_2 - R_2}{\varepsilon - F}$，得 $X^* = 0$，$X^* = 1$ 两个稳定状态。当 $Y > \frac{R_3 + C_2 - R_2}{\varepsilon - F}$ 时，$X^* = 0$ 为稳定点；当 $Y < \frac{R_3 + C_2 - R_2}{\varepsilon - F}$ 时，$X^* = 1$ 为稳定点。

2. 中央政府的复制动态分析

$$F_2 = Y(1 - Y)[-C_1 + X C_3 + (1 - X)(F + C_4)] = 0 \tag{4-11}$$

$$F'_2 = (1 - 2Y)[-C_1 + Y C_3 + (1 - Y)(F + C_4)] < 0 \tag{4-12}$$

若 $X^* = \frac{C_1 - F - C_4}{C_3 - F - C_4}$，则 $F_2 = 0$，即对所有 Y 都为稳定状态。若 $X \neq$

$\frac{C_1 - F - C_4}{C_3 - F - C_4}$，得 $Y^* = 0, Y^* = 1$ 两个稳定状态。当 $X > \frac{C_1 - F - C_4}{C_3 - F - C_4}$ 时，$Y^* = 0$ 为稳定点；当 $X < \frac{C_1 - F - C_4}{C_3 - F - C_4}$ 时，$Y^* = 1$ 为稳定点。

（四）地方政府与中央政府共同作用的演化策略稳定性分析

根据 Ritzberger 和 Weibull（1996）提出的结论，地方政府和中央政府两方主体共同作用的演化博弈策略，只需要分析 $E_1(0,0)$、$E_2(0,1)$、$E_3(1,0)$、$E_4(1,1)$、$E_5(1,1)$ 的渐进稳定性。基于 Friedman（1991）的结论，可以通过雅可比矩阵分析微分方程的稳定性。由三方主体的动态复制方程，可以进一步得到雅可比矩阵。

$$J = \begin{Bmatrix} J_{11} & J_{12} \\ J_{21} & J_{22} \end{Bmatrix} = \begin{Bmatrix} \partial F_1/\partial X & \partial F_1/\partial Y \\ \partial F_2/\partial X & \partial F_2/\partial Y \end{Bmatrix} \tag{4-13}$$

$$\frac{\partial F_1}{\partial X} = (1 - 2X)(R_2 - C_2 + Y\varepsilon - R_3 + YF) \tag{4-14}$$

$$\frac{\partial F_1}{\partial Y} = X(1 - X)(F + \varepsilon) \tag{4-15}$$

$$\frac{\partial F_2}{\partial X} = - Y(1 - Y)[- C_3 + (1 - X)F + C_4] \tag{4-16}$$

$$\frac{\partial F_2}{\partial Y} = (1 - 2Y)[- C_1 + X C_3 + (1 - X)(F + C_4)] \tag{4-17}$$

由李雅谱诺夫第一法，可以通过特征根的方法进行稳定性分析。在此主要关注维护中央、地方政府公信力问题，因此主要关注 $E_5(1,1)$ 点的稳定性分析。得到 $E_5(1,1)$ 点所对应的雅可比矩阵：

$$J = \begin{Bmatrix} - R_2 + C_2 - \varepsilon + R_3 - F & 0 \\ 0 & C_1 - C_3 \end{Bmatrix} \tag{4-18}$$

根据矩阵性质，可知 $E_5(1,1)$ 点雅可比矩阵的特征根分别为 $- R_2 + C_2 - \varepsilon + R_3 - F$，$C_1 - C_3$。假设 $E_5(1,1)$ 点为稳定点，则需要同时满足以下条件：

$$\begin{cases} - R_2 + C_2 - \varepsilon + R_3 - F < 0 \\ - R_2 + C_2 - \varepsilon + R_3 - F < C_1 - C_3 \end{cases} \tag{4-19}$$

此时，地方政府倾向于信息公开的策略、中央政府倾向于严格监管的策略。结合上文分析，单个主体除了会受到自身因素的影响外，同时还会受到其他主体的共同作用，需要地方政府和中央政府两方主体的共同努力才能够使环境污染型工程投资项目差序格局带来的信任问题得到减缓。

第四节　环境污染型工程投资项目社会稳定风险的社会放大范式

一、研究方法与分析框架

定性研究和定量研究都属于社会学方法，定性研究的优势在于可以获得对某种社会结果的“因果解释”，可以理解为“结果的原因”；而定量研究的优势在于可以通过甄别“原因的影响”，从而确定某些因素对某种社会结果是否有影响。两种研究方法各有所长，而现实社会具有多面、多层次和多视角的特征，将定性方法和定量方法相结合的混合研究方法已经得到了社会科学研究者的广泛认可。混合研究方法的设计，主要取决于研究问题的性质及获得的资料，本书在研究环境污染群体性事件的风险放大中，拟应用嵌套式设计的混合研究方法。

首先，在构建环境污染群体性事件风险放大回路时，主要采用文献综述法，通过对环境群体性事件研究的国内外文献进行系统地回顾，梳理影响环境群体性事件冲突升级的重要因素，初步凝练因果回路图中的构成变量，形成初步的研究方向与研究范围。在此基础上，运用半结构化访谈的方法，这种方法也被认为是构建因果循环图的一种高效的数据收集方法。访谈的提纲基于上一步文献综述法的结果，拟合 SARF 的重要观点，包括个人及社会放大站的作用、信息传播的不同渠道、谣言传播、社会网络关系、公众对政府的信任、公众的风险认知、事件的污名化效应等。访谈获得的数据用于建构本研究中的因果循环图，对访谈内容进行回顾，并根据访谈记录编写编码，再将所有涉及主题的访谈内容汇集起来，识别变量与变量之间存在的因果关系，经过多次迭代，形成本研究的因果循环图（如图 4－2）。接着，考虑到半结构化访谈的对象有限，开发的因果循环图可能会缺少连接和变量，继续采用问卷调查法，将环境污染群体性事件风险放大的重要研究内容设计成标准统一的李克特 7 点式量表，通过发放并回收调查者问卷，对上一步建构的因果循环图进一步修改与完善。最后，本书采取质性方法策略对研究结果进行阐释，建构环节污染群体性事件风险放大的过程与机理。本书的研究整体上偏重于“质性研究”，嵌套进定量分析方法，将因果回路图架构于 SARF 对于风险放大的解释中，提供了一种研究环境污染群体性事件风险放大的新思路。

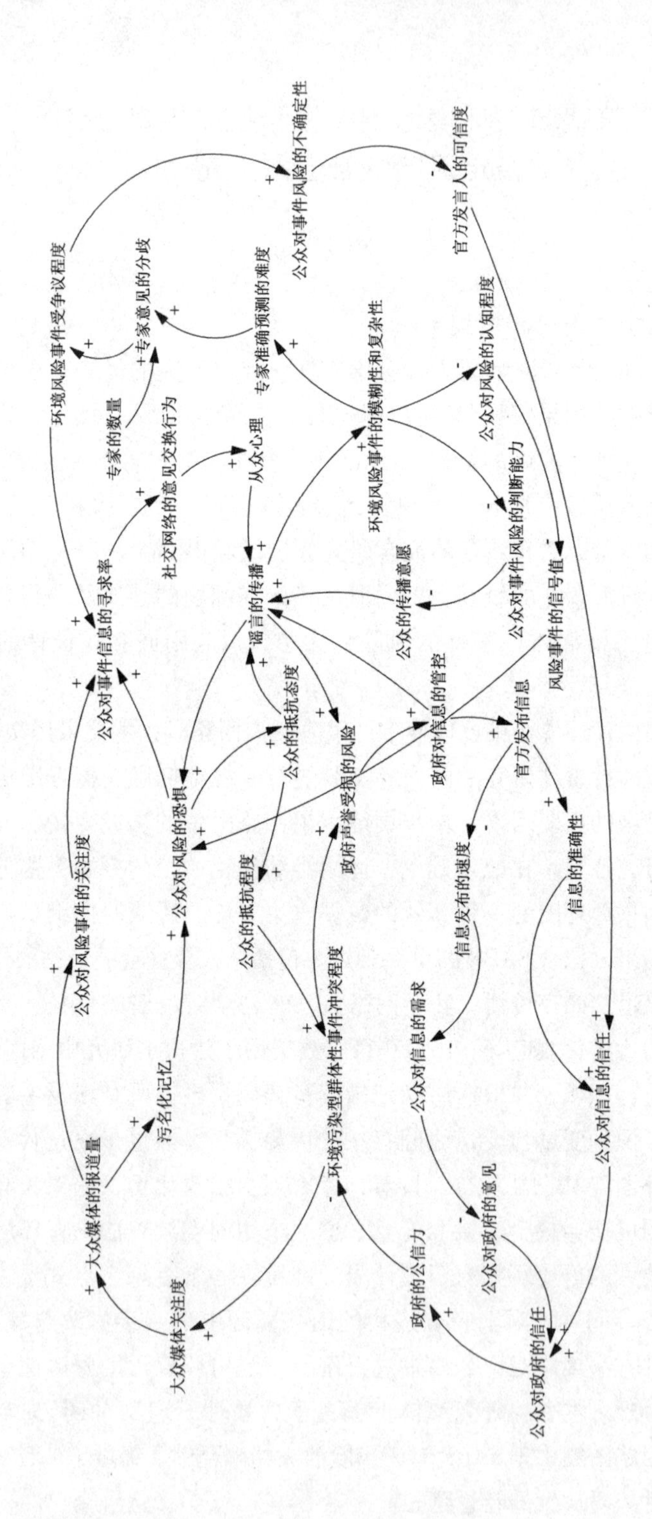

图4－2 环境污染群体性事件风险放大的因果循环图

二、构建因果循环图

因果循环图是描述复杂系统反馈结构的重要工具，它以一系列相互连接的变量所构成的闭合回路来表示系统中关键因素及其之间的因果循环关系，从而反映复杂系统的结构与本质。一个因果关系图由多个相互作用的回路构成，所有回路均包含多个变量，变量之间有表示因果关系的箭头，即因果链所连接，每条因果链都具有正负极性，表明当某一变量变化时，相关变量会如何随之变化。因果关系图描述了复杂系统动态结构的全貌，有助于我们挖掘系统背后的驱动力及其相互关系，深化思考层次。

三、社会稳定风险扩散路径

（一）风险事件信息在大众媒体中的传播

1. 海量媒体报道引发公众的“污名化”回忆

环境污染群体性事件以环境问题为导火索，通过环境损害对人们生活的直接影响而触发了社会公众对生命健康及社会安全问题的担忧，事件自身就具有极高的社会影响力。此外，环境污染群体性事件同时也具备较高的新闻价值，大众媒体出于同行竞争及扩大自身影响力的需要，将会积极主动地对环境群体性事件进行关注与报道。因此，冲突一旦发生必然会成为大众媒体关注的热点及焦点，而媒体制造的大批量信息又可以作为社会风险的放大器。从图4－3中可以发现，媒体通过网络、报纸、电视等不同形式对事件的相关信息进行报道，发布的新闻数量不断上升，持续产生的大量信息会唤起甚至强化公众对于过往环境损害事件的污名化记忆，进而激化公众对于环境风险的潜在恐惧，并扩大其对于“恶性结果”的想象。这种心理状况如果不及时疏导，长期酝酿、发酵，必然会引发公众对于环境污染事件的抵抗态度，激化公众的抵抗程度，使得环境污染群体性事件的冲突程度进一步恶化。

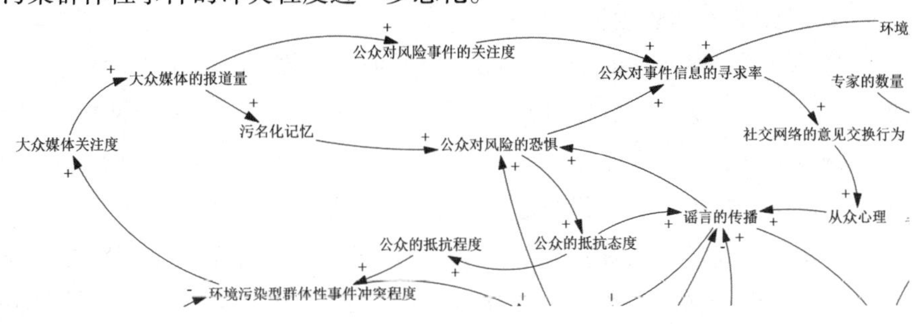

图4－3　大众媒体对风险信息传播的作用机理

2. 非正式传播网络引发规范性从众行为

大众媒体对环境污染群体性事件连篇累牍的报道，除了会唤起公众的污名化记忆以外，还会吸引公众的注意力，转向媒体设置的特定风险议题。已有研究表明，有效利用大众媒体是公众获取信息和达成社会运动目标的重要渠道，因此公众对环境污染群体性事件的关注将促使其通过大众媒体来获得更多的信息。传统的信息传播网络遵循层级性特征，即信息是由上级到下级逐层传播的。但是通过对启东污水排海事件、宁波镇海 PX 事件等环境污染群体性事件的分析，可以发现，由于社会网络关系的存在，参与公众可以直接跨越层级将未经证实的信息通过社交网络进行分享，这种信息传播的渠道也被称为非正式传播网络。当环境污染群体性事件的信息在人际关系网络中热议并传播时，网络内的个体不论是出于自身兴趣还是舆论压力，往往也会参与信息的传播，从而形成一种规范性的从众心理。这种心理最大的特点在于个体迫于群体的压力而产生从众意向，而人们不论是在现实生活还是网络环境中，都会通过不同的方式结成一定的群体，所以规范性从众心理将会始终影响着信息的传播。

从众心理是一种比较普遍的社会心理，这一行为的出现源于个体受到群体压力的影响。近年来，在我国多起环境污染群体性事件中，网络谣言现象屡见不鲜。而网络谣言从产生，到最后充斥于网络，正是从众心理在其中扮演了催化剂的作用。网络谣言虽然究其本质是虚假信息，但大多是建立在现实情境基础上的臆测，且谣言内容涉及公众切身利益，所以使得谣言容易被公众接受并相信。理性的个体出于自身规避风险的心理，会对环境污染事件产生抵抗的态度，这种态度可以在个体间传染，而非正式的人际关系网络会加速网络谣言的传播，作为群体的公众会迅速形成规避风险的抵抗态度。如果谣言没有得到及时治理，进一步发酵，将会在网络空间甚至现实社会形成集体行为，进一步激化环境污染群体性事件的冲突程度。

（二）风险事件信息传播过程中的政府干预

1. 官方媒体的传播主体地位

尽管环境污染群体性事件往往会造成极为严重的社会影响，但其实环境污染事件的发生是在绝大多数参与者的直接经验之外的，公众往往通过不同的信源来获得与事件相关的信息。目前常见的信源包括以下几类：政府、肇事方、受害方、专家、媒体、公众和其他。以往的研究表明，我国呈现官方话语主导的信源一元化特征，表现为大比例的官方信源压缩了其他信源的意见表达空间，从而削减了事件呈现的多样性和均衡性。由此可见，政府作为处理环境污染群体性事件的主体，在群体性事件报道中占据主体地位，是公众了解真相的最重要信息来源。

2. 政府干预对于信息准确性的影响

从图 4－4 中可以发现，一旦环境污染群体性事件引发的冲突愈演愈烈，将会对政府的声誉产生持续的恶劣影响，而政府出于危机化解的需要会强化对不同信源传播行为的管控，发挥官媒在事件报道及舆论引导中的强势地位。这种行为一方面使得不同层面的信息保持一致，减少分歧的产生，提高信息传播的准确性。从公众认知的角度来说，获取的事件信息争议越少，越容易被信任，而对政府信息政策的考量又接近于考量政府的本质，因此这种行为同时也会增进公众对政府的信任。彭小兵在对江苏启东"排海工程"事件进行研究后指出，公众对政府失信、企业失信、专业社会组织失信的信任危机，是环境群体性事件爆发的重要因素。现阶段我国环境污染群体性事件的一个典型特征是非直接利益相关者大量参与，在这种情形下，减少信息传播过程中的分歧，提升政府的公信力是对其进行治理的有效途径。

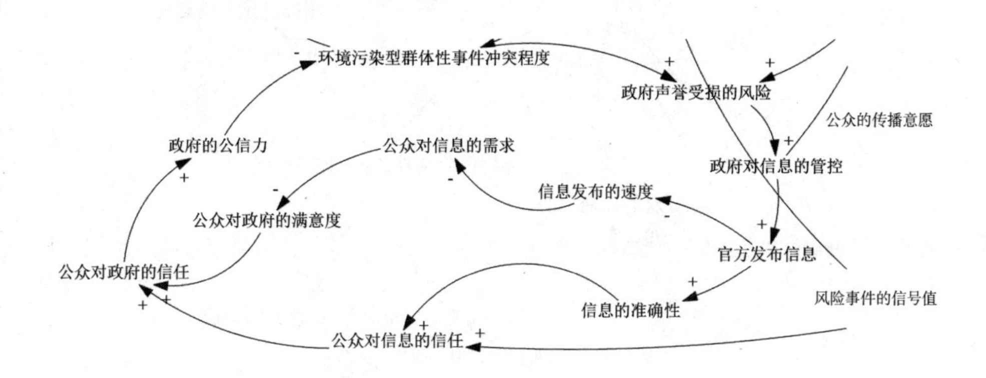

图 4－4　政府对于风险信息传播的作用机理

3. 政府干预对于信息及时性的影响

与此同时，官媒主导下的信息传播行为难免会降低信息传播的速度，因为其需要更长的审批时间来确保信息的准确性，不可避免会削弱信息的实时性。当前随着公众权利意识的提升，对环境污染事件极度敏感，一旦出现群体性事件，公众对信息怀有强烈的知情欲望。一旦政府不能及时回应公众的诉求，就可能导致负面舆情的产生、蔓延和升级，引发公众对政府的负面评价和不信任，使得政府的公信力在公众的质疑声中不断被削弱。通过上述分析不难看出，环境污染群体性事件发生后，信息传递的及时性和准确性之间存在一种权衡，需要在两者之间实现合理的平衡，以便它们在消息传递中足够快速但又不能产生分歧。

（三）风险事件信息传播对于专家学者的考验

1. 公众对于风险认知的偏差

环境污染事件的风险具有模糊性和复杂性的特征，普通的社会公众一般不具备完善的知识结构，因而其风险认知容易受到个人因素及外在因素的交互影响，导致其感知到的风险极大地偏离客观风险，甚至可能会对风险事件产生恐惧心理，造成从个体到群体的恐慌，加剧其抵抗的态度。本书前面已经解释了公众非理性的抵抗态度或者行为会加剧谣言的传播，而谣言的传播又会使事件的真实风险进一步模糊，加剧公众对风险的感知程度。区别于普通的社会公众，专家学者对于事件风险的认知更具专业性和权威性，其对风险事件的评估或者解读可以帮助公众更清楚客观地认知风险。因此，在面对现实社会中发生的风险事件时，常常需要专家学者来界定和评估风险。

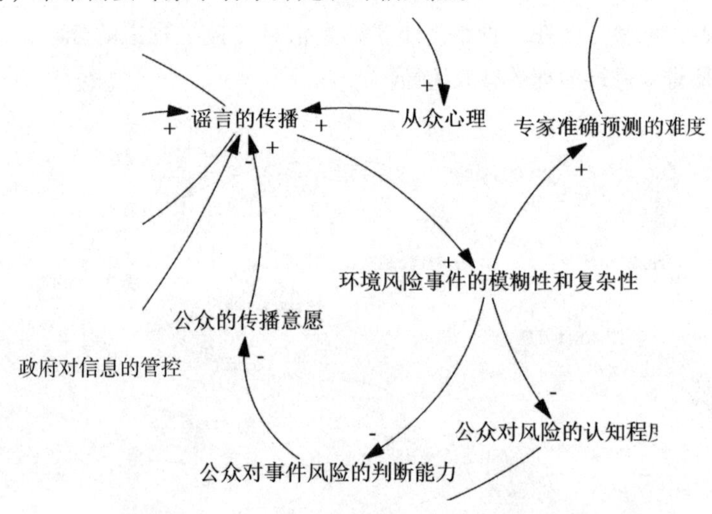

图 4-5　环境风险事件对于公众认知的挑战

2. 专家的风险认知分歧削弱了公众信任

现代社会的环境风险事件存在综合性、跨学科等特征，在一定程度上对专家学者的风险认知提出了更高的要求，增加了其准确预测及评估风险的难度。与此同时，技术领域、身份立场等多种因素使大量的专家学者在风险沟通中扮演的角色产生分化，甚至有的专家学者会将自身的利益诉求、个人偏见等个体动机夹杂在事件中。在这种情形下，专家学者对待风险事件的意见难以统一，随着事件的发酵甚至可能会进一步扩大分歧。而现代社会信息传播非常发达，多种媒体形式的涌现有效减少了专家学者与社会公众之间的距离，增进了两者之间的社会互动关系，进而使专家学者对待风险事件的分歧或争议很容易传递给社会公众，增加公众对事件真相的不确定感，甚至可能削弱公众对官方发言人的信任，进一步对官方发布的信息产生不信任感，降低公众对政府的信任。

3. 专家的风险认知分歧激化了非正式传播网络

专家学者意见的分歧使环境风险事件的受争议程度不断加深，公众对事件风险的不确定性也同步提升。基于自身强烈的知情欲望，公众对风险信息的获取行为将会更加活跃。而专家学者在风险事件中表现出的不确定性，常会被人指责为耸人听闻或者欲盖弥彰，致使公众很难从心理上认同并接受其关于事件真实风险的评估，进而作为自身行为的参照。在这种情境下，公众也会转向信息传播的非正式网络，通过人际关系网络寻求更多的信息或者意见。同样，公众在意识到风险客观存在时，也会倾向于将自己提炼出来的有价值的风险信息，通过人际关系网络传播给身边的人。

（四）风险事件的信号值对于风险放大的影响

现实中的环境污染群体性事件存在一定程度上的“背离”，即某些环境风险可能演变为社会风险，而某些环境风险则不会。这种演变过程既不取决于环境问题本身的严重程度，也不取决于受害群体的人数。举例而言，洪水、台风等自然灾害带来的环境风险，以及有害气体排放造成的雾霾天气，虽然危害程度以及受灾人数均超过 PX 项目、核电站等工程设施，但是并没有引发大规模的环境群体性事件。这说明，环境风险演变成为社会风险，并不因为其现实的风险大小，更大程度上在于公众的风险认知。在风险认知的研究中，有一种观点认为风险事件所产生的高层级影响和其施加在社会上的严重后果取决于风险信息的“信号值”，高“信号值”的事件更容易引发群体性事件。

公众对风险的认知程度作用于风险事件的“信号值”，存在这样一种影响路径，当公众对风险事件非常熟悉，并且已经建立了完备的认知结构，那么事件很大程度上不会引发群体性事件，更不会危及社会稳定。而当公众对风险事件感到陌生，无法完全掌控时，这种事件就有可能被过度解读，产生难以抑制的恐慌感，将其认定为无法接受的巨大危害，这种情绪经由媒体及社会关系网络进一步扩散，引发极大的社会恐慌，加剧公众的抵抗态度。如果不能得到及时纾解，将诱发谣言的迅猛传播，对事件的真相造成误导，使其更加模糊与复杂，在一定程度上干扰公众理性的风险认知。

第五章

风险媒介化下环境污染型工程投资项目的社会稳定风险扩散的仿真分析

第一节　影响社会稳定风险扩散的信息传播要素

信息机制是“风险的社会放大框架”的第一层机制。在信息机制中，信息流是风险放大的原动力。根据罗森·E·卡斯帕森等人的研究，“有可能影响社会放大的信息属性是信息的量、信息的争议程度如何、信息的戏剧化程度如何，以及信息的象征意蕴”。结合风险媒介化社会的环境特色，从信息传播主体与受体、信息传播内容以及信息传播媒介三个维度出发，探讨环境污染型工程投资项目社会稳定风险放大的信息机制。

一、信息传播主体与受体

庞大的信息量是社会稳定风险放大的前提。足够大的信息量给公众营造一种风险信息极为重要、广受关注的氛围，调动公众的恐惧感，为信息的受争议程度、信息的极化程度提供基础条件。在风险媒介化下的作用下，传播主体的多样性以及传播信息种类的多样性，使社会稳定风险信息数量呈现几何式增长，形成风险信息轰炸的态势。

传播主体的多样性导致传播信息种类的多样性。环境污染型工程投资项目涉及当地政府、相关企业、当地居民等直接利益相关者，以及媒体、公众、专家、意见领袖等间接利益相关者，因此在环境污染型工程投资项目的社会稳定风险信息传播过程中，这些主体都会进行风险信息的传播。不同传播主体有着不同的利益诉求，传播的信息类型也不尽相同，丰富的信息类型使得各传播主体面临多种风险信息的包围。

（一）政府

作为环境污染型工程投资项目的审批者和监督者，同时作为项目建设地居民利益的执行者和捍卫者，政府既关注工程项目为当地带来的经济效益，同时也注重当地居民的利益诉求，因此，政府主要发布项目立项审批信息以及安抚类信息。以厦门 PX 项目为例，厦门政府在应对 PX 项目带来的社会稳定风险时，陆续发布了 PX 项目的环保问题、PX 项目的缓建信息以及召开市民座谈会等信息，目的是告知居民项目进展情况、安抚当地居民的情绪。

（二）建设单位

建设单位是环境污染型工程投资项目的建设者，重视项目给公司带来的经济利益，因此建设单位发布项目产品的相关信息对产品进行科普，以确保项目的顺利实施。以厦门 PX 项目为例，项目的建设单位腾龙芳烃（厦门）有限公司在《厦门晚报》上发表 PX 项目有关的科学问题，后续也通过媒体发表了《翔鹭腾龙集团致厦门市民公开信》为 PX 项目正名，以降低项目带来的社会稳定风险。

（三）当地居民

当地居民关注自身的利益，主要传播问责和慌恐类信息。当地居民出于自身健康与安全考虑，一旦知晓环境污染型工程投资项目的立项信息，就会立刻在微博、朋友圈等社交网络传播有关项目危害的信息，或者群发短信告知他人，期望以集中其他当地居民的力量对项目建设产生干扰。当地居民也会发布问责政府的信息，对政府公信力造成威胁。一传十，十传百，社会稳定风险信息在此过程中呈几何式增长，从中衍生出各种不同类型的风险信息，从而放大了社会稳定风险。

（四）媒体

媒体以传播新闻为己任，主要传播问责类信息。媒体负责报道环境污染型工程投资项目事件信息，在传播信息的过程中，部分媒体为博人眼球、吸引关注度，扭曲事实，传播不实信息，增加了风险信息的传播类型，是社会稳定风险放大过程中的重要环节。与此同时，媒体出于“良知”会发布对政府的问责信息，对政府的行政能力产生疑问。上述均是不同形式的社会稳定风险信息，增加风险信息种类的同时增加了社会稳定风险信息的数量。

（五）公众

公众出于不同的心理对环境污染型工程投资项目的事件信息进行传播，发布问责信息。有的人关心时事，有的人讨厌破坏环境，有的人单纯观望事件发展动态，都会对事件信息进行传播。而有些人盲目跟风，人云亦云，转发问责政府的信息。在此过程中，公众转发以及传播社会稳定风险信息使风险信息大量增长，风险信息种类也相应增加。

（六）专家

专家出于社会责任感，主要发布专业观点以及意见类信息。面对环境污染型工程投资项目建设的风险信息时，专家根据自身的专业背景、知识体系发表对项目的专业性评价。但是受到自身背景和专业知识的局限，专家之间也会产生不同的意见信息。专家是各领域的权威人士，对立的专家意见会引起广泛的讨论，从而增加项目信息的讨论量以及风险信息的数量。

（七）意见领袖

意见领袖是非风险专家意见领袖，根据《2017 微博意见领袖变化趋势与影响力报告》，不同的利益诉求可以将意见领袖分为公知型、知识型和网红型。公知型意见领袖有专业的知识背景，时常讨论热点问题，是社会各界精英。由于受到高等教育，公知型意见领袖在环境污染型工程投资项目的社会稳定风险信息传播过程中主要传播意见类信息，发表对项目的客观看法。知识型意见领袖以分享知识为特征，在知识传播、舆论引导等方面具有重要作用，在社会稳定风险信息的传播过程中，以传播环境污染型工程投资项目有关的科普信息为主。但是由于个人知识背景不同，知识型意见领袖科普的信息会出现不对称甚至相反的情况，为网民转发传播风险信息提供了信息素材。网红型意见领袖主要传播娱乐新闻等信息，在环境污染型工程投资项目的社会稳定风险信息传播中起到的作用较小，可以忽略此类意见领袖的传播效果。

在环境群体性事件发生后的一段时间，不同传播主体在同一时间传播不同类型的风险信息，风险信息数量急剧增长，营造出事件广受关注、争议性大的氛围，为社会稳定风险放大提供基础。在风险媒介化的作用下，不同时间不同地点发表的风险信息都会被“挖掘”出来。不同时空的风险信息交杂出现在公众面前，公众的风险感知进一步放大。例如，自 2007 年厦门 PX 项目事件后，随后的 PX 项目离不开“剧毒”“危险化学品”“必须建在离居民区 100 千米之外”等信息，出现“厦门都不要的 PX 项目凭什么建在 XX 地”的言论，增加了项目风险信息。

二、信息传播内容

风险媒介化下，环境污染型工程投资项目的社会稳定风险信息传播内容有争议程度大、极化程度大的特点。

（一）信息内容的争议程度

根据库哈尔（Kuhar）等人的研究，对于不确定的事件，公众的风险感知程度较高，容易产生风险放大的现象。某种程度上可以表现为信息受争议程度越大，越会产生风险放大情形。在风险媒介化的作用下，对于各主体发布的风险信息，任何组织和个人都可以提出质疑，表达自己的观点。其中由于具有更高的关注度，政府、专家以及意见领袖发布的风险信息更容易被公众转发并讨论，引发信息争议，这些信息争议体现在专家之间、意见领袖之间、政府与专家之间以及政府信息争议。

1. 专家之间的信息争议

专家被公众看作某一领域的权威人士，其发表的观点具有一定的公信力。若不同专家对环境污染型工程投资项目有不同的看法，会使公众产生事件在权威领域也未有定夺的看法，从而增加事件的讨论量以及信息的争议程度。对于不确定的事件，人们倾向于夸大事件往最坏的方向发展，从而放大社会稳定风险。

2. 意见领袖之间的信息争议

意见领袖比一般的公众具有更多的关注度，具有较强的公众号召力，发布的风险信息更容易被看见并传播。意见领袖具有较多的关注人数，也就是“粉丝”数量，当意见领袖之间对环境污染型工程投资项目发生意见分歧，粉丝会对分歧的信息产生争论。这种争论参与的人数较多，越容易引发滚雪球效应，一旦争论上热门话题，将会导致更多的人关注到该污染型工程项目的事件信息，雪球越滚越大，放大了社会稳定风险。

3. 政府与专家之间的信息争议

对于环境污染型工程投资项目，一旦专家提出异议，即可认为政府与专家之间存在信息争议。在这种情况下，若政府公信力较低，公众倾向于相信并传播专家的意见信息，进一步降低了政府公信力，形成恶性循环，是另一种形式的社会稳定风险。

4. 政府信息争议

在风险媒介化的作用下，政府对环境污染型工程投资项目信息披露的程度与速度也有放大社会稳定风险的可能。网络媒体快速发展，信息传播扩散速度也急速增加，对于环境污染型工程投资项目的风险信息，若政府不及时披露信息或者隐瞒事件真相，将会产生放大事件风险以及政府信任风险。比如，2018年11月福建泉州碳九泄漏事件，当地政府没有及时通报泄漏情况，并且事后发布信息表示企业谎报碳九泄漏6.97吨，实际泄漏69.1吨，相差近10倍，造成部分泉州居民对事故危险程度的误判，健康受到损害。这种信息争议不仅导致公众对涉事企业的声讨，也会对政府公信力产生疑问。部分网民在新闻事件报道后发表言论，将抵制 PX 项目与此次事故建立联系，认为泉州碳九泄漏事故说明抵制 PX 项目是正确的，这种想法对后续上马 PX 项目或者其他化工项目将产生一定的阻力。政府公信力的下降间接放大了社会稳定风险。

信息的争议程度使环境污染型工程投资项目的风险信息具有讨论度，得知风险信息的公众有讨论并传播信息的欲望。广泛的讨论度使项目受到关注，扩大项目风险信息影响范围，为放大社会稳定风险提供基础。

（二）信息内容的极化程度

风险信息在传播扩散的过程中，容易被夸张，甚至被极化，极化的风险信息是风险放大的重要来源。在风险媒介化的作用下，风险信息被逐步夸张后，最终变成极化的风险信息，显著地放大了公众的风险感知。这种极化包括信息内容的极化以及信息态度的极化。

1. 信息内容的极化

环境污染型工程投资项目的社会稳定风险信息在传播的过程中，经过层层加工，风险信息的内容被负向极化。负向极化的风险信息包含一些夸张字眼，吸引公众眼球，引起公众恐慌以及愤怒等负面情感，放大公众的风险体验。以 2012 年宁波镇海 PX 事件为例，该事件信息通过网络媒体扩散到全国范围，相关话题不断衍生，并得到广泛传播。宁波本地移动电话网络受到干扰、通往镇海的交通指示牌被遮挡以及因微博审核无法发送用户所在地为宁波的图片等衍生信息被大量转发①。这些被夸张的信息点燃了公众的情绪，显著地放大了社会稳定风险。

2. 信息态度的极化

信息态度的极化指的是公众对于环境污染型工程投资项目的社会稳定风险信息表现为认知、情感以及行为上的负向判断。风险信息内容的负向极化伴随着信息态度的负向极化，以及公众情绪的负向极化。风险信息传播最初，公众的态度仅是怀疑，表现为焦虑等温和情绪；随着风险信息的不断夸张，公众态度由怀疑向反对负向转变，情绪也负向转变为愤怒、不满等情绪，此时公众可能采取一定的反对措施，如以“散步”的形式抗议；而随着风险信息被极化，公众对于环境污染型工程投资项目的态度极化为强烈抵制，公众情绪极化为义愤填膺，做出一些激烈的反对行为，如与警务人员发生冲突等，社会稳定风险逐步放大。在宁波镇海 PX 项目中，随着风险信息内容的不断夸张，公众态度以

---

① 曾鼎，钏坚，王家骏．利益 or 环保：宁波镇海反 PX 事件始末［J］．凤凰周刊，2012（32）．

及情绪也经历了从酝酿发生到发展激化的过程。

三、信息传播媒介

在媒介化社会的大环境下，社会稳定风险信息的传播媒介具有多样性。报纸、杂志、电视以及广播等传统媒介传播效率高、传播速度慢以及传播范围小，且其传播的信息内容经过审核后才能告知公众，以至社会稳定风险信息的传播较为温和且不易引发群体性事件。随着自媒体的不断发展，社会稳定风险信息在网络媒体等新媒体上的传播效率低、速度快、范围大，信息传播的成本以及门槛大大降低。公众具有更多平台和渠道表达自己的观点，为放大环境污染型工程投资项目的社会稳定风险提供了条件。

（一）传统媒体

社会稳定风险信息借助传统媒介传播时，传播效率高，速度慢，范围小，对社会稳定风险的放大作用较小。传统媒体如电视、广播、报纸等，只有在经过审核之后才能发布社会稳定风险信息，这确保了信息内容态度中立，不带有强烈的感情色彩，没有煽动效果，公众能理性思考社会稳定风险信息。并且传统媒体每天报道最新事件进展信息，其发布信息的时间间隔较长，虽不能实时传播事件信息，但给公众留下理性思考的时间。与此同时，除中央电视台、省级电视台等大型电视频道，传统媒体的信息传播范围较小，一般面向传统媒体所在地的居民，信息受众较少。整体而言，传统媒体营造的社会稳定风险信息传播环境较为温和，对社会稳定风险的放大作用有限。

（二）新媒体

自互联网技术逐渐普及，新媒体在社会稳定风险信息传播以及社会稳定风险放大中起到举足轻重的作用。网络媒体、移动端媒体、数字化等新媒体中的用户可及时发表对社会稳定风险事件的言论及态度，而这些信息很有可能夹带着强烈的个人感情色彩，对公众的舆论有一定的引导甚至煽动作用。新媒体中的用户包含各个年龄层、各类文化水平，在这些具有引导性的言论包围下，部分非理性、对环境污染型工程投资项目信息了解较少的用户会传播并扩散这些言论，甚至发表更激烈的社会稳定风险信息，从而放大环境污染型工程投资项目的社会稳定风险。与传统媒体每天报道信息不同，新媒体上的用户可以随时发表言论，不受时间约束，在短时间内产生大量社会稳定风险信息，营造出环境污染型工程投资项目备受关注的氛围，为放大社会稳定风险提供了环境基础。除此之外，互联网技术将不同地域、不同时空的信息交杂在一起呈现给新媒体用户。在众多类似信息的包围下，用户会对信息产生负向关联，为社会稳定风险信息极化奠定基础。新媒体是环境污染型工程投资项目社会稳定风险放大信息机制中重要的信息传播媒介。

环境污染型工程投资项目的社会稳定风险放大信息机制中，信息的量、信息的受争议程度、信息的极化程度、信息的传播媒介与社会稳定风险的关系图如图 5－1 所示。

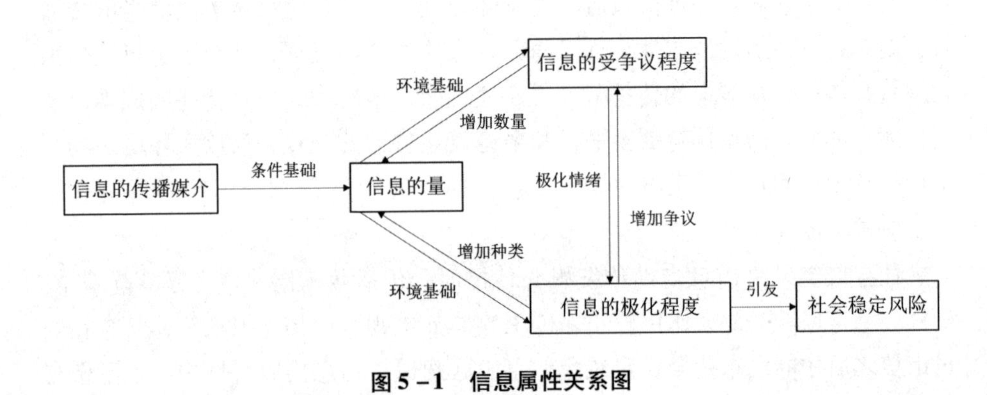

图 5－1　信息属性关系图

第二节　环境污染型工程投资项目的社会稳定风险信息传播的演化

一、SEIR 模型的生成假设及特点

经典传染病模型（SEIR）中假设信息传播限定在一个封闭的网络，网络中群体总人数不变。模型中存在三个群体，分别是易感者（S）、感染者（I）和免疫者（R）。易感者（Susceptible）表示人群中还未得知信息的人，感染者（Infective）表示已经得知信息并传播的人群，免疫者（Removed）表示得知信息表示抵触的人。考虑到现实生活中，并不是所有得知信息的人都会传播信息，本书采用 Andrew 构建的 SEIR 模型，引入潜伏者（E）这一概念，表示得知信息的人。在信息传播的网络系统内，易感者有概率 α 获得信息成为得知信息的潜伏者；潜伏者有概率 β 成为传播信息的感染者，有概率 ε 直接成为免疫者，其他潜伏者可能始终保持潜伏状态；感染者有概率 γ 成为抵触信息的免疫者；随着事件不断发酵，免疫者也有概率 θ 重新成为易感者。系统运转过程如图 5－2 所示。

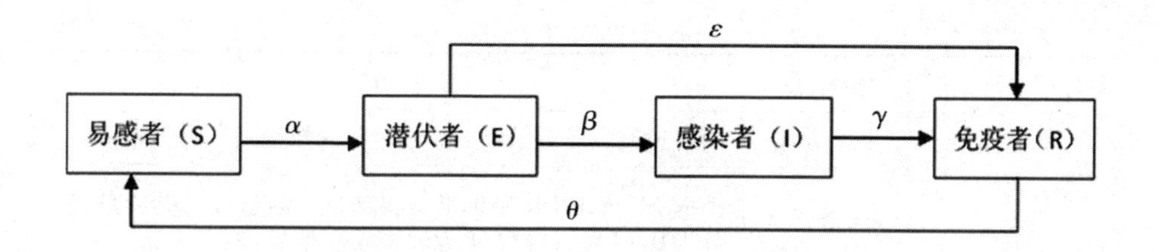

图 5－2　系统运转过程

二、环境污染型工程投资项目属性对信息传播的影响

潜伏者向感染者转化的过程是传染病模型中最重要的环节。当环境污染型工程投资项目建设的社会稳定风险信息在事件发生地传播时，项目属性会对信息传播的速度、范围以及热度产生重要影响。若事件影响范围广、涉及人数多、危害后果大，居民传播事件信息的意愿强烈，信息在当地的社交网络中迅速扩散。例如，有关环境污染型项目的信息传播，发生在项目计划、实施以及运行阶段，取决于项目位置、项目的规模以及危害程度，项目规模越大、危害越大，当地居民传播社会稳定风险信息的意愿越强烈，并且通过线上线下两种途径扩散信息。

因此，工程建设项目特征可视为转化率 β 的主要影响因素，通过建立关于项目属性的指标体系计算转化率 β，如表 5－1 所示。

表 5－1　转化率的影响因素

目标层	准则层	指标层	计算方法
转化率 β 的影响因素	项目位置	建设地点 A_1	将建设地分为城市、农村、城郊三级，城郊为 1 级，农村为 2 级，城市为 3 级，级数/3 为建设地点的取值
		人口密度 A_2	单位面积内人口数量与全国平均人口密度的比值
		文化程度 A_3	当地教育经费占财政支出比例与全国教育经费占财政支出比例的比值
		富裕程度 A_4	人均可支配收入与全国人均可支配收入的比值
	项目规模	富裕程度 A_4	人均可支配收入与全国人均可支配收入的比值
		项目投资 A_5	项目总投资

续表

目标层	准则层	指标层	计算方法
转化率β的影响因素	危害后果	年产值 A_6	项目建设完成后每年产品或服务的数量
		健康危害 A_7	根据 NFPA 704 鉴别标准，将项目产品造成的健康危害分为 0 – 4 级；级数/4 为健康危害程度
		环境污染 A_8	根据项目类型确定具体污染物，参照国家相关标准计算将项目环境污染定级，分为四级；级数/4 为环境污染程度
		易燃易爆 A_9	根据 NFPA 704 鉴别标准，将项目产品的可燃性和反应活性分别分为 0 – 4 级；两者级数之和/8 为易燃易爆程度
		生态破坏 A_{10}	基于 Daily 估测的生态系统恢复时间，结合我国工程项目建设特征，将生态破坏程度分为四个等级：3—10 年为 1 级轻度生态破坏，10—20 年为 2 级中度生态破坏，20—50 年为 3 级重度生态破坏，50 年以上为 4 级极度生态破坏；级数/5 为生态破坏程度

在该指标体系的基础上，采用层次分析法，邀请专家组对项目指标层的权重进行打分，得到各个指标权重 $\omega_i = (\omega_1, \omega_2, \cdots, \omega_{10})^T$，将指标权重与指标层数值相乘并加总，可得潜伏者向感染者的转化率β，即：

$$\beta = \sum_{i=1}^{10} A_i \, \omega_i, \; i = 1, 2, \cdots, 10 \qquad (5-1)$$

以 PX 项目为例，本书选择 2007 年厦门 PX 事件、2008 年彭州 PX 事件、2012 年宁波 PX 事件、2013 年九江 PX 事件以及 2014 年茂名 PX 事件作为案例，对β进行测算。5 起 PX 项目数据如表 5 – 2 所示。

表 5 – 2　PX 项目相关数据

指标	2007 年 厦门 PX 事件	2008 年 彭州 PX 事件	2012 年 宁波 PX 事件	2013 年 九江 PX 事件	2014 年 茂名 PX 事件
建设地点 A_1	1	0.67	0.67	0.33	1
人口密度 A_2	4.413	4.055	6.541	1.795	4.744
文化程度 A_3	0.951	0.589	0.554	1.220	1.871
富裕程度 A_4	1.56	1.098	1.543	0.835	0.757

续表

指标	2007 年 厦门 PX 事件	2008 年 彭州 PX 事件	2012 年 宁波 PX 事件	2013 年 九江 PX 事件	2014 年 茂名 PX 事件
项目投资 A_5	108	400	558.73	27	35.05
年产值 A_6	80	65	65	60	60
健康危害 A_7	0.5	0.5	0.5	0.5	0.5
环境污染 A_8	0.25	0.25	0.25	0.25	0.25
易燃易爆 A_9	0.375	0.375	0.375	0.375	0.375
生态破坏 A_{10}	0.25	0.25	0.25	0.25	0.25

邀请10位业内专家进行打分，根据专家打分情况，利用MATLAB软件编程计算，得到指标权重，且比较矩阵的一致性比率 $CR = 0.0354 < 0.1$，矩阵的一致性通过检验。指标权重如表5-3所示。

表5-3　指标权重

指标	权重	指标	权重
建设地点 A_1	0.0286	年产值 A_6	0.0198
人口密度 A_2	0.0952	健康危害 A_7	0.2181
文化程度 A_3	0.0606	环境污染 A_8	0.2181
富裕程度 A_4	0.0482	易燃易爆 A_9	0.2181
项目投资 A_5	0.0204	生态破坏 A_{10}	0.0730

根据处理后的项目数据以及各指标的权重，计算得到五个PX项目中潜伏者向感染者的转化率 β 如表5-4所示。

表5-4　PX项目中潜伏者向感染者的转化率

指标	2007 年 厦门 PX 事件	2008 年 彭州 PX 事件	2012 年 宁波 PX 事件	2013 年 九江 PX 事件	2014 年 茂名 PX 事件
转化率 β	0.4592	0.4255	0.4801	0.3803	0.4614

根据表中数据可得，宁波PX事件的潜伏者向感染者的转化率最大，依次是茂名PX事件和厦门PX事件，转化率最小的是九江PX事件，计算结果与实际

情况较为贴合。宁波 PX 事件信息传播牵涉人数多、影响范围广，微博中许多明星都纷纷参与表态，评论转发宁波 PX 事件信息，该 PX 项目的社会稳定风险信息传播最为迅猛。

环境污染型工程投资项目往往会被“污名化”。以 PX 项目为例，自 2007 年厦门 PX 事件发生以来，PX 项目时常伴随着“剧毒”“危险化工品”等标签。九江 PX 项目也是受到昆明 PX 项目的影响，才会形成群体性事件。因此“污名化”对于环境污染型工程投资项目的社会稳定风险信息传播具有一定的影响。

仍以 5 起 PX 项目事件为例，考虑到低毒的 PX 被“污名化”为剧毒物质，因此，指标健康危害的值由原来的 0.5 增加到 1，其他指标的项目数据不变，指标权重不变，计算得到“污名化”后的感染者转化率 β 如表 5 - 5 所示。

表 5 - 5 “污名化”后 PX 项目中潜伏者向感染者的转化率

指标	2007 年 厦门 PX 事件	2008 年 彭州 PX 事件	2012 年 宁波 PX 事件	2013 年 九江 PX 事件	2014 年 茂名 PX 事件
转化率 β	0.5682	0.5345	0.5891	0.4894	0.5704
增长率%	23.75	25.63	22.71	28.67	23.64

由表 5 - 5 数据可知，“污名化”将大幅提高潜伏者向感染者的转化率 β。相较之下，“污名化”对原来转化率较低的项目产生较大影响，例如，九江 PX 项目的转化率提高近 30%，原本可以顺利进行的项目也出现波折。

将式（5 - 1）代入式（5 - 5）中，得到 R_0 与 A_i 的关系式。选择若干关键指标，在其他指标数值不变的条件下，运用 MATLAB 软件分别画出关键指标与 R_0 的图像，对比图像之间的斜率可以得到对 R_0 影响较大的指标，针对这些指标提出相应建议。以上述 PX 项目为例，选择建设地点 A_1、人口密度 A_2、文化程度 A_3、富裕程度 A_4 作为关键指标，分别画出 R_0 与四个指标的图像，如图 5 - 3 所示。

根据四幅图像，在 A_i 的取值范围内，图像近似可以看作直线，A_1、A_2、A_3、A_4 的斜率分别为 0.031、0.105、0.064 和 0.052，也就是在建设地点、人口密度、文化程度、富裕程度四个指标中，人口密度对基本再生数的影响最大，人口越密集，环境污染型工程投资项目建设的社会稳定风险信息越容易传播。其次是文化程度和富裕程度对基本再生数的影响较大，文化程度越高，居民对维护自身利益的诉求越高，居民富裕程度越高，对于经济利益的诉求较低，所以当地居民倾向于传播环境污染型工程投资项目的社会稳定风险信息。而建设

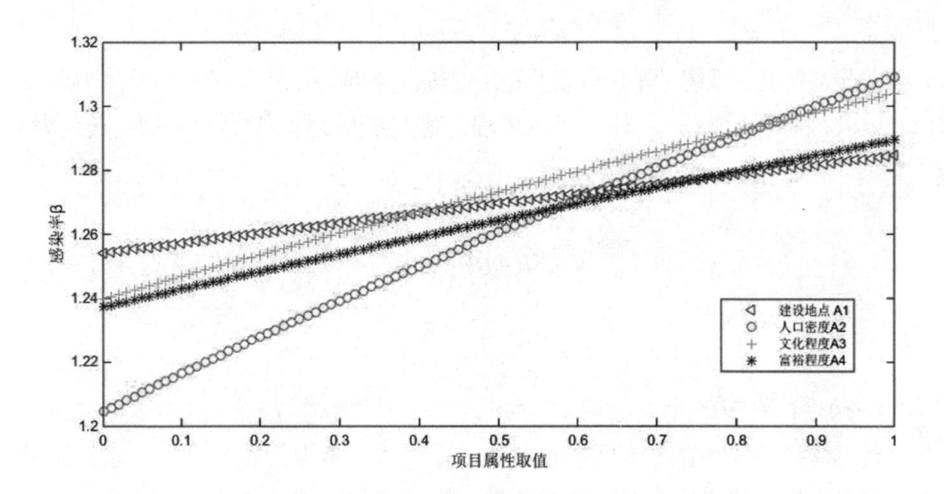

图 5－3　基本再生数 R_0 与关键指标的关系图

地点对风险信息的传播影响较小，说明不论是城镇居民、农村居民还是城郊居民对社会稳定风险信息的传播意向相近。

三、社会稳定风险信息传播的动力学模型

令 S（t）、E（t）、I（t）和 R（t）分别表示 t 时刻易感者、潜伏者、感染者和免疫者的人数占总人数的比例。假定信息传播网络中的人数不变，即 $S(t)+E(t)+I(t)+R(t)=1$。根据系统动力学中的平均场方法，可以构建系统的微分方程组模型：

$$
\begin{aligned}
\frac{dS}{dt} &= -\alpha SI + \theta R \\
\frac{dE}{dt} &= \alpha SI - \beta E - \varepsilon E \\
\frac{dI}{dt} &= \beta E - \gamma I \\
\frac{dR}{dt} &= \varepsilon E + \gamma I - \theta R
\end{aligned}
\tag{5-2}
$$

在方程组中，dS/dt、dE/dt、dI/dt 以及 dR/dt 分别表示易感者、潜伏者、感染者以及免疫者人数的变化率；α 为易感者成为潜伏者的转化率；β 为潜伏者成为感染者的转化率；γ 为感染者成为免疫者的转化率；ε 为潜伏者成为免疫者的转化率；θ 为免疫者成为易感者的转化率。这些系数满足以下约束条件：

$$\alpha,\beta,\varepsilon,\gamma,\theta \in (0,1);$$

$$\beta + \varepsilon \in (0,1)$$

在此基础上对系统的平衡点以及稳定性进行分析。由于 $S(t) + E(t) + I(t) + R(t) = 1$, 将 $R = 1 - S - E - I$ 代入方程，减少方程数量。则式（5-2）转化为：

$$\begin{aligned} \frac{dS}{dt} &= -\alpha SI + \theta(1 - S - E - I) \\ \frac{dE}{dt} &= \alpha SI - \beta E - \varepsilon E \\ \frac{dI}{dt} &= \beta E - \gamma I \end{aligned} \tag{5-3}$$

（一）平衡点分析

信息传播系统存在零传播平衡点和非零传播平衡点两类平衡点。零传播平衡点是指信息不传播的情况下模型的解，描述了信息传播终止时的状态，非零平衡点是指随着时间的推移，信息在系统中趋于稳定并长期存在的状态。下面将求解系统的两类平衡点及其稳定性。

令式（5-3）左端为零，求解微分方程组可得点 $P_0(1, 0, 0, 0)$ 和点 $P^*(S^*, E^*, I^*, R^*)$。

$$\begin{aligned} I^* &= \frac{\theta[\alpha\beta - (\beta + \varepsilon)\gamma]}{\alpha[\beta\theta + (\beta + \varepsilon + \theta)\gamma]} \\ &= \frac{1 - \frac{(\beta + \varepsilon)\gamma}{\alpha\beta}}{1 + \frac{(\beta + \varepsilon + \theta)\gamma}{\beta\theta}} \\ E^* &= \frac{\gamma}{\beta} I^* \\ S^* &= \frac{(\beta + \varepsilon)\gamma}{\alpha\beta} \\ R^* &= 1 - S^* - E^* - I^* \end{aligned} \tag{5-4}$$

在有界的传播系统中，$S, E, I, R \geq 0$，且 $S + E + I \leq 1$，所以当 I^* 大于零时，系统存在唯一的非零传播平衡点。令 $N_0 = \frac{(\beta + \varepsilon)\gamma}{\alpha\beta}$，当 $N_0 < 1$ 时，传播系统存在零传播平衡点和唯一的非零传播平衡点两类传播平衡点；当 $N_0 > 1$ 时，系统仅存在零传播平衡点。

（二）稳定性分析

1. $N_0 < 1$

$N_0 < 1$ 时，式（5-3）在非零传播平衡点 P^* 处的雅可比矩阵 J^* 为：

$$J^*(S,E,I)=\begin{bmatrix}-\alpha I^*-\theta & -\theta & -\alpha S^*-\theta\\ \alpha I^* & -\beta-\varepsilon & \alpha S^*\\ 0 & \beta & -\gamma\end{bmatrix} \tag{5-5}$$

令雅可比矩阵的特征方程等于0，

$$|J^*-\lambda E|=\begin{vmatrix}-\lambda-\alpha I^*-\theta' & -\theta & -\alpha S^*-\theta\\ \alpha I^* & -\lambda-\beta-\varepsilon & \alpha S^*\\ 0 & \beta & -\lambda-\gamma\end{vmatrix}=0 \tag{5-6}$$

得到：

$$\begin{aligned}&a_0\lambda^3+a_1\lambda^2+a_2\lambda+a_3=0\\&a_0=1\\&a_1=\alpha I^*+\beta+\varepsilon+\theta+\gamma\\&a_2=(\alpha I^*+\theta)(\beta+\varepsilon+\gamma)+\alpha\theta I^*\\&a_3=\alpha\gamma I^*(\beta+\varepsilon+\theta)+\alpha\beta\theta I^*\end{aligned} \tag{5-7}$$

在特征方程中，$a_0,a_1,a_2,a_3>0$ 且 $a_1a_2-a_0a_3>0$，根据 Routh – Hurwitz 判别法则可知，在 $N_0<1$ 的情况下，平衡点 $P^*(S^*,E^*,I^*,R^*)$ 局部趋于稳定，该三阶系统稳定。

2. $N_0>1$

$N_0>1$ 时，式（5－3）在零传播平衡点 P_0 处的雅可比矩阵 J_0 为：

$$J_0(S,E,I)=\begin{bmatrix}-\theta & -\theta & -\alpha-\theta\\ 0 & -\beta-\varepsilon & \alpha\\ 0 & \beta & -\gamma\end{bmatrix} \tag{5-8}$$

令雅可比矩阵的特征方程等于0，得到：

$$\begin{aligned}&(\lambda+\theta)[\lambda^2+(\beta+\varepsilon+\gamma)\lambda+(\beta+\varepsilon)\gamma-\alpha\beta]=0\\&a_0\lambda^3+a_1\lambda^2+a_2\lambda+a_3=0\\&a_0=1\\&a_1=\beta+\varepsilon+\theta+\gamma\\&a_2=(\beta+\varepsilon+\gamma)\theta+(\beta+\varepsilon)\gamma-\alpha\beta\\&a_3=[(\beta+\varepsilon)\gamma-\alpha\beta]\theta\end{aligned} \tag{5-9}$$

在特征方程中，由于 $N_0=\dfrac{(\beta+\varepsilon)\gamma}{\alpha\beta}>1$，所以 $a_0,a_1,a_2,a_3>0$ 且 $a_1a_2-a_0a_3>0$，根据 Routh – Hurwitz 判别法则可知，在 $N_0>1$ 的情况下，平衡点 $P_0(1,0,0,0)$ 局部趋于稳定，该三阶系统稳定。并且可以求得三个特征根为：

$$\begin{cases} \lambda_1 = -\theta \\ \lambda_2 = \dfrac{-(\beta+\varepsilon+\gamma)+[(\beta+\varepsilon+\gamma)^2-4(\beta+\varepsilon)\gamma+4\alpha\beta]^{\frac{1}{2}}}{2} \\ \lambda_3 = \dfrac{-(\beta+\varepsilon+\gamma)-[(\beta+\varepsilon+\gamma)^2-4(\beta+\varepsilon)\gamma+4\alpha\beta]^{\frac{1}{2}}}{2} \end{cases} \tag{5-10}$$

（三）基本再生数 R_0

根据 Samsuzzoha M 等人的研究，任何传播系统都存在基本再生数 R_0，表示信息传播期内一个感染者介入所有易感者中平均感染人数。$R_0>1$ 时，信息持续扩散系统最终趋于稳定，$R_0 \leq 1$ 时，信息传播逐渐消亡，因此 R_0 为信息传播系统信息能否扩散的阈值。在模型中，R_0 与 N_0 是倒数的关系，即：

$$R_0 = \frac{1}{N_0} = \frac{\alpha\beta}{(\beta+\varepsilon)\gamma} = \frac{\alpha}{\gamma(1+\dfrac{\varepsilon}{\beta})} \tag{5-11}$$

从式（5-11）中可以看出，R_0 与 α、β 成正比，与 γ、ε 成反比。因此，若想减少信息传播甚至让信息传播逐渐消亡，则需要减小 α、β，增大 γ、ε，也就是减少公众得知环境污染型工程投资项目社会稳定风险信息的可能性，以及公众传播社会稳定风险信息的意愿，同时促进社会稳定风险信息的传播者减少信息传播行为。

四、社会稳定风险信息传播的仿真结果

在上述模型的基础上，运用 MATLAB 软件对模型进行仿真。本书主要研究潜伏者向感染者的转化概率对社会稳定风险信息传播的影响，进而研究污名化对风险信息传播的影响。环境污染型工程投资项目的社会稳定风险信息在事件发生后广泛传播，当地居民知晓信息的概率较大，而其建设与当地居民的利益息息相关，居民自发对信息免疫的概率较小，并且随着事件不断发酵，风险信息不断衍生扩散，当地居民会加入到新一轮的社会稳定风险信息传播过程中。因此，本书将参数易感者向潜伏者的转化率 α、潜伏者向免疫者的转化率 ε、感染者向免疫者的转化率 γ、免疫者向潜伏者的转化率 θ 分别设定为 0.85、0.1、0.1 以及 0.3，将初始潜伏者比例、易感者比例、感染者比例以及免疫者比例分别设定为 0.95、0.02、0.02 以及 0.01。

（一）转化率 β 的影响

在其他参数不变的条件下，β 以 0.1 为步长从 0.1 增加至 0.9，利用 MATLAB 仿真得到感染者与免疫者在不同 β 取值下的变化情况，如图 5-4 与图 5-5 所示。

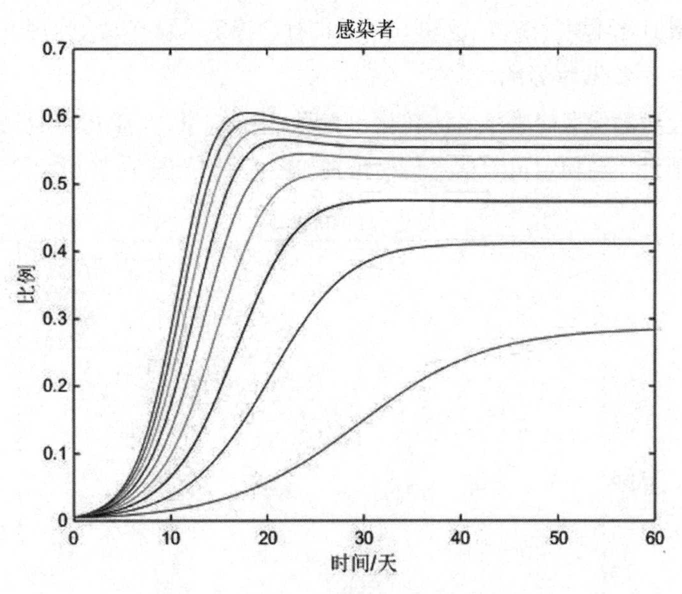

图 5 -4 不同 β 取值下感染者变化图

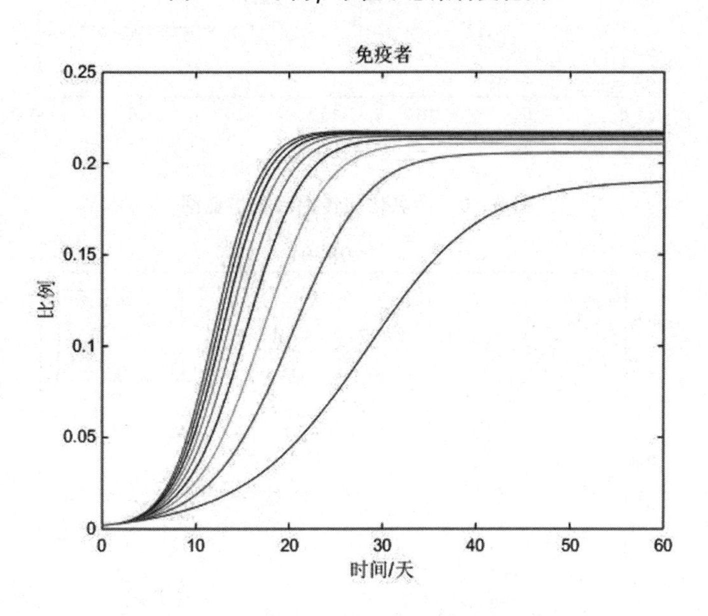

图 5 -5 不同 β 取值下免疫者变化图

从图 5 -4 与图 5 -5 可以看出，β 越大，感染者与免疫者的变化率越陡，峰值越大，稳态时的数值越大，达到稳态的时间越短，说明转化率 β 增加会增大系统中感染者和免疫者比例，加速风险信息的传播。而随着 β 的增加，感染者变化幅度大于免疫者变化幅度，说明 β 对感染者的影响大于对免疫者的影响，整体而言，转化率β增加对环境污染型工程投资项目的社会稳定风险有放大作用。

（二）污名化的影响

污名化对潜伏者向感染者的转化率有明显影响。以九江 PX 项目为例，污名化前后的项目社会稳定风险信息传播仿真如图 5 -6 和图 5 -7 所示。

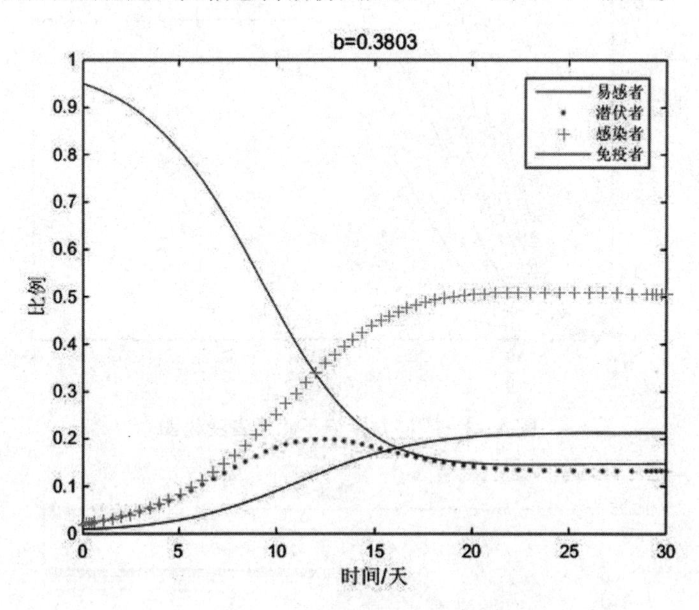

图 5 -6　污名化前传播系统仿真图

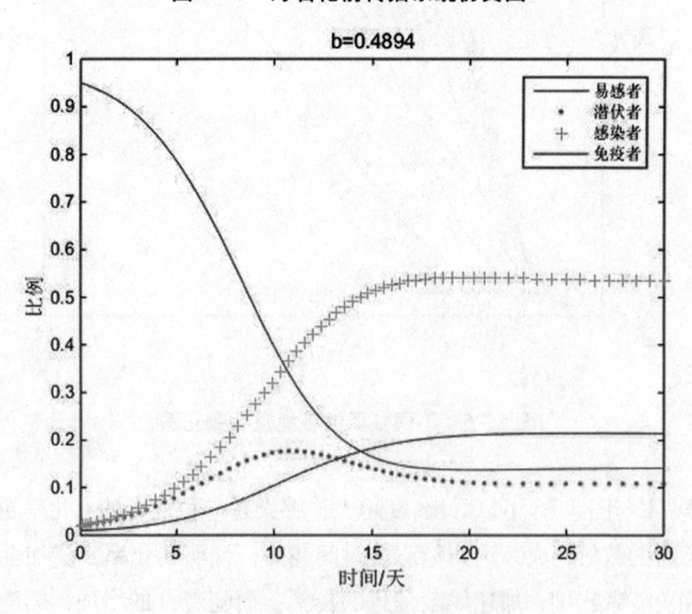

图 5 -7　污名化后传播系统仿真图

从图5－6与图5－7对比可以看出，污名化后感染者比例到达稳定状态的时间较短，稳定值较高，潜伏者比例达到峰值与稳定值的时间较短，稳定值较低。易感者与免疫者的前后对比不明显，较不直观。将5起PX项目事件污名化前后的信息传播仿真进行对比，得到结果如表5－6与表5－7所示。

表5－6　PX项目污名化前后信息传播系统参数

项目		厦门PX		彭州PX		宁波PX		九江PX		茂名PX	
		污名化前	污名化后	污名化前	污名化后	污名化前	污名化后	污名化前	污名化后	污名化前	污名化后
趋于稳态	时间	23.33	19.8	23.75	19.87	22.47	18.65	24.49	22.05	23.24	19.14
	S比例	0.14	0.133	0.143	0.135	0.139	0.132	0.146	0.138	0.14	0.133
	E比例	0.114	0.096	0.121	0.102	0.110	0.094	0.133	0.108	0.114	0.096
	I比例	0.532	0.558	0.523	0.552	0.538	0.563	0.509	0.54	0.533	0.56
	R比例	0.214	0.213	0.213	0.212	0.213	0.211	0.212	0.213	0.214	0.211
峰值	时间	11.63	10.13	11.84	10.39	10.97	10.02	12.47	10.76	11.37	10.47
	E比例	0.183	0.164	0.189	0.170	0.179	0.161	0.199	0.177	0.182	0.164

表5－7　PX项目污名化前后信息传播对比

项目		厦门PX污名化前后变化率	彭州PX污名化前后变化率	宁波PX污名化前后变化率	九江PX污名化前后变化率	茂名PX污名化前后变化率
趋于稳定	时间	－0.178	－0.195	－0.205	－0.111	－0.214
	易感者比例	－0.053	－0.059	－0.053	－0.058	－0.053
	潜伏者比例	－0.188	－0.186	－0.170	－0.231	－0.188
	感染者比例	0.047	0.053	0.044	0.057	0.048
	免疫者比例	－0.005	－0.005	－0.009	0.005	－0.014
峰值	时间	－0.148	－0.140	－0.095	－0.159	－0.086
	潜伏者比例	－0.116	－0.112	－0.112	－0.124	－0.110

将各个变化率取平均值，比较分析污名化对各个参数的影响，如图5－8所示。

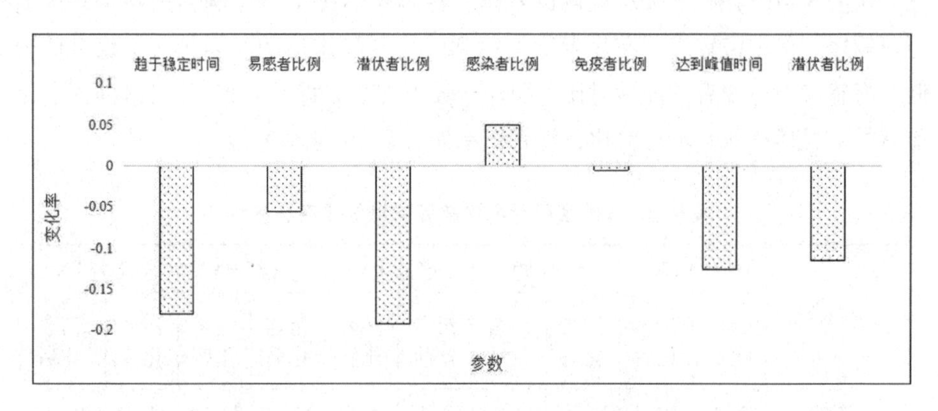

图 5-8 污名化对信息传播系统中参数的影响

从图 5-8 可以看出，除趋于稳定状态时的感染者比例，污名化对各个参数有负向作用，说明污名化减少了系统中易感者、潜伏者以及免疫者的数量，增加了感染者的数量；污名化对趋于稳定状态时的潜伏者比例、系统趋于稳定的时间的影响最大，对趋于稳定状态时免疫者比例影响最小，说明污名化会加快社会稳定风险信息的传播速度，并将潜伏者转化为感染者，使潜伏者难以自发转化为免疫者。

仿真结果表明，在 PX 事件中，项目属性中的人口密度对基本再生数的正向影响最大，其次是文化程度以及富裕程度；污名化降低了趋于稳定状态时的易感者比例、潜伏者比例、免疫者比例以及达到峰值时的潜伏者比例，提高了趋于稳定时的感染者比例，加快了系统达到峰值以及趋于稳定状态时的时间；污名化会加快环境污染型工程投资项目社会稳定风险信息的传播，并提高系统中感染者比例，对社会稳定风险有放大作用；污名化使潜伏者难以自发转化为免疫者，需要政府干预减小社会稳定风险。

第三节 媒体参与对环境污染型工程投资项目社会稳定风险信息传播的影响

一、考虑媒体参与的 SEIR 模型的生成假设及特点

在风险媒介化的背景下，媒体参与对环境污染型工程投资项目的社会稳定风险信息传播具有一定影响。传统媒体如纸媒、电视等，可以看作官方媒体，

主要报道环境污染型工程投资项目的介绍、事件进展等客观信息，态度中立，以告知公众事件信息为主要目的，对社会稳定风险信息传播的作用较小；而新媒体如部分电子媒体、自媒体等，部分用户发布环境污染型工程投资项目的不实信息或者发表具有强烈感情色彩、具有一定引导性的言论，以达到博人眼球、扩大事件影响力的目的，此类媒体是环境污染型工程投资项目社会稳定风险信息传播扩散的有力推手。因此文章研究的媒体参与主要指的是意见领袖与专家等在新媒体平台上参与社会稳定风险信息传播。

在原系统的基础上，考虑媒体参与对传播系统的影响。当地居民在新媒体上传播环境污染型工程投资项目的社会稳定信息之后，公众、专家、意见领袖以及报刊等媒体会在新媒体平台上接收信息，进而发布新一轮社会稳定风险信息，对原信息传播系统各个阶段的转化率产生影响。例如，公众、专家、意见领袖以及媒体等在新媒体上发布的信息，使当地居民得知信息的概率增大，即对易感者向潜伏者的转化率有 α_1 的作用；与此同时，新媒体上的不实信息或者煽动性言论使居民传播相关信息维护自身权益的概率增加，即对潜伏者向感染者的转化率有 β_1 的作用，而此类信息也会降低居民对社会稳定风险信息免疫的概率，即对潜伏者向免疫者的转化率以及感染者向免疫者的转化率分别有 ε_1 以及 γ_1 的作用；除此之外，新一轮的社会稳定风险信息轰炸使原先对信息免疫的居民重新参与到信息传播系统中，即对免疫者向易感者的转化率有 θ_1 的作用。系统运转图 5－9 所示。

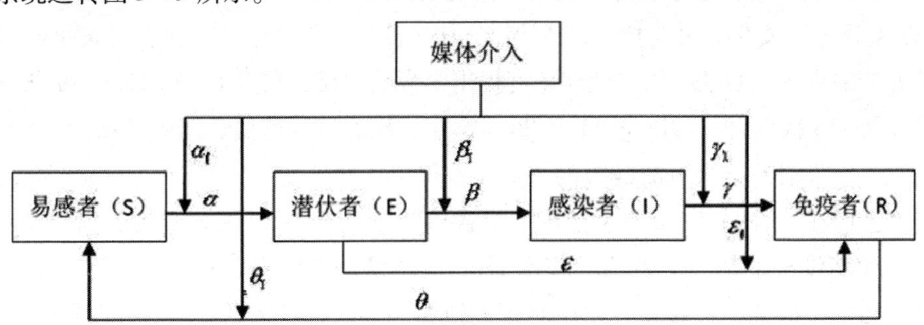

图 5－9　考虑媒体参与的信息传播系统图

二、考虑媒体参与对社会稳定风险信息传播的影响

在环境污染型工程投资项目的社会稳定风险信息传播过程中，媒体参与对信息传播系统的影响力可以分为媒体影响力与媒体参与度两个方面。本书选择微博上的专家、意见领袖作为研究对象。

（一）媒体影响力

媒体影响力体现在平台影响力，活跃粉丝数量，点赞、评论、转发数量以及信息阅读量等方面。例如，微博这一社交平台的月活跃用户达4.46亿，微博上大V的粉丝数量少则几十万多达上千万，一旦发生与环境污染型工程相关的事件，大V转发或发布社会稳定风险信息，其关注用户看到信息点赞、评论并转发信息的概率也大大增加，信息数量逐渐积累，相关事件“上热搜”之后，更多的非粉丝阅读社会稳定风险信息并转发信息，系统内的信息数量、信息种类增加，信息传播加剧。微博账号“人民日报”作为《人民日报》法人微博，截至2019年11月底拥有1亿粉丝数量，2018年11月8日报道福建泉港碳九泄漏事件，获得55708次转发、51049条评论以及225153次点赞，转发的用户中不乏拥有百万粉丝的央视主持人鲁健等公众人物，其对信息传播的影响不容小觑。“人民日报”等电子报刊官方媒体报道环境污染型工程投资项目事件的客观信息，其报道的信息主要起到辟谣作用，对社会稳定风险信息传播影响较小。

（二）媒体参与度

媒体参与度体现在发表言论数量、发表言论频率以及言论激烈程度等。例如，福建泉港碳九泄漏事件发生期间，在当时拥有近200万粉丝数量的微博签约自媒体“老徐时评”，于2018年11月8日连发两条相关微博：一条信息呼吁政府公开更多事件信息，以防滋生谣言，获得755次转发、1580条评论以及2688次点赞；另一条信息是对福建泉港现场情况报道的转发，获得169次转发、237条评论以及537次点赞。2018年11月9日，“老徐时评”发表对泉州通报碳九泄漏事件的看法，站在政府角度提出中肯的建议，获得18次转发、36条评论以及113次点赞。2018年11月26日，泉港碳九实际泄漏量新闻发布后，“老徐时评”发表对此次事故瞒报的看法，获得270次转发、69条评论以及136次点赞。而在当时拥有340万粉丝的“尚武菌”于2018年11月8日发表福建泉港碳九泄漏没有上热搜的看法，获得1802次转发、2042条评论以及17878次点赞，当日“尚武菌”转发并评论对碳九泄漏违心报道的看法，获得17次转发、14条评论以及44次点赞。2018年11月10日，“尚武菌”转发并评论泉港区委致泉港区在外乡贤的公开信，获得13次转发，7条评论以及27次点赞。

根据微博用户发表环境污染型工程投资项目社会稳定风险信息的情况，可以总结出以下规律：①专家、意见领袖等通常在事件爆发初期、事件进展重要节点上传播并扩散社会稳定风险信息，其他时间对社会稳定风险信息的传播扩散较少；②新媒体平台上普通用户在事件爆发初期、事件进展重要节点对社会稳定风险信息的关注度较高，其他时间对社会稳定风险信息的关注较少；③原创微博或文章受到的关注、评论以及转发数量随着转发次数的增多逐次减少；④普通用户倾向于转发电子媒体发布的新闻报道，并加以评论。

一般情况下，微博用户博文的阅读量可以看作通过该条博文知晓事件信息的用户人数，微博用户博文的转发量可以看作通过该条博文参与事件信息传播的用户人数。环境污染型工程投资项目事件发生期间，微博用户发表对环境污染型工程投资项目事件的言论数量可以表示微博用户对社会稳定风险信息传播的参与度；同时，相较于中立信息以及负面信息，环境污染型工程投资项目事件的正面信息更容易使参与信息传播的用户免疫，而中立信息也有一定概率使得潜伏者或感染者免疫。由此文章总结媒体参与的影响力如表 5 – 8 所示。

表 5 – 8　媒体参与影响力的指标构成

指标		计算方法
媒体参与的影响力	平台影响力 A_1	平台用户数量与全国网民数量的比值
	媒体阅读量 B_1	微博上环境污染型工程投资项目博文的阅读量
	媒体转发量 B_2	微博上环境污染型工程投资项目博文的转发量
	负面言论量 C_1	微博上环境污染型工程投资项目负面评论数量
	中立言论量 C_2	微博上环境污染型工程投资项目中立评论数量
	正面言论量 C_3	微博上环境污染型工程投资项目正面评论数量

微博对易感者向潜伏者转化率的影响可以用微博平台影响力、微博用户发表博文的阅读量以及环境污染型工程投资项目事件发生期间微博用户发表言论数量的乘积表示；微博对潜伏者向感染者转化率的影响可以用微博平台影响力、微博用户博文转发量以及环境污染型工程投资项目事件发生期间微博用户发表负面言论数量的乘积表示；文章假设微博对潜伏者向免疫者转化率的影响与感染者向免疫者转化率的影响相同，且可以用微博平台影响力、微博用户博文转发量以及环境污染型工程投资项目事件发生期间微博用户发表正面评论数量以及中立评论数量的乘积表示，正面评论与中立言论分别赋值 1 和 0.5；而微博对于免疫者向易感者转化率的影响，主要由电子报纸报道事件的新进展产生，意见领袖或者专家传播并评论新的事件进展，对于新信息的产生影响较小，因此文章暂时不考虑免疫者向易感者转化的影响。具体关系式可以表达为：

$$\alpha_1 = B_1 B_2 (C_1 + C_2 + C_3) \beta_1 = B_1 B_3 C_1 \gamma_1 = \varepsilon_1$$
$$= B_1 B_3 C_2 + B_1 B_3 (0.5 C_3) \quad (5-12)$$

三、媒体参与下社会稳定风险信息传播的动力学模型

令 $S_m(t)$、$E_m(t)$、$I_m(t)$ 和 $R_m(t)$ 分别表示媒体参与下 t 时刻易感者、潜伏者、感染者和免疫者的人数占总人数的比例。假定信息传播网络中的人数不变，即 $S_m(t)+E_m(t)+I_m(t)+R_m(t)=1$。根据系统动力学中的平均场方法，可以构建系统的微分方程组模型：

$$
\begin{aligned}
\frac{dS_m}{dt} &= -(\alpha+\alpha_1)S_m I_m + (\theta+\theta_1)R_m \\
\frac{dE_m}{dt} &= (\alpha+\alpha_1)S_m I_m - (\beta+\beta_1)E_m - (\varepsilon-\varepsilon_1)E_m \\
\frac{dI_m}{dt} &= (\beta+\beta_1)E_m - (\gamma-\gamma_1)I_m \\
\frac{dR_m}{dt} &= (\varepsilon-\varepsilon_1)E_m + (\gamma-\gamma_1)I_m - (\theta+\theta_1)R_m
\end{aligned}
\tag{5-13}
$$

在方程组中，α_1 为媒体参与下易感者成为潜伏者的转化率；β_1 为媒体参与下潜伏者成为感染者的转化率；γ_1 为媒体参与下感染者成为免疫者的转化率；ε_1 为媒体参与下潜伏者成为免疫者的转化率；θ_1 为媒体参与下免疫者成为易感者的转化率。这些系数满足以下约束条件：

$$
\begin{aligned}
&\alpha,\beta,\varepsilon,\gamma,\theta \in (0,1) \\
&\alpha_1,\beta_1,\varepsilon_1,\gamma_1,\theta_1 \in (0,1) \\
&(\alpha+\alpha_1),(\beta+\beta_1),(\varepsilon-\varepsilon_1),(\gamma-\gamma_1),(\theta+\theta_1) \in (0,1) \\
&(\beta+\beta_1)+(\varepsilon-\varepsilon_1) \in (0,1)
\end{aligned}
\tag{5-14}
$$

在此基础上对系统的平衡点以及稳定性进行分析。由于 $S_m(t)+E_m(t)+I_m(t)+R_m(t)=1$，将 $R_m(t)=1-S_m(t)-E_m(t)-I_m(t)$ 代入方程，减少方程数量。令：

$$
\alpha_m=\alpha+\alpha_1,\beta_m=\beta+\beta_1,\varepsilon_m=\varepsilon-\varepsilon_1,\gamma_m=\gamma-\gamma_1,\theta_m=\theta+\theta_1 \tag{5-15}
$$

则式（5－13）转化为：

$$
\begin{aligned}
\frac{dS_m}{dt} &= -\alpha_m S_m I_m + \theta_m(1-S_m-E_m-I_m) \\
\frac{dE_m}{dt} &= \alpha_m S_m I_m - \beta_m E_m - \varepsilon_m E_m \\
\frac{dI_m}{dt} &= \beta_m E_m - \gamma_m I_m
\end{aligned}
\tag{5-16}
$$

（一）平衡点分析

令式（5-16）左端为零，求解微分方程组可得点 $P_{m0}(1,0,0,0)$ 和点 $P_m{}^*(S_m{}^*,E_m{}^*,I_m{}^*,R_m{}^*)$。

$$I_m{}^* = \frac{\theta_m[\alpha_m\beta_m-(\beta_m+\varepsilon_m)\gamma_m]}{\alpha_m[\beta_m\theta_m+(\beta_m+\varepsilon_m+\theta_m)\gamma_m]} = \frac{1-\dfrac{(\beta_m+\varepsilon_m)\gamma_m}{\alpha_m\beta_m}}{1+\dfrac{(\beta_m+\varepsilon_m+\theta_m)\gamma_m}{\beta_m\theta_m}} \tag{5-17}$$

$$E_m{}^* = \frac{\gamma_m}{\beta_m}I_m{}^*$$

$$S_m{}^* = \frac{(\beta_m+\varepsilon_m)\gamma_m}{\alpha_m\beta_m}$$

$$R_m{}^* = 1-S_m{}^*-E_m{}^*-I_m{}^*$$

在有界的传播系统中，$S_m,E_m,I_m,R_m\geq 0$，且 $S_m+E_m+I_m\leq 1$，所以当 $I_m{}^*$ 大于零时，系统存在唯一的非零传播平衡点。令 $N_{m0}=\frac{(\beta_m+\varepsilon_m)\gamma_m}{\alpha_m\beta_m}$，当 $N_{m0}<1$ 时，传播系统存在零传播平衡点和唯一的非零传播平衡点两类传播平衡点，而当 $N_{m0}>1$ 时，系统仅存在零传播平衡点。

（二）稳定性分析

1. $N_{m0}<1$

$N_{m0}<1$ 时，式（5-13）在非零传播平衡点 $P_m{}^*$ 处的雅可比矩阵 $J_m{}^*$ 为：

$$J_m{}^*(S_m,E_m,I_m) = \begin{bmatrix} -\alpha_m I_m{}^*-\theta_m & -\theta_m & -\alpha_m S_m{}^*-\theta_m \\ \alpha_m I_m{}^* & -\beta_m-\varepsilon_m & \alpha_m S_m{}^* \\ 0 & \beta_m & -\gamma_m \end{bmatrix} \tag{5-18}$$

令雅可比矩阵的特征方程等于0，

$$|J_m{}^*-\lambda E_m| = \begin{vmatrix} -\lambda-\alpha_m I_m{}^*-\theta_m & -\theta_m & -\alpha_m S_m{}^*-\theta_m \\ \alpha_m I_m{}^* & -\lambda-\beta_m-\varepsilon_m & \alpha_m S_m{}^* \\ 0 & \beta_m & -\lambda-\gamma_m \end{vmatrix} = 0 \tag{5-19}$$

得到：

$$
\begin{aligned}
&a_{m0}\lambda^3 + a_{m1}\lambda^2 + a_{m2}\lambda + a_{m3} = 0 \\
&a_{m0} = 1 \\
&a_{m1} = \alpha_m I_m^* + \beta_m + \varepsilon_m + \theta_m + \gamma_m \\
&a_{m2} = (\alpha_m I_m^* + \theta_m)(\beta_m + \varepsilon_m + \gamma_m) + \alpha_m \theta_m I_m^* \\
&a_{m3} = \alpha_m \gamma_m I_m^* (\beta_m + \varepsilon_m + \theta_m) + \alpha_m \beta_m \theta_m I_m^*
\end{aligned}
\tag{5-20}
$$

在特征方程中，$a_{m0}, a_{m1}, a_{m2}, a_{m3} > 0$ 且 $a_{m1} a_{m2} - a_{m0} a_{m3} > 0$，根据 Routh - Hurwitz 判别法则可知，在 $N_{m0} < 1$ 的情况下，平衡点 $P_m^*(S_m^*, E_m^*, I_m^*, R_m^*)$ 局部趋于稳定，该三阶系统稳定。

2. $N_{m0} > 1$

$N_{m0} > 1$ 时，式（5 - 13）在零传播平衡点 P_{m0} 处的雅可比矩阵 J_{m0} 为：

$$
J_{m0}(S_m, E_m, I_m) = \begin{bmatrix} -\theta_m & -\theta_m & -\alpha_m - \theta_m \\ 0 & -\beta_m - \varepsilon_m & \alpha_m \\ 0 & \beta_m & -\gamma_m \end{bmatrix}
\tag{5-21}
$$

令雅可比矩阵的特征方程等于0，得到：

$$
\begin{aligned}
&(\lambda + \theta_m)[\lambda^2 + (\beta_m + \varepsilon_m + \gamma_m)\lambda + (\beta_m + \varepsilon_m)\gamma - \alpha_m \beta_m] = 0 \\
&a_{m0}\lambda^3 + a_{m1}\lambda^2 + a_{m2}\lambda + a_{m3} = 0 \\
&a_{m0} = 1 \\
&a_{m1} = \beta_m + \varepsilon_m + \theta_m + \gamma_m \\
&a_{m2} = (\beta_m + \varepsilon_m + \gamma_m)\theta_m + (\beta_m + \varepsilon_m)\gamma_m - \alpha_m \beta_m \\
&a_{m3} = [(\beta_m + \varepsilon_m)\gamma_m - \alpha_m \beta_m]\theta_m
\end{aligned}
\tag{5-22}
$$

在特征方程中，由于 $N_{m0} = \dfrac{(\beta_m + \varepsilon_m)\gamma_m}{\alpha_m \beta_m} > 1$，所以 $a_{m0}, a_{m1}, a_{m2}, a_{m3} > 0$ 且 $a_{m1} a_{m2} - a_{m0} a_{m3} > 0$，根据 Routh - Hurwitz 判别法则可知，在 $N_{m0} > 1$ 的情况下，平衡点 $P_{m0}(1,0,0,0)$ 局部趋于稳定，该三阶系统稳定。并且可以求得三个特征根为：

$$
\begin{cases}
\lambda_1 = -\theta_m \\
\lambda_2 = \dfrac{-(\beta_m + \varepsilon_m + \gamma_m) + [(\beta_m + \varepsilon_m + \gamma_m)^2 - 4(\beta_m + \varepsilon_m)\gamma_m + 4\alpha_m \beta_m]^{\frac{1}{2}}}{2} \\
\lambda_3 = \dfrac{-(\beta_m + \varepsilon_m + \gamma_m) - [(\beta_m + \varepsilon_m + \gamma_m)^2 - 4(\beta_m + \varepsilon_m)\gamma_m + 4\alpha_m \beta_m]^{\frac{1}{2}}}{2}
\end{cases}
$$

(5-23)

(三)基本再生数 R_{m0}

在媒体参与的传染病模型中，基本再生数 R_{m0} 的表达式为：

$$R_{m0}=\frac{\alpha_m\beta_m}{(\beta_m+\varepsilon_m)\gamma_m}=\frac{\alpha_m}{\gamma_m(1+\frac{\varepsilon_m}{\beta_m})} \tag{5-24}$$

从式(5-24)中可以看出，R_{m0} 与 α_m、β_m 成正比，与 γ_m、ε_m 成反比。因此，若想减少信息传播甚至让信息传播逐渐消亡，则需要减小 α_m、β_m，增大 γ_m、ε_m。从新媒体的角度来看，减少系统内的信息传播行为需要减少意见领袖、专家等传播主体在新媒体上发表或传播与环境污染型工程投资项目有关的不实信息或煽动性言论，以降低系统内潜伏者向感染者转化的概率；与此同时，促进意见领袖、专家等传播主体发布环境污染型工程投资项目的正面信息以及客观信息，增加潜伏者向免疫者的转化概率以及感染者向免疫者的转化概率。

四、媒体参与下社会稳定风险信息传播的仿真结果

潜伏者向感染者转化是社会稳定风险信息传播系统中最重要的环节。微博等新媒体平台使电子报刊更加快捷且便利地发布环境污染型工程投资项目的事件信息，新媒体平台上的专家以及意见领袖也能实时得知社会稳定风险信息并加以转发或评论，使得更多的普通用户得知信息并参与到社会稳定风险信息的传播过程中。新媒体平台使环境污染型工程投资项目事件信息传播更加便捷，因此本节主要研究微博对信息传播系统中易感者向潜伏者转化率以及潜伏者向感染者转化率的影响。

为与没有新媒体平台上专家及意见领袖参与的情况对比，选择与本章第二节中讲述社会稳定风险信息传播的仿真结果内容相同的初始参数设置，即易感者向潜伏者的转化率、潜伏者向免疫者的转化率、感染者向免疫者的转化率、免疫者向潜伏者的转化率分别设定为0.85、0.1、0.1以及0.3，潜伏者向感染者的转化率设定为0.5，将初始潜伏者比例、易感者比例、感染者比例以及免疫者比例分别设定为0.95、0.02、0.02以及0.01。媒体对社会稳定风险信息传播系统中易感者向潜伏者转化率、潜伏者向感染者转化率的影响分别设定为0.1、0.2，媒体参与前后信息传播系统的仿真图如图5-10、5-11以及5-12所示。

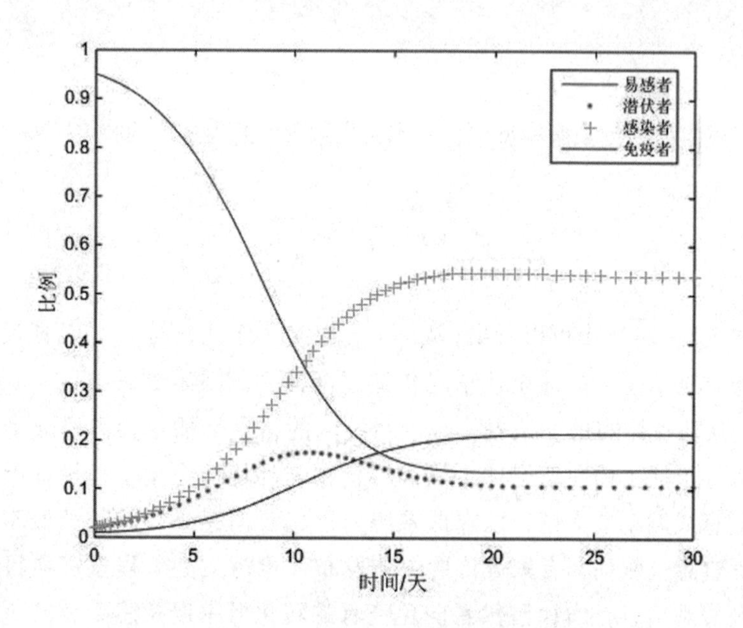

图 5-10 媒体参与前的模拟图

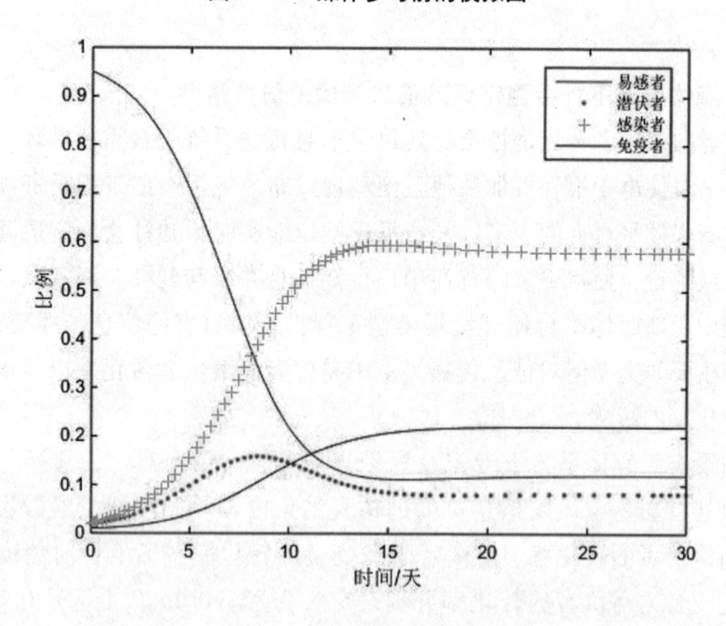

图 5-11 媒体参与后的模拟图

从图 5-10、5-11 与 5-12 可以看出，媒体参与后，感染者与免疫者的变化率变陡，峰值增大，稳态时的数值增大，达到稳态的时间缩短，说明媒体参与增大系统中感染者和免疫者比例，加速社会风险信息的传播。同时，感染者

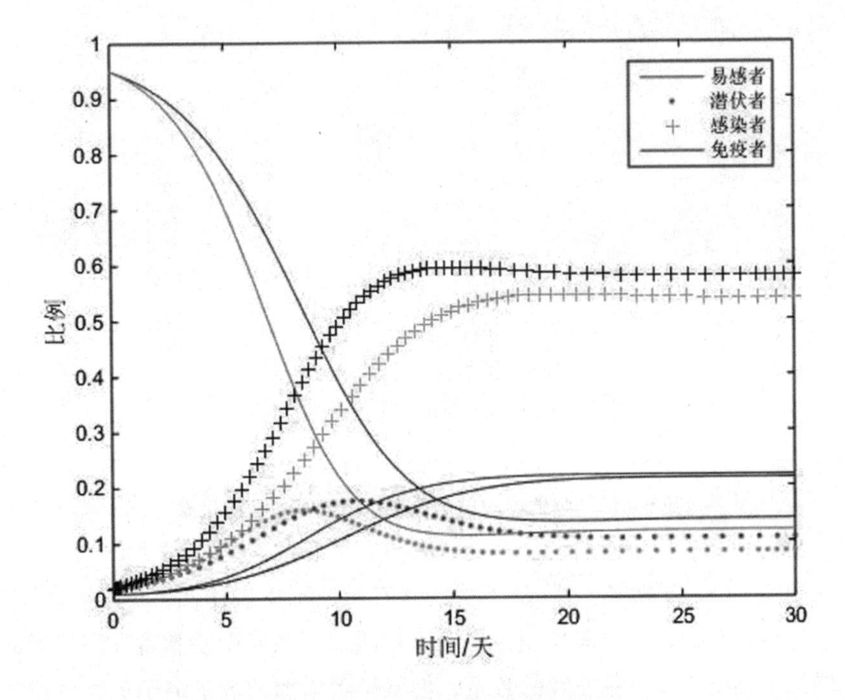

图 5-12　媒体参与前后对比图

变化幅度大于免疫者变化幅度，说明媒体参与对感染者的影响大于对免疫者的影响，整体而言，媒体参与对环境污染型工程投资项目的社会稳定风险有放大作用。除此之外，媒体参与后潜伏者比例达到峰值与稳定值的时间较短，稳定值较低。易感者与免疫者的前后对比不明显，较不直观。将媒体参与前后的信息传播仿真进行对比，得到结果如表 5-9 所示。

表 5-9　媒体参与前后信息传播系统参数对比

参数		媒体参与前	媒体参与后	变化率
趋于稳态	时间	22.37	20.17	-0.098
	S 比例	0.1377	0.1171	-0.150
	E 比例	0.1062	0.0805	-0.242
	I 比例	0.5423	0.5829	0.075
	R 比例	0.2138	0.2195	0.027
峰值	时间	10.79	8.38	-0.223
	E 比例	0.1752	0.1590	-0.092

媒体参与前后信息传播系统参数变化率如图 5－13 所示。

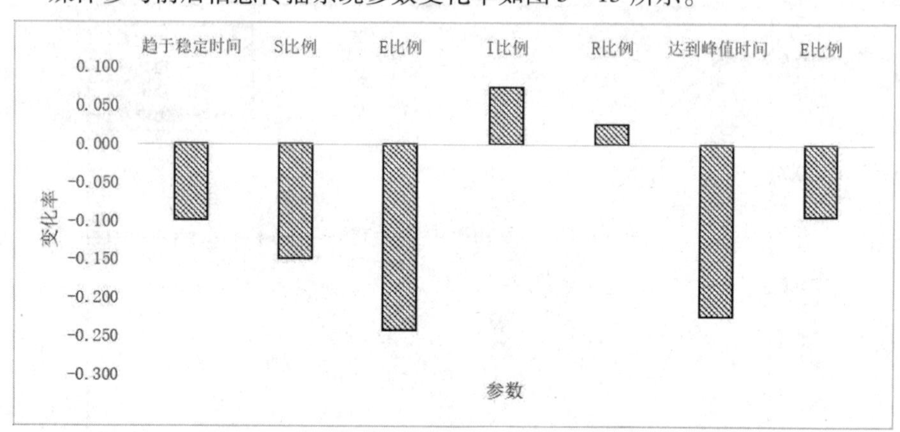

图 5－13　媒体参与前后信息传播系统参数变化率

从图 5－13 可以看出，除趋于稳定状态时的感染者比例、免疫者比例外，媒体参与对各个参数有负向作用，说明媒体减少了系统中易感者、潜伏者的数量，增加了感染者以及免疫者的数量，但感染者增加的数量多于免疫者增加数量；媒体参与对趋于稳定状态时的潜伏者比例影响最大，对趋于稳定状态时免疫者比例影响最小，说明媒体参与会加快社会稳定风险信息的传播速度，增加系统中知道信息的人数以及传播者的人数。

第四节　政府干预对环境污染型工程投资项目社会稳定风险信息传播的影响

一、考虑政府干预的 SEIR 模型的生成假设及特点

政府作为系统外部力量，其干预手段、干预力度等会对信息的传播扩散产生影响。例如，社会稳定风险信息在网络媒体中传播时，政府对关键词的屏蔽会减少居民对信息的获得，对易感者获取信息产生 $\overline{\alpha}$ 的作用。政府发布澄清公告或者提出解决方案，将会增加事件的影响力，当地居民传播信息的意愿加强，另一方面，政府介入使得当地居民一定程度上认为事情将得到圆满解决，倾向于对这类信息免疫，政府干预对人们传播信息或者不传播信息分别产生 $\overline{\beta}$ 、$\overline{\varepsilon}$ 、$\overline{\lambda}$ 的影响。而政府介入项目建设却未开展实际行动，将会引起当地居民对事件的

重新关注，政府干预对人们重新获取信息有 $\bar{\theta}$ 的作用。系统运转过程如图 5－14 所示。

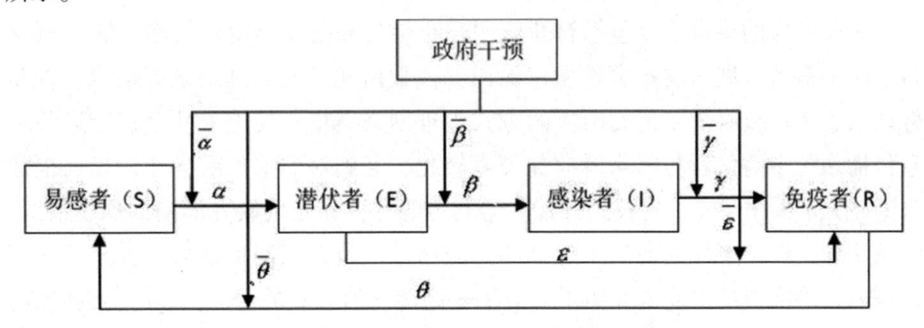

图 5－14　考虑政府干预的系统运转过程

二、考虑政府干预对社会稳定风险信息传播的影响

风险媒介化下，政府的干预对象不仅仅是传统主流媒体，更多的是新媒体。在传统媒体环境下，政府通过报纸、电视等平台发声，报道事件进展，社会稳定风险信息只能在小范围内以“口口相传”的方式传播，政府化解舆情危机的难度较低。而随着新媒体不断普及，社会稳定风险信息的传播范围增大至全网络，专家、意见领袖甚至普通网民都可能成为社会稳定风险信息的制造者，其带来的社会稳定影响也大大增加。新媒体中的社会稳定风险信息传播是政府干预的重点。政府与新媒体上的专家、意见领袖等协调，减少从专家、意见领袖等主体制造社会稳定风险信息的数量，同时借助专家以及意见领袖在新媒体上的影响力促进公众向免疫者转化。

政府信任存在差序格局，公众对中央政府的信任水平最高，政府层级越低，公众对政府的信任水平越低。其原因可以归结为不同层级政府关注的重点不同，中央政府注重人民的安全、利益以及社会全局的稳定，地方政府不仅仅关注这些内容，也关心地方的经济发展，地方政绩等。这也导致不同层级政府对环境污染型工程投资项目事件信息采取不同处理手段。中央政府发布事件进展等客观信息，目的是让公众知情；而地方政府有发布客观信息的可能，也有隐瞒事件信息的可能，目的是降低对地方政府的负面影响。

政府的不同干预手段在信息传播系统中不同阶段的转化率。政府对于环境污染型工程投资项目社会稳定风险信息干预的手段主要有两种：一是正面回应，政府从解决问题出发，发布环境污染型工程投资项目事件的相关信息以及辟谣信息，引导舆论自然回落至消散，是中央政府和部分地方政府采取的手段；二是行政干预，通过屏蔽关键词等措施，减少公众知晓环境污染型工程投资项目事件信息的可能，是少部分地方政府采取的手段。

正面回应的手段主要包括召开新闻发布会告知公众环境污染型工程投资项目事件的最新进展，发布事件发生原因、挽救措施以及处理结果等信息，发布辟谣信息等。政府采用正面回应的方式治理网络舆情，促进了社会稳定风险信息传播系统中潜伏者与感染者向免疫者转化，起到对舆情的疏导作用。在福建泉港碳九泄漏事件中，《人民日报》等官方媒体发布泉港碳九泄漏的现场情况、海域清理工作、事件危害后果、事件调查结果以及人员问责结果，告知公众事件进展，网络舆情由此也经历了“发展—高潮—消散”的过程，舆论自然回落。

政府采用行政干预的方式引导网络舆情，降低了社会稳定风险信息传播系统中易感者向潜伏者的转化，起到“堵塞”舆情的作用。

三、政府干预下社会稳定风险信息传播的动力学模型

令 $S_z(t)$ 、$E_z(t)$ 、$I_z(t)$ 和 $R_z(t)$ 分别表示政府干预下 t 时刻易感者、潜伏者、感染者和免疫者的人数占总人数的比例。假定信息传播网络中的人数不变，即 $S_z(t)+E_z(t)+I_z(t)+R_z(t)=1$。根据系统动力学中的平均场方法，可以构建系统的微分方程组模型：在式（5-3）的基础上，考虑政府干预对环境污染型工程投资项目的社会稳定风险信息的传播，得到微分方程组：

$$
\begin{cases}
\dfrac{dS_z}{dt} = -(\alpha-\bar{\alpha})S_zI_z+(\theta-\bar{\theta})R_z \\
\dfrac{dE_z}{dt} = (\alpha-\bar{\alpha})S_zI_z-(\beta-\bar{\beta})E_z-(\varepsilon-\bar{\varepsilon})E_z \\
\dfrac{dI_z}{dt} = (\beta-\bar{\beta})E_z-(\gamma-\bar{\gamma})I_z \\
\dfrac{dR_z}{dt} = (\varepsilon-\bar{\varepsilon})E_z+(\gamma-\bar{\gamma})I_z-(\theta-\bar{\theta})R_z
\end{cases}
\tag{5-25}
$$

在方程组中，$\bar{\alpha}$、$\bar{\beta}$、$\bar{\gamma}$、$\bar{\varepsilon}$ 和 $\bar{\theta}$ 分别表示政府在各个转化过程中的干预系数。这些系数满足以下约束条件：

$$
\begin{cases}
\alpha,\beta,\varepsilon,\gamma,\theta \in (0,1) \\
\bar{\alpha},\bar{\beta},\bar{\varepsilon},\bar{\gamma},\bar{\theta} \in (-1,1) \\
(\alpha-\bar{\alpha}),(\beta-\bar{\beta}),(\varepsilon-\bar{\varepsilon}),(\gamma-\bar{\gamma}),(\theta-\bar{\theta}) \in (0,1) \\
(\beta-\bar{\beta})+(\varepsilon-\bar{\varepsilon}) \in (0,1)
\end{cases}
\tag{5-26}
$$

当$\bar{\alpha}$、$\bar{\beta}$、$\bar{\gamma}$、$\bar{\varepsilon}$和$\bar{\theta}$都为0时，表示无政府干预的传染病模型。在此基础上对系统的平衡点以及稳定性进行分析。由于$S_z(t)+E_z(t)+I_z(t)+R_z(t)=1$，所以将$R_z(t)=1-S_z(t)-E_z(t)-I_z(t)$代入方程，减少方程数量。令：

$$\alpha_z=\alpha-\bar{\alpha},\beta_z=\beta-\bar{\beta},\varepsilon_z=\varepsilon-\bar{\varepsilon},\gamma_z=\gamma-\bar{\gamma},\theta_z=\theta-\bar{\theta} \quad (5-27)$$

则式（5-25）转化为：

$$\begin{aligned}\frac{dS_z}{dt}&=-\alpha_z S_z I_z+\theta_z(1-S_z-E_z-I_z)\\ \frac{dE_z}{dt}&=\alpha_z S_z I_z-\beta_z E_z-\varepsilon_z E_z\\ \frac{dI_z}{dt}&=\beta_z E_z-\gamma_z I_z\end{aligned} \quad (5-28)$$

（一）平衡点分析

令式（5-28）左端为零，求解微分方程组可得点$P_{z0}(1,0,0,0)$和点$P_z^*(S_z^*,E_z^*,I_z^*,R_z^*)$。其中

$$I_z^*=\frac{\theta_z[\alpha_z\beta_z-(\beta_z+\varepsilon_z)\gamma_z]}{\alpha_z[\beta_z\theta_z+(\beta_z+\varepsilon_z+\theta_z)\gamma_z]}=\frac{1-\dfrac{(\beta_z+\varepsilon_z)\gamma_z}{\alpha_z\beta_z}}{1+\dfrac{(\beta_z+\varepsilon_z+\theta_z)\gamma_z}{\beta_z\theta_z}} \quad (5-29)$$

$$E_z^*=\frac{\gamma_z}{\beta_z}I_z^*$$

$$S_z^*=\frac{(\beta_z+\varepsilon_z)\gamma_z}{\alpha_z\beta_z}$$

$$R_z^*=1-S_z^*-E_z^*-I_z^*$$

在有界的传播系统中，$S_z,E_z,I_z,R_z\geq 0$，且$S_z+E_z+I_z\leq 1$，所以当I_z^*大于零时，系统存在唯一的非零传播平衡点。令$N_{z0}=\dfrac{(\beta_z+\varepsilon_z)\gamma_z}{\alpha_z\beta_z}$，当$N_{z0}<1$时，传播系统存在零传播平衡点和唯一的非零传播平衡点两类传播平衡点，而当$N_{z0}>1$时，系统仅存在零传播平衡点。

（二）稳定性分析

1. $N_{z0} < 1$

$N_{z0} < 1$ 时，式（5－25）在非零传播平衡点 P_z^* 处的雅可比矩阵 J_z^* 为：

$$J_z^*(S_z,E_z,I_z) = \begin{bmatrix} -\alpha_z I_z^* - \theta_z & -\theta_z & -\alpha_z S_z^* - \theta_z \\ \alpha_z I_z^* & -\beta_z - \varepsilon_z & \alpha_z S_z^* \\ 0 & \beta_z & -\gamma_z \end{bmatrix} \quad (5-30)$$

令雅可比矩阵的特征方程等于0：

$$|J_z^* - \lambda E| = \begin{vmatrix} -\lambda - \alpha_z I_z^* - \theta_z & -\theta_z & -\alpha_z S_z^* \\ \alpha_z I_z^* & -\lambda - \beta_z - \varepsilon_z & \alpha_z S_z^* \\ 0 & \beta_z & -\lambda - \gamma_z \end{vmatrix} = 0 \quad (5-31)$$

即：

$$\begin{aligned} & a_{z0}\lambda^3 + a_{z1}\lambda^2 + a_{z2}\lambda + a_{z3} = 0 \\ & a_{z0} = 1 \\ & a_{z1} = \alpha_z I_z^* + \beta_z + \varepsilon_z + \theta_z + \gamma_z \\ & a_{z2} = (\alpha_z I_z^* + \theta_z)(\beta_z + \varepsilon_z + \gamma_z) + \alpha_z \theta_z I_z^* \\ & a_{z3} = \alpha_z \gamma_z I_z^*(\beta_z + \varepsilon_z + \theta_z) + \alpha_z \beta_z \theta_z I_z^* \end{aligned} \quad (5-32)$$

在特征方程中，

$$\begin{aligned} & a_{z0}, a_{z1}, a_{z2}, a_{z3} > 0 \\ & a_{z1}a_{z2} - a_{z0}a_{z3} = (\alpha_z I_z^* + \beta_z + \varepsilon_z + \theta_z)(\alpha_z I_z^* + \theta_z)(\beta_z + \varepsilon_z + \gamma_z) \\ & \qquad + \alpha_z \theta_z I_z^*(\alpha_z I_z^* + \varepsilon_z + \theta_z) > 0 \end{aligned} \quad (5-33)$$

根据Routh－Hurwitz判别法则可知，在 $N_{z0} < 1$ 的情况下，平衡点 $P_z^*(S_z^*, E_z^*, I_z^*, R_z^*)$ 局部趋于稳定，该三阶系统稳定。

2. $N_{z0} > 1$

$N_{z0} > 1$ 时，式（5－25）在零传播平衡点 P_{z0} 处的雅可比矩阵 J_{z0} 为：

$$J_{z0}(S_z,E_z,I_z)=\begin{bmatrix}-\theta_z & -\theta_z & -\alpha_z-\theta_z\\ 0 & -\beta_z-\varepsilon_z & \alpha_z\\ 0 & \beta_z & -\gamma_z\end{bmatrix} \tag{5-34}$$

令雅可比矩阵的特征方程等于0：

$$|J_{z0}-\lambda E|=\begin{vmatrix}-\lambda-\theta_z & -\theta_z & -\alpha_z\\ 0 & -\lambda-\beta_z-\varepsilon_z & \alpha_z\\ 0 & \beta_z & -\lambda-\gamma_z\end{vmatrix}=0 \tag{5-35}$$

即：

$$\begin{aligned}&(\lambda+\theta_z)[\lambda^2+(\beta_z+\varepsilon_z+\gamma_z)\lambda+(\beta_z+\varepsilon_z)\gamma_z-\alpha_z\beta_z]=0\\&a_{z0}\lambda^3+a_{z1}\lambda^2+a_{z2}\lambda+a_{z3}=0\\&a_{z0}=1\\&a_{z1}=\beta_z+\varepsilon_z+\theta_z+\gamma_z\\&a_{z2}=(\beta_z+\varepsilon_z+\gamma_z)\theta_z+(\beta_z+\varepsilon_z)\gamma_z-\alpha_z\beta_z\\&a_{z3}=[(\beta_z+\varepsilon_z)\gamma_z-\alpha_z\beta_z]\theta_z\end{aligned} \tag{5-36}$$

在特征方程中，由于 $N_{z0}=\dfrac{(\beta_z+\varepsilon_z)\gamma_z}{\alpha_z\beta_z}>1$，所以

$$\begin{aligned}&(\beta_z+\varepsilon_z)\gamma_z-\alpha_z\beta_z>0\\&a_{z0},a_{z1},a_{z2},a_{z3}>0\\&a_{z1}a_{z2}-a_{z0}a_{z3}=(\beta_z+\varepsilon_z+\theta_z+\gamma_z)(\beta_z+\varepsilon_z+\gamma_z)\theta_z\\&\qquad+[(\beta_z+\varepsilon_z)\gamma_z-\alpha_z\beta_z](\beta_z+\varepsilon_z+\gamma_z)>0\end{aligned} \tag{5-37}$$

根据 Routh – Hurwitz 判别法则可知，在 $N_{z0}>1$ 的情况下，平衡点 $P_{z0}(1,0,0,0)$ 局部趋于稳定，该三阶系统稳定。并且可以求得三个特征根为：

$$\begin{cases}\lambda_1=-\theta_z\\ \lambda_2=\dfrac{-(\beta_z+\varepsilon_z+\gamma_z)+[(\beta_z+\varepsilon_z+\gamma_z)^2-4(\beta_z+\varepsilon_z)\gamma_z+4\alpha_z\beta_z]^{\frac{1}{2}}}{2}\\ \lambda_3=\dfrac{-(\beta_z+\varepsilon_z+\gamma_z)-[(\beta_z+\varepsilon_z+\gamma_z)^2-4(\beta_z+\varepsilon_z)\gamma_z+4\alpha_z\beta_z]^{\frac{1}{2}}}{2}\end{cases} \tag{5-38}$$

（三）基本再生数 R_{z0}

在考虑政府干预的SEIR模型中，基本再生数的表达式为：

$$R_{z0} = \frac{\alpha_z \beta_z}{(\beta_z + \varepsilon_z)\gamma_z} = \frac{\alpha_z}{\gamma_z(1 + \frac{\varepsilon_z}{\beta_z})} \tag{5-39}$$

基本再生数 R_{z0} 与 α_z 、β_z 成正比，与 ε_z 、γ_z 成反比。政府若想控制信息扩散的速度及范围，应减小 α_z 和 β_z ，或者增大 ε_z 和 γ_z，即增大 $\bar{\alpha}$ 、$\bar{\beta}$ 、$\bar{\gamma}$ 和 $\bar{\varepsilon}$，政府应加大屏蔽关键词、辟谣的力度，及时发布环境污染型工程投资项目事件进展信息，如实披露真相，减少社会的恐慌情绪，进而降低公众的风险感知。

四、政府干预下社会稳定风险信息传播的仿真结果

政府的干预手段主要对易感者向潜伏者的转化阶段、潜伏者向免疫者的转化阶段以及感染者向免疫者的转化阶段产生影响。因此文章主要研究 $\bar{\alpha}$ 、$\bar{\gamma}$ 和 $\bar{\varepsilon}$ 对传播系统的影响，为与无政府干预下的情况对比，信息传播系统中的初始参数设置易感者向潜伏者的转化率、潜伏者向感染者的转化率、潜伏者向免疫者的转化率、感染者向免疫者的转化率、免疫者向潜伏者的转化率分别设定为0.85、0.5、0.1、0.1以及0.3，将初始潜伏者比例、易感者比例、感染者比例以及免疫者比例分别设定为0.95、0.02、0.02以及0.01。

（一）政府干预前后的信息传播对比

运用MATLAB软件进行仿真，政府干预对社会稳定风险信息传播系统各阶段转化率的影响 $\bar{\alpha}$ 、$\bar{\gamma}$ 、$\bar{\varepsilon}$ 的影响设定为0.1、0.1以及0.1，政府干预后的社会稳定风险信息传播过程如图5－15所示，政府干预前后信息传播系统对比仿真图如图5－16所示。

从图5－15与5－16可以看出，政府干预后易感者的变化率变陡，稳态时的数值显著增加；潜伏者的变化率变缓，峰值显著减小，稳态时的数值变化较小；感染者的变化率变缓，峰值显著减小，稳态时的数值显著降低；免疫者的变化率变缓，稳态时的数值显著增加；信息传播系统达到稳态的时间延长。整体而言，政府干预增大系统中免疫者比例，降低系统中易感者比例和感染者比例，减缓了社会风险信息的传播，政府干预对环境污染型工程投资项目的社会稳定风险有缩小作用。将政府干预前后的信息传播仿真进行对比，得到结果如表5－10所示。

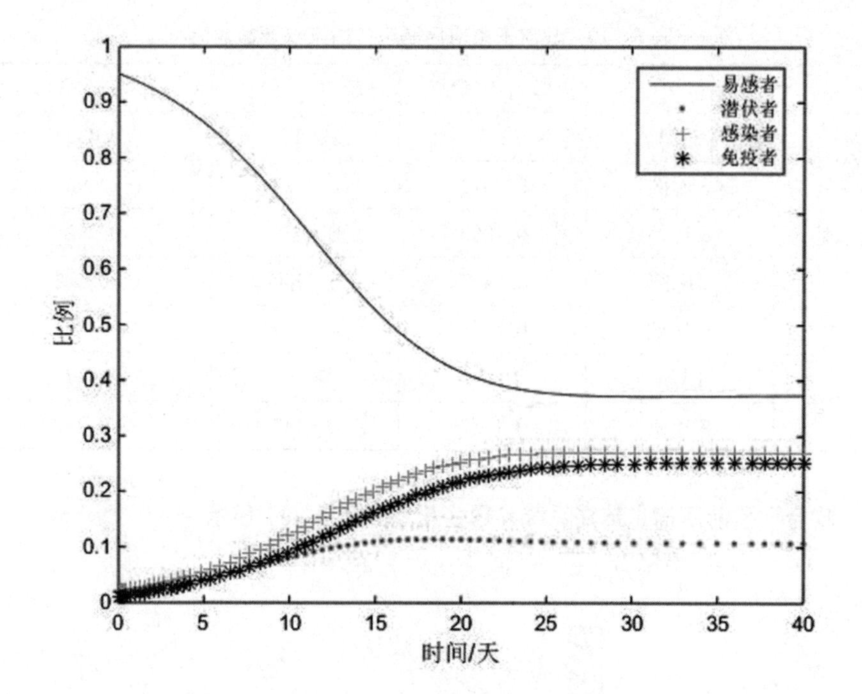

图 5－15 政府干预后信息传播仿真图

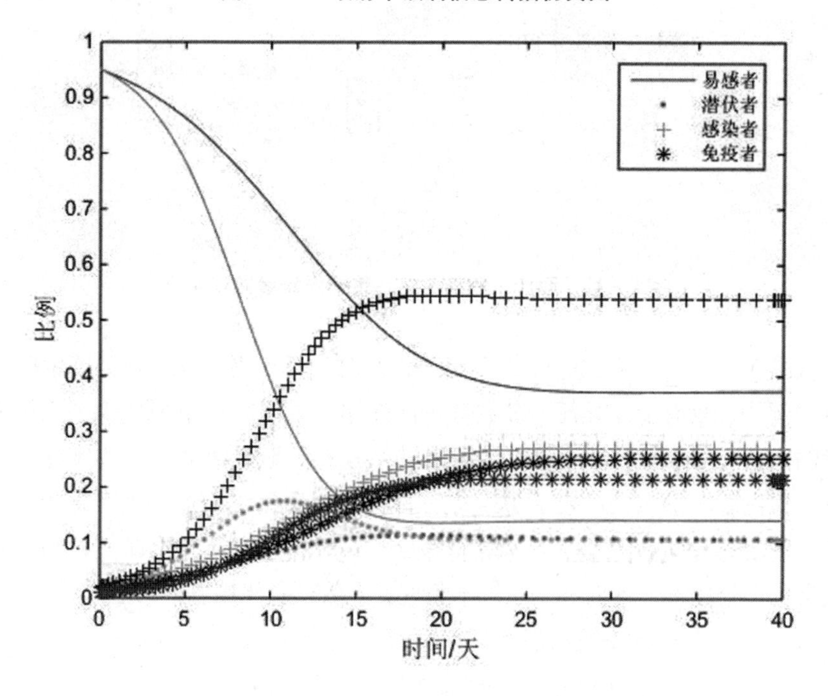

图 5－16 政府干预前后信息传播仿真对比图

表 5-10 政府干预前后信息传播系统参数对比

参数		政府干预前	政府干预后	变化率
趋于稳态	时间	22.37	32.03	0.432
	S 比例	0.1377	0.3713	1.696
	E 比例	0.1062	0.1075	0.012
	I 比例	0.5423	0.2700	-0.502
	R 比例	0.2138	0.2512	0.175
峰值	时间	10.79	18.42	0.707
	E 比例	0.1752	0.1142	-0.348

政府干预前后信息传播系统参数变化率如图 5-17 所示。

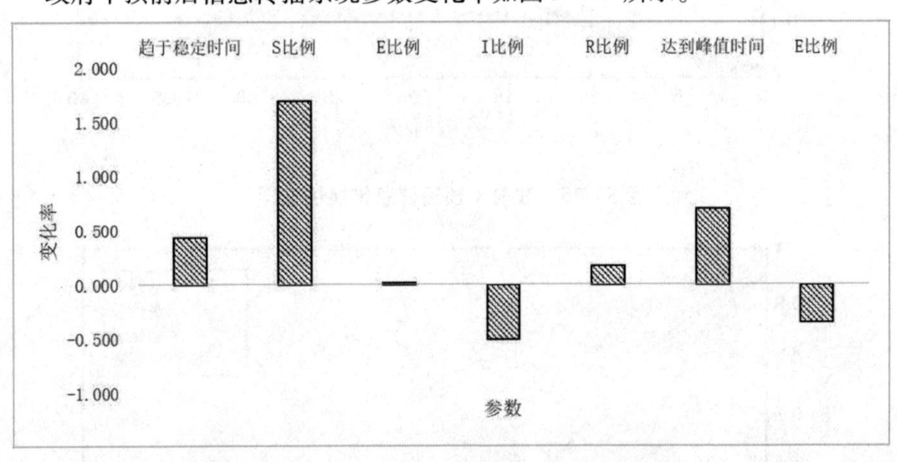

图 5-17 政府干预前后信息传播系统参数变化率

从图 5-17 可以看出，除趋于稳定状态时的感染者比例、达到峰值时的潜伏者比例外，政府干预对各个参数有正向作用，说明政府干预减少了系统中感染者的数量，增加了易感者以及免疫者的数量；政府干预对趋于稳定状态时的易感者比例影响最大，对趋于稳定状态时潜伏者比例影响最小；信息传播系统中趋于稳定的时间和达到峰值的时间都延长，说明政府干预会减缓社会稳定风险信息的传播速度，同时减少系统中免疫者人数以及传播者的人数。

（二）不同干预手段对信息传播的影响

政府干预手段主要分为行政干预和正面回应。一“堵”一“疏”，通过仿真可以得到两者中对减缓社会稳定风险信息传播更有效的手段。行政干预对信息传播系统的影响如图 5－18、5－19 所示，正面回应对信息传播系统的影响如图 5－20、5－21 所示。

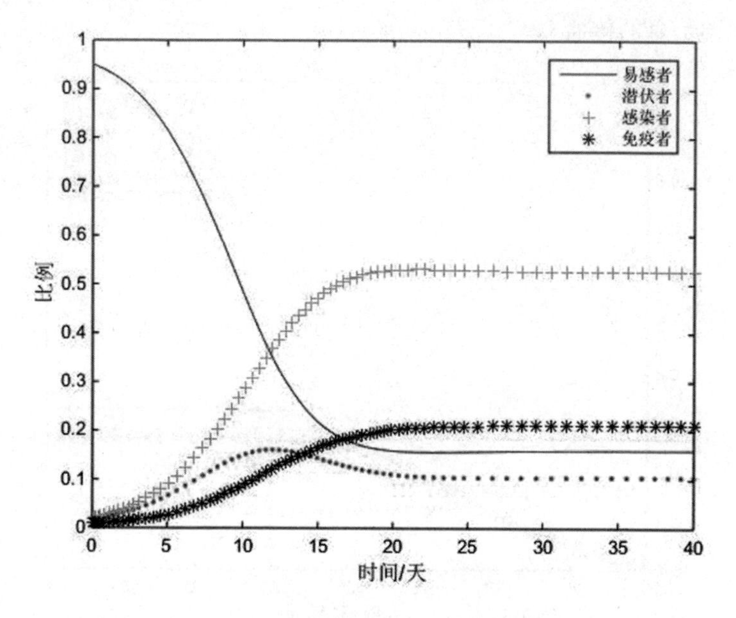

图 5－18　行政干预后信息传播仿真图

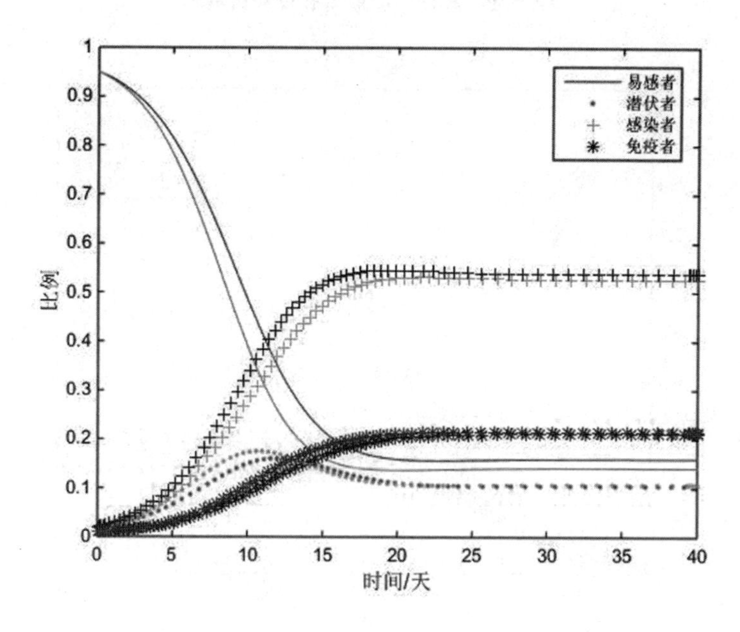

图 5－19　行政干预前后信息传播仿真对比图

从图5－18与5－19可以看出，行政干预对信息传播系统中各类人群的比例影响较小，主要影响各类人群比例的变化率。整体而言，行政干预略微减缓了社会风险信息的传播。

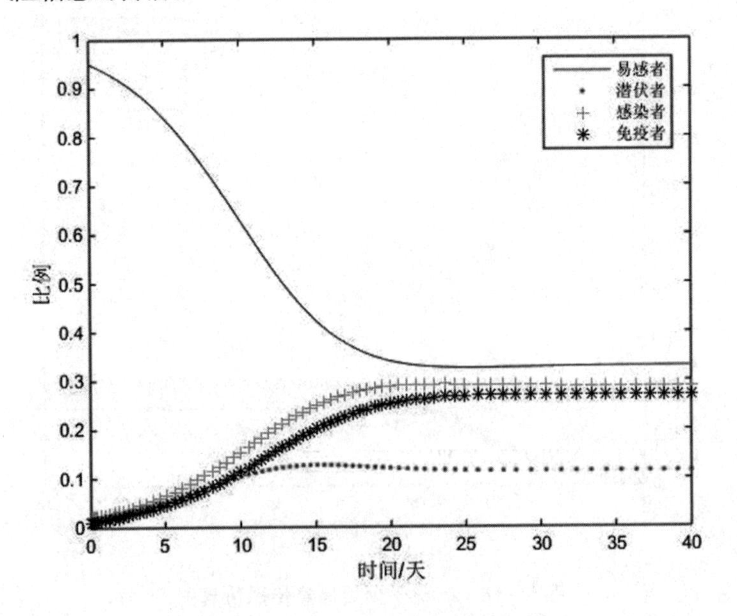

图5－20　正面回应后信息传播仿真图

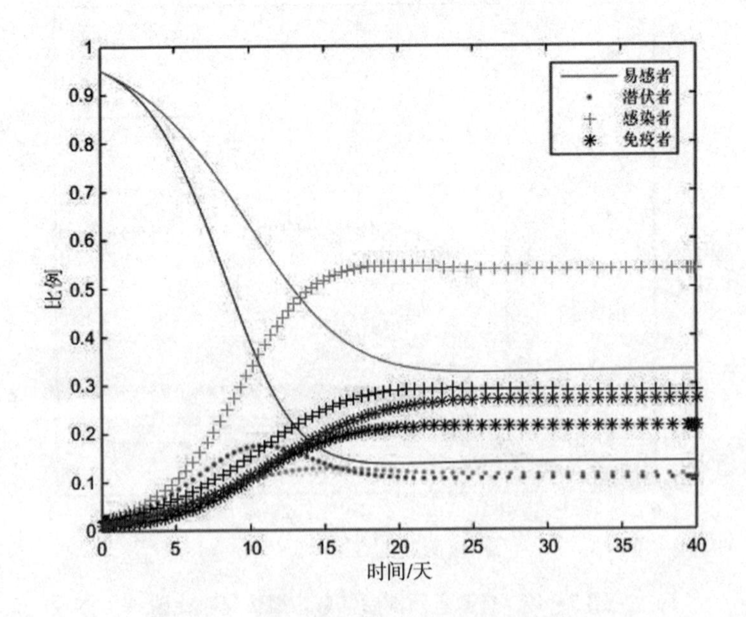

图5－21　正面回应前后信息传播仿真对比图

从图5－20与5－21可以看出，正面回应后易感者的变化率变陡，稳态时的数值显著增加；潜伏者的变化率变缓，峰值显著减小，稳态时的数值变化较小；感染者的变化率变缓，峰值显著减小，稳态时的数值显著降低；免疫者的变化率变缓，稳态时的数值显著增加；信息传播系统达到稳态的时间延长。整体而言，正面回应增大系统中免疫者比例，降低系统中易感者比例和感染者比例，减缓了社会风险信息的传播，对环境污染型工程投资项目的社会稳定风险有缩小作用。将行政干预与正面回应的信息传播仿真进行对比，得到结果如表5－11所示。

表5－11　行政干预与正面回应的信息传播系统参数对比

参数		政府干预前	行政干预	变化率1	正面回应	变化率2
趋于稳态	时间	22.37	24.08	0.076	27.51	0.230
	S比例	0.1377	0.1568	0.139	0.3258	1.366
	E比例	0.1062	0.1044	－0.017	0.1150	0.083
	I比例	0.5423	0.5297	－0.023	0.2900	－0.465
	R比例	0.2138	0.2091	－0.022	0.2692	0.259
峰值	时间	10.79	11.98	0.110	15.08	0.398
	E比例	0.1752	0.1608	－0.082	0.1275	－0.272

行政干预与正面回应的信息传播系统参数变化率如图5－22所示。

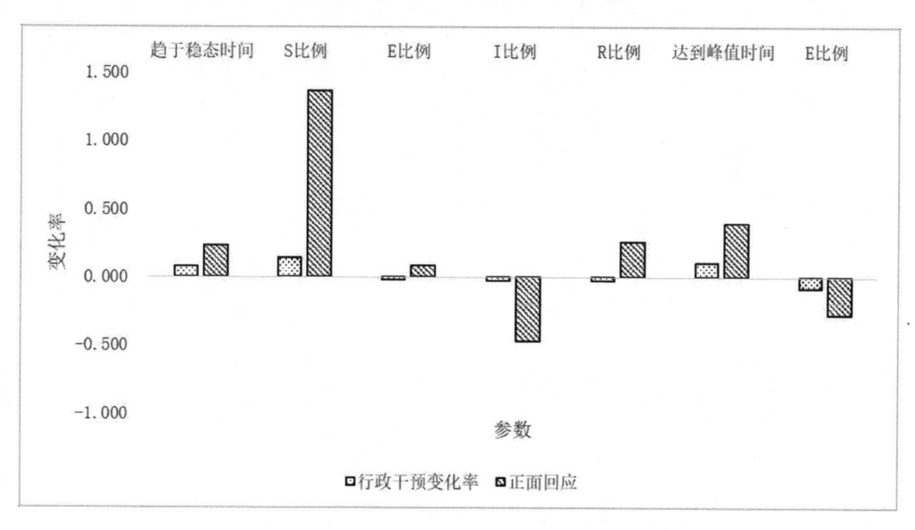

图5－22　行政干预与正面回应的信息传播系统参数变化率

从图 5－22 可以看出，①行政干预对趋于稳定的时间、稳定时的易感者比例、达到峰值的时间有正向作用，对于稳定时的潜伏者比例、感染者比例、免疫者比例以及达到峰值时的潜伏者比例有负向作用，即行政干预增加了信息传播系统中易感者比例，降低了潜伏者比例、感染者比例以及免疫者比例，同时减缓了社会稳定风险信息的传播；②正面回应对趋于稳定的时间、稳定时的易感者比例、潜伏者比例、免疫者比例以及达到峰值的时间有正向作用，对于稳定时的感染者比例以及达到峰值时的潜伏者比例有负向作用，即正面回应增加了信息传播系统中易感者比例、潜伏者比例以及免疫者比例，降低了感染者比例，同时减缓了社会稳定风险信息的传播；③行政干预与正面回应都能增加信息传播系统中易感者比例，减少感染者比例以及达到峰值时的潜伏者比例，同时减缓了社会稳定风险信息的传播；④行政干预与正面回应对信息传播系统影响区别最大的地方在于，行政干预降低了潜伏者比例以及免疫者比例，而正面回应增加了潜伏者比例以及免疫者比例，从免疫者变化的角度来看，正面回应对于社会稳定风险信息传播的引导作用优于行政干预；⑤从信息传播系统中各参数变化幅度来看，正面回应对系统的影响较大，正面回应对于社会稳定风险信息传播的引导作用强于行政干预。

根据仿真结果，政府采取正面回应的干预手段对社会稳定风险信息传播的引导作用更优更显著。对于网络舆情，“疏导”信息比“堵塞”信息更能化解舆情危机。

第六章

风险媒介化下环境污染型工程投资项目社会稳定风险的韧性治理现代化模式

第一节　环境污染型工程投资项目社会稳定风险韧性治理现代化模式的内涵解读

一、传统社会稳定风险治理模式的局限性

目前我国正处在发展的战略机遇期，同时又处于改革攻坚期、经济转型期和社会矛盾凸显期，转型社会、风险社会和媒体化社会叠加，在“风险共生”和“风险媒介化”的共同作用下，社会治理的内外部环境空前复杂，社会治理的难度前所未有。而且，社会稳定风险具有高度的不确定性和潜在性，其影响时间是持续的，造成的伤害往往也是不可逆的。在影响空间上，超越了地理和社会文化边界，以整体的方式影响着全社会。风险环境和风险影响的高度复杂性，对我国社会稳定风险的治理提出了更高的要求。

从风险治理的角度来看，当前我国应对愈演愈烈的社会冲突风险的主要方式，还停留在事中、事后的响应和处理过程，对于深层次结构性社会风险的化解和预防，仍缺乏有效应对思路和对策。由于长期以来的政治惯性，我国政府对民众往往承担无限责任，社会稳定风险治理的主体较为单一。而且，政府遵循“反应性”的社会治理理念，治理模式呈现单向度的、封闭性特征，已经远远不能满足现代社会风险治理的需求。

俞可平认为，治理指的是国家在一个地理范围内运用政治权威来维持秩序，满足公众的需求，实现国家意志和目标。治理活动是“面临一个集体问题时，多个行为主体互动和政策制定的过程”，也即治理的主体不仅仅是政府，还包括了民间社会、社会组织、企业以及公民等其他行为主体，他们在治理活动中不是单向度的管制与服从的关系，而至少存在着一种弱双向度的协商，甚至强双

向度的伙伴关系，这也是治理与传统的统治之间的最大区别。

因此，本书提出，政府的社会治理理念要转变，实现从“反应性”管理到“预防性”治理的跨越发展，应当更加注重长远的、根本的、基础性的现代化风险治理体系建设。基于此，在社会治理中引入韧性理念，并且革新社会稳定风险治理结构，由原来的政府单一主体转变为各种社会力量协同参与的多元主体结构，通过增强社会系统的韧性能力来有效地防范并且治理社会稳定风险。

二、韧性治理模式的内涵及主要内容

（一）韧性的概念内涵

韧性最早源自工程领域，随后在自然生态学中得到应用，随着时代的发展，韧性研究也逐渐从自然生态学向人类生态学及城市、经济、社会等其他领域延伸，呈现出“工程韧性—生态韧性—演进韧性”的转换范式。Timmermann、Klein、Walker 等学者分别对韧性的内涵进行了界定，虽然角度不同，但均强调系统承受打击后需要综合硬件（基础设施）和软件（社会治理要素），通过学习和再组织吸收扰动、降低损失，使系统适应新环境、抵御外部影响并恢复。

在厘清韧性内涵的基础上，学者们从系统韧性演化机理、系统内部要素优化、韧性能力提升等方面展开进一步的研究。如 Hollnagel 等确定并发展了韧性的观点，提出完整的韧性系统要建立在预期、监测、应对和学习四个基础系统之上。Barker 等将韧性表示为可靠性、脆弱性、生存性和可恢复性交互的函数，其中脆弱性和可恢复性是韧性的重要驱动因素。Dinh 等则确定了六项原则（灵活性、可控性、早期检测、最大限度地减少故障、效果限制和行政控制程序）以及五个主要因素（设计、检测潜力、应急预案、人为因素和安全管理），丰富了过程韧性的研究，他们还提出了基于预定义权重因子的子因素综合指标的韧性设计指数。Holling 等提出了适应性循环理论，该理论认为社会生态系统受到不确定性干扰会经历“更新—开发—保护—释放”四个阶段，每个阶段系统内部之间呈现不同潜力和连接度，适应性和适应能力又分别导致系统韧性高低不同，该理论包含了所有事物的具体治理形式。

（二）韧性治理的相关应用

韧性治理广泛应用在韧性城市、国际关系、公共产品治理等领域。在 2002 年联合国可持续发展全球峰会上，倡导地区可持续发展国际理事会（ICLEI－Local Governments for Sustainability）提出韧性城市的概念，韧性城市为提高城市系统面对不确定因素的抵御力、恢复力和适应力提供了新的研究思路和实践方案。联合国于 2010 年启动了“韧性城市运动”以应对城市灾害风险挑战。Jabareen 考虑城市系统的复杂性和不确定性，以及经济、社会、空间、物理因素的影响，提出韧性城市规划框架，并将其作为应对气候变化以及环境风险的手段。Pickett 认为生态韧性强调系统适应外部冲击和控制相互变化的能力，能够使全球生态系统中的城市组成部分更加可持续。

随后，韧性治理逐渐延伸至国际政治、国际关系等研究领域。Coaffee 认为英国不同时期的韧性治理手段与一系列不断变化的社会政治和经济压力有关，这些压力重新阐释了韧性的含义、规模、定位以及责任。随着全球环境不断变化，不同于以往处于欧盟援助文件的边缘位置，韧性治理成为 2016 年欧盟全球安全战略的核心部分。Bourbeau 研究了韧性与国际政治之间的关系，认为韧性是一种新自由主义的治理手段，能更新和深化国际关系中证券化、脆弱性、国际干预等方面的研究。Kornprobst 研究了核武器的韧性治理问题，通过分析治理前景与背景中治理机构争论的演化，确定了不同外交方式下的韧性治理手段。

在公共政策和管理领域，韧性治理的核心是调适。Shaw 认为韧性治理的特点包括即兴能力、想象力、学习能力等，但最关键的是对变化环境的调试弹性，而非遵循旧例。韧性不再是生态学中面对改变和压力恢复初始状态的概念，而是应对干扰做出调试性回应并达到新状态的含义。有别于韧性的经典概念，David 提出了“作为转型的韧性”（Resilience as Transformation）的后经典概念，认为“作为转型的韧性”的有关系核心、调试动态过程、内化平衡以及自我反思与管理的特征。

韧性治理是现代化风险治理模式创新的重要指向，关注适应性与自恢复力，强调系统的可靠性、稳定性和抗干扰性，这一点与公共产品风险治理内在契合。荆小莹认为公共物品韧性治理是抵抗风险扰动、恢复均衡状态、适应变化压力的重要工具手段，提出建立以公共物品风险驱动力为导向，以减弱风险易损性和提升风险发生时的自适应性为中心的公共物品韧性治理体系。国际公共产品风险治理环境动态复杂多变，亟须以更为积极主动的韧性治理理念识别防范风险，通过持续监测、主动响应、积极消弭和旋进式改进，纾解国际公共产品风险治理的实践困境。王亚军认为“一带一路”国际公共产品系统面临多领域、多层次的风险，韧性治理是识别防范“一带一路”国际公共产品风险的有效路径，并提出建设伙伴关系、加强安全建设等韧性治理策略。

（三）风险管理的韧性治理策略

近年来，灾难性事件以及复杂基础设施和系统的故障频发，风险管理面临巨大的挑战，全球公众对与企业生产带来的危害和风险的厌恶情绪持续上升。为了管理企业生产风险，业界开发了一些方法和手段，已经投入使用。当前方法的局限性在于单一的定量考虑技术因素，而监管、政策、人力和组织等社会因素在风险治理中也发挥着极其重要的作用，必须考虑两种因素的组合和交互效应。韧性治理作为一种基于系统论综合考虑社会和技术因素的动态方法，愈发引起学者的重视，并进行了一些探索。

目前学者们对于韧性治理的研究主要集中在两个方面，一方面将风险管理的主要内容与韧性的概念内涵相结合，提出相应的韧性治理框架。如 Jain 将韧性治理理念引入加工企业的风险管理中，分别提出了 PRAF 和 RIPSHA 的方法，认为韧性治理包含早期检测（ED）、容错设计（ETD）、可塑性（P）和可恢复性（R）四个重要方面，以及事前、事中和事后三个分析阶段，并据此建立了相应的指标体系。Fang 等结合关键基础设施网络，提出了一种基于系统韧性的组件重要性度量方案，以确定风险产生后组件的修复顺序。另一部分学者则尝试用不同的建模手段，对企业的韧性进行预测分析，为企业的风险管理提供有效的决策参考。如 Castillo - Borja 提出了一种基于蒙特卡洛仿真的系统韧性指数，预测风险状况下保持安全的概率，为企业经营提供安全边界；Yodo 则考虑系统要素的相互依赖和风险事件的随机影响，提出了一种动态贝叶斯网络的方法，用于系统的动态建模，并以概率方式评估系统韧性。

三、韧性治理模式的协同治理主体

正如上文所说，传统的社会稳定风险治理模式往往由政府担任主要的“掌舵者”，依赖于自上而下实施的“单中心”管理，容易出现向度单一、主体单一、能力单一的现象，治理主体一方独大不利于充分发挥社会各主体的协同效应，基层社会和公众网络参与风险治理的能力低下。而基于韧性理念的环境污染型工程投资项目社会稳定风险治理强调，从韧性社会建设的角度构建政府的协同管理思路，积极鼓励开放式公共治理、参与式公共决策，吸纳媒体、社会组织、公众等公共或者私人的机构和组织多元参与，充分发挥社会各阶层的内在活力，激发各利益主体的广泛参与性。

政府主体利用政治权力和行政体系能有效动员制度性资源，通过使用合法性暴力、制定法律规范、实施公共工程或塑造社会观念等，化解社会矛盾，最大限度避免风险事件带来的社会失稳和扰动，或将其所造成的社会损害和负面影响降至最低，政府在风险治理中具有权威性、强制性、整合性、渗透性强等优点。

大众媒体和社会公众主要是通过与社会组织或者其他社会力量的相互合作和集体行动，通过监督政府行为、参与公共事务、提供社会服务、解决社会问题、倡导社会政策等方式介入社会风险治理。媒体和公众的有效参与，在一定程度上可以避免政府管控手段的失灵。

韧性治理模式强调单一化权力中心向分权化结构转型，高度重视政府、媒体、公众等多个主体联动、协调、合作的网络联结功能，通过参与主体间的信息交换创造便捷的信息反馈回路，实现参与主体间的互相配合、互联互通和共同运作、快速响应，共同构成应对现代风险社会的“复合治理”。

第二节　环境污染型工程投资项目社会稳定风险韧性治理现代化模式的治理架构

一、韧性治理模式的早期检测

（一）社会稳定风险的弱信号

通过对多起环境污染型工程投资项目社会稳定风险事件的全过程进行解构与分析，不难发现，在风险集中爆发前的累积阶段已经出现了一些有预见性的、模糊零碎的、形式和来源多样的迹象符号，也就是弱信号。由于其信号含量不大，涵义不明确，所以经常被人们所忽视。站在竞争情报的视角，弱信号也可以理解为预警信号。从本质来看，弱信号仍然是诸多信息类型中的一种，它从大量的原始数据中生成，尽管弱信号总是伴随着“噪声”，但是通过合理的解释或者推断，其也能够成为社会稳定风险预警的“触发器”，提供预警信息，帮助决策。

参照Ansoff对企业商业行为弱信号的研究，本书认为，在环境污染型工程投资项目所在的社会系统中，任何风险事件都不是突然发生的，其在发生前都或多或少存在着微弱的预兆，也就是说这些风险可以通过某种形式或者手段进行预警。弱信号可以看作是“不确切的早期迹象”“变化伊始的表征”和“战略中断的首要征兆”，其不是绝对的，既可能蕴含着威胁，也可能是机会，并且随着时间的推移弱信号也可以发展为强信号。基于Coffman的研究，可以将环境污染型工程投资项目社会稳定风险的弱信号进一步分成三种类型：第一种是已经超越了公众的感知，且公众没有能力接收的信号；第二种是在公众的感知范围内，但就自身的认知水平无法识别的信号；第三种是能够识别并且会对公众行为产生影响、带来改变的信号。

（二）早期检测的内涵及重要性

早期检测（Early detection，ED）要求本书构建的韧性治理模式要能够有效识别社会系统的弱信号，这些信号也就是社会稳定风险发生的前兆。基于上述理解，本书所提出的韧性治理模式的早期检测是采用一定的方法和手段，通过对环境污染型工程投资项目所在社会系统进行监测，对微弱、不利的变化及时做出反应，并发出预警信号的过程。在实际应用中，主要通过对社会环境、媒体环境及公众反应的诸多细节要素进行监测，以弱信号分析为基础，充分接触公众、关注社会变动与媒体报道，广泛跟踪、搜集零散的弱信号，再分析辨识信号真伪、实行信号拼凑，得出相关的风险信息，分析社会面临的失稳风险，进而及早地发现潜在的问题，及时纾解，避免群体性事件的发生，防范社会稳定风险。

当前我国已经步入风险社会，风险变得极其复杂，难以控制并且伤害性很强，一旦爆发将迅速传播扩散，对整个社会系统产生巨大的冲击。在这种情形下，充分运用检测手段对风险进行早期预警与及时控制显得尤为关键，其重要意义在于，社会稳定风险治理的环节前置和分析，为及时采取行动降低潜在风险事件的不确定性提供了更多的机会。同时，这就也对韧性治理模式的弱信号检测提出了更高的要求，需要政府、专家学者和社会组织充分发挥各自的职能，提高全社会的感知能力、认知水平或是知识储备，进而更好地发现社会稳定风险的弱信号，并排除信号传播过程中“噪声”的干扰。风险与早期检测信号关系如图6－1所示。

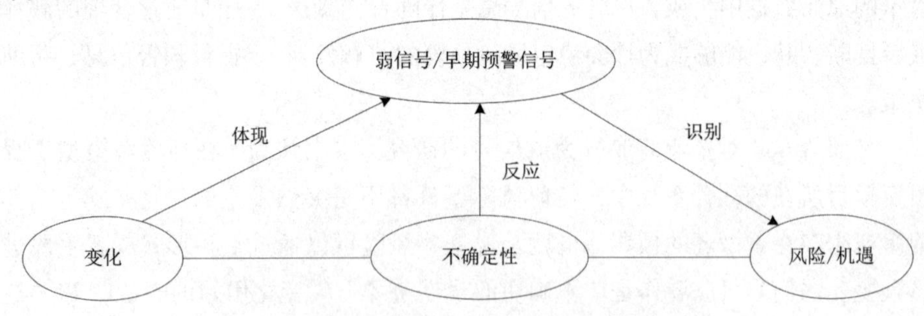

图6－1　风险与早期检测信号关系图

（三）基于弱信号分析的早期检测过程

1. 弱信号积累

通过上文的分析可以发现，弱信号的出现一般伴随着意外事件、似是而非的情况等形式，在事件的早期阶段是模糊且零碎的。在这种情形下，为了能够检测社会系统的弱信号，需要扩大信息网络，将信息的检测融入到构成社会系统的各个利益相关者的活动中。简单地说，社会系统要具备两个条件：首先是具有可视、合理的信息交流渠道，便于弱信号的公开和传播；其次是要形成信息畅通分享的社会氛围。在具体实践中，可以采用如下方式强化弱信号的积累。

一是构建开放的信息交流平台。社会稳定风险的关键信号有时掌握在那些处于社会系统边缘位置的利益相关者手里，缺少的是一个合理的沟通路径。因此，需要构建畅通的信息交流平台，为广大利益相关者提供一个平等协作的信息发布与交流的路径，吸引尽可能多的人参与社会稳定风险弱信号的累积过程。充分发挥不同利益相关者的独特视角和人际关系，提供不同种类、不同来源的信息，收集并对这些信息进行处理，进而实现弱信号的积累。

二是社会稳定风险情境分析。信息交流平台可以帮助挖掘隐藏在社会系统中的弱信号，在此基础上，需要进一步运用社会稳定风险的情境分析手段。聚焦于环境污染群体性事件本身及其发展趋势，明确早期检测的范围，识别关键的情境因素，综合考虑政治、技术、心理等多种变化，并在此框架下建立情境分析模式，分析相互关联的事件及问题，联想、推测环境污染群体性事件的发展演变过程、不同利益相关者反馈等诸多弱信号。为了更好地进行情境分析，可以对过往环境污染群体性事件进行梳理与分析，总结凝练相应的规律，使得预测和推断过程更加符合逻辑。情境分析得到的各种信息，可以作为分析弱信号的关联背景，有利于辨识搜集信号的真伪。

2. 弱信号整合

经过弱信号积累步骤，可以获得大量零散的、孤立的信息，这些信息呈现碎片化的特征，缺乏明确的含义，对于环境污染型工程投资项目的社会稳定风险韧性治理作用有限。在此基础上，需要利用一定的技术和手段，将大量弱信号以一定的规则串联起来，挖掘看似无关的弱信号背后隐藏的深层关联，领会信息源发布信息时暗含的真实目的，重现具有应用价值和战略意义的“信息全景”，这个过程也就是弱信号的整合。

弱信号整合的关键在于，面对复杂的社会系统，如何在信息不完全的情境下，凭借一定的专业领域的知识储备和科学合理的假设条件，搜寻不同弱信号之间的关联，再运用逻辑学、系统分析、统计学、预测学方法等技术手段，剖析群体性事件这一特殊现象及其随时间推移而产生的变化，理解现象和社会稳定风险的关联。在环境污染型工程投资项目社会失稳事件中，弱信号的表现形式是多种多样且错综复杂的，可以是公众在社交媒体上的表态，可以是公众的集体行为和组织属性，可以是大众媒体的宣传报道，等等。而且，由于技术和能力的限制，虽然在弱信号积累步骤中已经尽可能拓宽信号的来源渠道，但是仍然很难得到社会系统中出现的所有弱信号。因此，在实际操作层面，进行弱信号的整合首先必须了解其背后隐含的意义，将不同的信号按照事件发生的规律进行序化处理，剔除虚假的信号，然后将看似不相关的弱信号进行关联分析，实现弱信号—信息碎片—检测情报的转换。弱信号整合过程如图 6 - 2 所示。

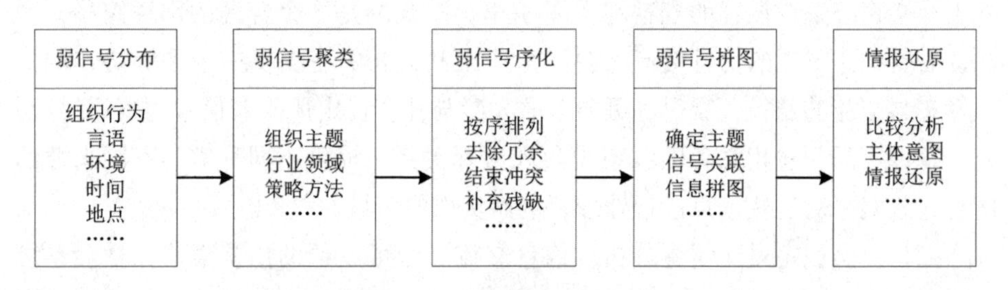

图 6 - 2　弱信号整合过程

二、韧性治理模式的容错设计

（一）利益相关者的“错误”表现

社会客观环境的复杂性以及人们认知能力的局限性，使得人们在认识自然、社会以及人自身的过程中，很难达到与客观实际完全统一和吻合，甚至出现不契合客观实际甚至相反的判断，并由此产生脱离实际的行动，造成对社会发展的负面影响。以环境污染型工程投资项目社会稳定风险为例，在公众的认知偏差、个别媒体的失实报道和部分政府的应对失范共同作用下，使得项目的现实影响与客观事实产生较大差异，不仅对当地社会经济发展产生负面的影响，甚至进一步导致社会恐慌和政府信任危机等一系列后续问题。

1. 公众的认知偏差

公众对于环境污染型工程投资项目的认知能力受到教育水平、收入水平、社会关系等诸多因素的影响，决定其对待项目产生不同的判断标准、态度和言行，进一步对环境污染型工程投资项目的社会影响产生作用。剖析国内发生的多起 PX 项目建设引发的社会稳定风险事件，不难看出，PX 属于低毒的化学原料，没有证据表明它会致癌，而且从 PX 项目建设和装置运行情况看，我国装置设计理念和技术装备相对先进，生产运行平稳可靠，至今未出现过重大环境污染事故。但是公众对它还是充满戒心，厦门、大连、宁波、昆明、茂名等多个城市均发生过部分民众反对 PX 项目的事件，造成了恶劣的社会影响，冲击社会稳定。从这些事件中，可以看出社会公众对 PX 项目的风险认知受到外在环境及内在因素的影响，出现了与真实风险的偏离，即在认知上发生了“错误”，影响了社会稳定与发展。

2. 政府的应对偏差

频发的社会稳定风险事件对我国政府公共危机的治理提出了新的挑战，客观地说，环境污染型工程投资项目的建设不可避免，但其引发的社会稳定风险却是可以通过提升政府对风险的预防和处理能力而妥善解决。目前我国环境污染型工程投资项目社会稳定风险治理的逻辑链呈现为：当事件处于酝酿阶段时，有些基层政府由于问题发现机制不完善，未采取有效措施；当事件逐渐升温时，基层政府的信誉受到公众的质疑，难以解决问题，只能向上级政府汇报；上级政府对于事件的了解十分有限，只能通过调查、取证和充分分析的过程，才能给出解决方案，此时已经耽误了消弭风险事件的最佳时机；当政府与公共的矛盾演化为白炽化程度时，矛盾双方通过相互“博弈”、相互妥协，一般情况下是政府妥协，满足公众的利益诉求，进而事件平息。

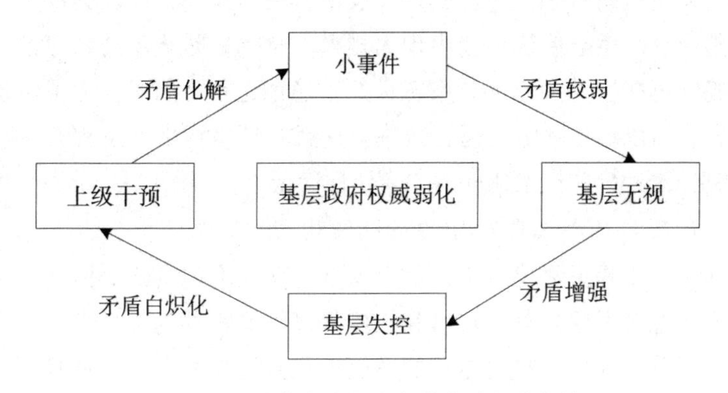

图 6－3 社会稳定风险事件全过程演化链

3. 媒体的舆情偏差

媒体责任的缺失和媒介监督机制的不健全是导致环境污染型工程投资项目社会稳定风险事件中媒体舆情偏差的重要因素。首先，以互联网为代表的众多新兴媒体承担了社会监督者和公民倡导者的重要角色，数字化又为媒介的监督提供了便利，但是众多商业化媒体为追求经济和社会效应，忽视了媒体的社会责任；其次，媒介的监督行为不够规范，必须坚持以媒体自律的方式来履行社会责任，但实际上部分媒体自律程度很低，时常为了博人眼球而报道一些未经证实的信息；此外，当前我国通过法律和制度建构公众意愿，主要针对公共服务媒体，对商业媒体、互联网等新媒体缺乏一定的约束力；最后，媒体的监督行为在政府回应层面还存在一定的渠道缺失，政府和公众之间存在割裂的现象。由此可见，媒介监督机制不健全、媒体责任缺失、政府监管不力和回应滞后挫伤了公众参与的积极性，致使错误舆情不断蔓延，最终导致网络舆情偏差的发生。

（二）容错设计的内涵及重要性

容错设计（Error Tolerant Design，ETD）旨在为社会系统提供更好的安全性和鲁棒性，其作为一个技术术语最先由 Avizienis 提出，他认为“如果一个系统在发生逻辑故障的情况下，仍能正确地执行它的程序，则我们说这个系统是容错的”。容错这个概念经过长期地完善和实践，概念内涵不断地得到扩展，从技术领域引申至管理领域，并且得到广泛的接受和应用。B. W. Johnson 在他的著作中对容错及容错系统进行了进一步定义——容错即容忍故障，考虑故障一旦发生的时候能够自动监测出来并使系统能够自动恢复正常运行。

本书通过在韧性治理模式框架中引入容错设计，可以帮助降低整个社会系统中任何主体犯错的概率，并且提升错误被解决的几率，在社会稳定风险事件出现时，整个社会生态系统不会出现大规模的扰动，防止系统秩序的崩溃，减少社会失稳的可能性，保障社会系统良好平稳地运行。同时，为了保证社会系统的容错性，可以牺牲一定的运行效率。这就是环境污染型工程投资项目社会稳定风险韧性治理模式框架建构的“容错性”要素。

（三）在实践层面构建有序的系统结构

环境污染型工程投资项目社会稳定风险的韧性治理模式要体现其容错设计要素，势必要综合考虑公众、政府和媒体等多种要素及约束条件，建立有序的系统结构，防范风险事件发生导致的系统失稳甚至崩溃，可以将其理解为一个涉及主体和客体、制度和道德、政府和社会等多个方面的有机完整体。落实到实践层面，可以将其分成主体、客体和媒介环境三个组成部分。

首先，该系统结构的主体部分对应的是各级政府部门，他们掌握公共权力的决策权，其需要紧紧围绕以人民为中心的发展思想，确立优化社会稳定风险治理的基本原则，并在基本原则的指导下通过政策制定和监督管理，进行科学有效的风险治理，从而达到提高政府的风险治理能力和效率的目的，最大限度地减少社会稳定风险出现的概率，并减少其对社会的扰动。

其次，该系统结构的客体部分主要指广大社会公众。他们直接受到社会稳定风险的冲击，同时也是韧性治理机制的直接作用对象。社会公众具有两面性特征，一方面他们依赖政府主体有所作为来保障其利益，另一方面也具备包容

“错误”的主体性特征，同时由于其自身认知能力、社会地位、政治主张、经济条件等方面的影响也构成了多层次交合的利益集团，他们对整个系统而言存在双向作用。

最后，任何治理模式的运行和效果的实现均需通过一定的媒介手段和环境要素来达成，韧性治理模式亦是如此，正式的组织机构、规章制度和非正式的大众媒体、社会团体，直接的政策和间接的“例外消息”都是容错设计实现的媒介，而法律法规、政治制度、道德习惯、文化习俗、社会舆论等客观环境因素也发挥着重要的作用。

容错设计要素作为一个复杂的系统结构，各部分有着复杂的关系，政府主体要素需要借助各种媒介手段，考量多种复杂的环境因素对公众客体产生作用，并通过客体因素的反应及时调整，主体、媒介、客体在环境包围之下形成一个闭合的回路，各个构成部分相互作用，相互融合，缺一不可。

三、韧性治理模式的可恢复性

（一）可恢复性的内涵及重要性

可恢复性（Recoverability，R）表示社会系统在遭到环境污染群体性事件冲击时，平息社会稳定风险使社会系统恢复稳定状态的速度。韧性治理模式下的可恢复性和组织弹性是一个充满活力的风险管理程序，一方面充分协调环境污染型工程投资项目建设的核心利益相关者（如政府、企业和当地民众等）进行审议、决策，并且与其他利益相关者（如媒体、专家学者和社会公众等）充分沟通，保障项目建设信息的透明化，提高项目风险管理的可信度，提高政府的信誉，而公众对政府的良好信任可以极大程度上提高社会系统遭受冲击后的恢复速度。

另一方面，环境污染群体性事件频发，社会失稳问题越来越突出，不仅为社会稳定发展带来了物质上的损失，损害了政府及其他公共设施供给主体的形象，还引发公众的消极心理情绪。韧性治理模式的可恢复性重视风险社会环境下的公众心理变化及其修复，旨在通过修复和提升公众的认可度，从心理层面帮助社会公众重获安全感，缓释由于环境群体性事件频发引发的焦虑、恐慌等负面情绪，重塑社会的信任关系，这对于环境污染型工程投资项目社会稳定风险的治理具有非常重要的积极作用。

（二）预防性的风险恢复能力建设

根据以往经验来看，社会稳定风险事件带来的损失主要由两部分构成，一部分是风险事件本身导致的破坏，另一部分是社会秩序及社会福利出现损失。

而且，一般来说社会恢复秩序所需要的时间越长，这些损失积累就越多。因此，可以合理地采取行动，在恢复期间或者风险爆发前提高恢复稳定的能力，使其更加可靠地保障社会稳定。

实际上，预防性的风险恢复能力不仅仅可以对风险事件及时做出反应，更关键的是可以预防甚至减缓风险的发生过程。当前，在整合型风险管理中，事件发生以后的恢复已经被认为是其中一个重要的环节，并将其纳入到完整的风险事件响应过程中。如何使其恢复的速度更快，从而实现更便捷的积极回应，目前一般采用的是减少损失的方法，通过预防风险事件的爆发或者通过加强社会秩序的保护来减少可能的破坏。

客观地说，每一个风险事件都具有其特殊性。而且往往非常复杂，一般其损害的具体情况、对人的伤害以及如何重新恢复社会的正常运作所要求的具体内容差异都很大，因此很难通盘筹划风险预防的全部内容。很多事件，即使在发生后的第一时间，政府也很难辨别到底事件的性质是什么，其发生的根源在哪里，以及如何采取行动尽快平息风险。因此，社会层面的恢复能力建设是当前的主要内容：首先，要提高公众应对风险的能力，在风险事件发生时，不能盲目跟从他人的行为，要根据合理的策略和流程来识别和处理他们所面临的风险及挑战；其次，政府部门和领导者要培养高度适应性，体现在能够掌握并依据合理的原则提升公众对政府的信任；最后，政府部门要能够与媒体等外部机构建立良好有效的工作联系，通过它们积极调动外部资源，在事件的处理过程中提供协助，帮助平息风险。

四、韧性治理模式的可塑性

（一）可塑性的内涵及重要性

可塑性（Plasticity，P）表示当社会系统从正常状态向风险状态演变时，各级组织及公众如何应对这种演变状态，并把风险控制在可控范围内，从而降低社会系统的不确定性。韧性治理模式强调可塑性的一个重要前提是人具有可塑性，即人持续地处于发展变化过程中，且不断地受到各种情境事件的影响。

就环境污染型工程投资项目的社会稳定风险而言，在公众个体与频发的环境群体性事件交互作用过程中，个体随着自身的发展会日趋准确地评估：①环境群体性事件对个体的真实影响；②公众个体自身的心理和行为特征；③二者之间的匹配程度。在这个过程中，公众个体还会持续的充实其他的认知和行为能力。此外，公众个体的行为还会受到父母家人、朋友、同事等外在环境直接或间接的影响。因此，人的发展既是一个主动的过程，也是一个被动的过程。

而环境污染型工程投资项目社会稳定风险的韧性治理，就是站在发展情境论的视角，主张跳出“风险爆发—事后治理”的窠臼，通过对社会公众合理应对环境污染型工程投资项目提出具体的指导建议或实施恰当的干预手段，从提升个体认知能力和改善外界舆论环境的角度，增强公众的风险认知水平，改善应对风险的思维能力。

（二）合理干预提高社会公众的认知能力

环境污染型工程投资项目的社会稳定风险究其根源是政府与社会公众的利益冲突，并由此而衍生出后续的一系列社会心理影响。因此，本书认为应该基于发展情境视角，从社会认知干预入手，提高公众的认知能力，减少政府与公众的认知矛盾，实现整个社会心理的良性发展。

各级政府部门作为风险治理的主体，应当充分发挥社会支持系统的职能和作用，给予受到利益损害的公众以物质安慰和精神抚慰，化解矛盾并缓和事态；此外，还应建立专业的心理危机干预队伍和科学的心理危机干预工作体系，在处置涉及社会公众的重要利益问题时，同步启动心理危机干预工作，由深受公众信任的专家学者或者公知担任，充分发挥社会认知系统的消解功能，帮助其重塑社会认知，合理宣泄不满情绪，以正确地方式提出自己的利益诉求；最后，还要引导事件的参与者正确理解和认识环境污染型工程投资项目，帮助其重塑或者放弃原有的社会偏见及对政府部门的误解，形成积极健康的社会认知观念。

第三节 环境污染型工程投资项目社会稳定风险韧性治理现代化模式的三阶段分析

处于现代化和体制转型双重进程中的当代中国社会是一个复杂的系统，各领域的风险因素相互关联。当环境污染型工程投资项目嵌入这个复杂系统时，项目建设自身存在的各类社会风险与当地社会蕴含的其他风险往往具有很强的关联性，这种关联有时候体现为利益纠纷，有时则可能仅仅是当地群众情绪上的。为了应对这个复杂系统的风险治理过程，韧性治理的思维又可以从风险吸收阶段、风险适应阶段和风险平息阶段三个阶段来分别阐述。因此，在本书研究的环境污染型工程投资项目的社会稳定风险治理中，将韧性治理的模式框架分为“风险吸收”“风险适应”和“风险平息”三个阶段。这种阶段性思维已经被众多国家的风险管理部门所采纳，在应对突发事件引发的社会风险时，分别采取包括预防和准备、应对、恢复等多阶段措施。

一、韧性治理模式的风险吸收阶段

（一）风险吸收阶段的特征

环境污染型工程投资项目的社会稳定风险一般首先冲击项目所在地的民众，这些民众存在复杂的社会网络关系，单独的公众个体出于保障自身安全不受侵害的目的，会通过媒体、社交网络等途径，形成公众集群内部节点与节点之间的耦合关系，从而导致其他节点风险的连锁反应，这可以看作是当地民众应对风险的“应急性”调整。本书将这个阶段称为风险吸收阶段，公众集群风险吸收的能力受到集群韧性的影响。假设社会稳定风险影响大小相同、社会稳定风险事件类型相似，风险一旦产生，短时间内社会系统就出现崩溃，则表明这个公众集群的韧性较差；而风险吸收的阶段持续的时间越长，则表明集群的风险吸收能力越强，同时也就说明公众集群越稳定。

（二）治理的政策工具及手段

本书中所研究的环境污染型工程投资项目主要集中于社会民生领域，这类项目是政府出于当地经济发展需要以及提供公共服务需求而批准建设的，不过由于群体性事件的“涟漪效应”，民众对于政府存在一定程度的不信任。因此在风险吸收阶段，最有效地是以家庭或者社区作为风险治理的自发性组织，借助媒介的力量，在政府和公众之间搭建沟通的纽带。

1. 广泛收集民意，缓解社会矛盾

自发性组织可以通过互联网、手机等新媒体，收集社会公众对政府工作的意见与诉求，并且有针对性地将意见汇报给相关政府职能部门。这种手段体现信访制度的特征，又减少了传统信访工作中存在的程序烦琐、反映不及时等缺点，大大降低了政府的工作量，帮助政府更快地把握公众诉求，有效地缓解了社会矛盾。

2. 监督政府工作，维护公民权益

自发性组织涉及的人数庞大，并且由于新媒体的便捷性，网罗到大量的网络公民。这样一个体量巨大的团体，对于政府的工作起到了一个非常有效的监督作用，政府往往难以回避其提出的问题，这比个人或者某一社会团体上访更加有效。因此，自发性组织可以关注政府部门处理问题的进展情况，对政府起到督促的作用。

3. 发挥媒体作用，进行合理引导

政府部门可以借助媒体发布正确信息，防止社会公众出现偏听偏信的情况，谨防社会矛盾激化，综合运用劝导或诱导的政策工具提高网络舆论共识度，引导人们依据科学渠道传递的信息进行正确判断，最终做出与政府意见一致的行为判断。

二、韧性治理模式的风险适应阶段

（一）风险适应阶段的特征

公众集群内部风险进一步传导与扩散，临界状态被突破，导致社会稳定风险的全面爆发，社会系统进入风险适应阶段。自身避险或者减少损失成为当地公众的主流思想，恐慌情绪随着谣言的传播进一步扩散，加速风险在当地公众集群内部沿着关系网络快速传导，并且通过“镜像效应”引起全社会的普遍关注。与风险吸收阶段不同的是，社会系统风险适应阶段持续的时间越短，则风险适应能力越强，表明其具有更优良的韧性，社会失稳的可能性就越小。

（二）治理的政策工具及手段

当环境污染型工程投资项目引发的群体性事件愈演愈烈，社会稳定风险全面爆发后，社会矛盾异常激烈并且社会在一定程度上已经处于无序状态。在这个阶段，政府单单依靠自发行为已经无法解决问题，必须采取强制性的控制、命令等政策工具稳定局势，防止危机的进一步发酵。

1. 运用行政命令迅速控制事态发展

从多起环境污染群体性事件的经验来看，风险事件的爆发虽然看似突然，但其背后是社会矛盾长期积累的结果，这种矛盾不会因为一次两次事件的爆发而得到彻底解决。在短期内无法解决矛盾的情况下，面对愈演愈烈的社会稳定风险，必须首先通过行政命令控制住事态的发展，当前主要采取的手段是暂封相关的网站、删除微信转发的文章链接等，主要目的是减少风险事件的影响范围，防止社会影响及损失的进一步扩大。

2. 运用法规坚决惩治事件中的不法分子

前文中已经分析过，当前频发的环境污染群体性事件中除了事件的利益相关者，还出现了一些不存在利益关系、没有利益损失的参与者，甚至夹杂一些别有目的的不法分子。这些不法分子利用群众对政府的不信任，煽动群众情绪，传播不实舆情，引得更多的公众参与到事件中。对这部分人，政府必须依据有关法规对蓄意破坏社会秩序的极少数不法分子严厉惩治、绝不姑息。

3. 运用积极态度和措施应对网络舆情

环境污染群体性事件不是无端出现的，每一起事件的爆发必然暴露出一些社会问题或政府自身的不足，这时政府应该主动与群体性事件中的意见领袖接触，了解事件发生的根源及当事人的真实诉求，将公众的意愿引导到正确的意见表达渠道，保证公民政治参与渠道的畅通，并对各方面诉求有积极的回应。

三、韧性治理模式的风险平息阶段

（一）风险平息阶段的特征

社会网络中的风险传导结束，社会系统将进入风险平息阶段。主流的观点认为，一个复杂的适应系统在遭受冲击后一般不会恢复到与冲击前结构、功能完全相同的状态。因此，社会系统失稳后的恢复也不会是一个简单的重置过程，而是社会系统全面修复或者重建，进而达到遭受社会稳定风险冲击之前的水平或者之前的发展水平。与风险适应阶段类似，风险平息阶段持续的时间越短，则说明社会系统的恢复更新能力越强，其韧性能力越强。

（二）治理的政策工具及手段

在环境污染群体性事件治理的后期，风险已经接近平息，比较适合的是采用混合型政策工具。混合型政策工具是对强制性政策工具的补充，其内容主要是进行政府系统自身的能力建设，进而提高整个社会系统恢复秩序的能力。

1. 提高政府部门认知风险、治理风险的能力

综合运用政府能力建设政策工具，一方面提高政府公务员的自身能力，以便于未来能够更好地处理环境污染型工程投资项目建设带来的一系列风险事件；另一方面要帮助各级政府及职能部门正确认识环境污染型工程投资项目建设引发的群体性事件，完善政府部门获取信息的能力，及时关注网络及现实中舆情的演变态势，掌握风险事件的进一步发展方向。

2. 引导媒体积极发挥正面舆论引导功能

现代社会传统媒体和新媒体交相呼应，影响着人们生活的方方面面。政府应利用激励政策工具，如提供补贴、财政奖励等措施，引导媒体正确发挥自身的职能，以高度自律的方式向公众传播信息，消除公众的不信任及恐慌感，在日后类似风险事件发生时能够及时积极主动地引导舆论走向，防止谣言的滋生与扩散。

3. 畅通利益相关方反映自身诉求的程序及渠道

在前文部分的研究中，可以发现大部分直接利益相关方并不具备直接与政府部门进行沟通的能力，因而政府有必要针对利益相关方的特性，简化沟通的程序，使得环境污染型工程投资项目建设影响的直接利益相关方能够及时、快捷地反映自身的诉求，而不是以游行、静坐甚至暴力抗争等方式引起政府部门的重视。政府在处理问题时，也要尽量简化程序，以最快的速度回应利益相关方的诉求，并向社会公众公示，消除公众的猜忌心理。与此同时，政府也可以

通过网络或者新闻媒体，积极与公众协商沟通，通报风险事件的后期处理情况，保证信息公开和网民知情权。韧性治理模式的不同阶段，如表6-1所示。

表6-1 韧性治理模式的不同阶段

阶段	措施手段	可用数据	反应时间	社会影响
风险吸收	基于弱信号识别社会稳定的威胁因素或风险源，或者通过实时的检测与系统观察进行推断，防止出现社会失稳现象	越多	越多	越小
风险适应	采取积极的行动，充分了解引发社会失稳的群体性事件的情况，并确定影响的大小和路径，采取措施减少进一步影响的可能性	中等	中等	中等
风险平息	采取合理的措施，减少风险响应的时间，进而大大减少发生严重后果的可能性，推动社会系统尽快恢复正常状态	越少	越少	越大

第四节 环境污染型工程投资项目社会稳定风险治理现代化的韧性评价体系

一、环境污染型工程投资项目的社会韧性能力分析

目前在定量层面对社会韧性能力的研究还比较少，大量的前人文献主要针对社会脆弱性展开，比如说 Adger 认为社会脆弱性可以分解为两个方面：风险暴露程度和风险应对能力，两个方面决定着社会脆弱性的成因。目前“人—环境”耦合系统脆弱性研究较为普遍，其成因分析框架主要有两种：“风险—灾害模型”和“禀赋—生计方法”。尽管两种分析框架都是旨在分析外部干扰下的社会系统脆弱性成因，但是本书认为环境污染型工程投资项目的建设会导致当地社会系统的风险暴露程度增大，结合社会系统风险应对能力的变化，也可以反映当地社会系统稳定的韧性能力，所以在方法研究上可以借鉴以上分析框架。

与其他外部干扰不同，社会系统对环境污染型工程投资项目的敏感性也是影响其社会系统风险的主要因素，它虽然不是当前工程项目直接引发的，但是

是通过以往工程项目的动工建设而间接传导的社会系统风险，其敏感性越大，表明社会系统稳定性对环境污染型工程投资项目影响敏感性越大。为此，本书从社会风险暴露、社会敏感性和社会风险应对能力三个维度对环境污染型工程投资项目的社会系统稳定的韧性能力进行分析。

（一）社会风险暴露维度成因分析

与一般的工程项目相比，环境污染型工程投资项目的特性决定了它无论在投资阶段还是在建设阶段都与工程项目区域的社会系统在时间和空间上存在着“宽敞口”的接触面，从社会风险产生的条件来讲，环境污染型工程投资项目的风险暴露程度要高于一般的工程投资项目。环境污染型工程投资项目是一个复杂系统工程，其投资建设和运行过程都会遭遇一般的工程项目无法遇见的生态环境难题。如何有效解决其环境影响是环境污染型工程投资项目安全有效运行的基础，生态环境影响也增加了工程建设和运行的风险，进而会产生社会风险，如生态保护、环境的可持续性维护等都会引发社会对项目合理性的争论和质疑，激化项目区域居民与工程建设单位、地方政府之间的矛盾，加剧社会系统韧性降低的风险。

（二）社会敏感性维度成因分析

敏感性（Sensitivity）是指影响因素变动对被影响因素变动的作用程度大小。本书认为社会敏感性是指社会系统对某种变化效应的响应，是指社会系统会在多短的时间内对某种社会变化效应进行响应。如果社会系统对外部干扰响应得越快，则对外部干扰的敏感性就越大，则表明社会系统稳定越容易受干扰。

考虑环境污染型工程投资项目建设的社会系统敏感性，往往涉及当地社会对某些问题的特殊情感，如民俗感情、文化感情、社区感情、社会生活方式、生产方式及传统观念意识等方面，这些是由于环境污染型工程投资项目带来社会变化引发的；也会涉及特定地区原有的社会矛盾和社会冲突问题被环境污染型工程投资项目激化，如社会的贫富矛盾一直存在，而环境污染型工程投资项目的建设一般位于市郊，这在一定程度上带来了建设地风险的集聚，进一步激化了社会的贫富矛盾。所以，社会系统敏感性一方面能直接作用社会系统风险，另一方面会间接传导环境污染型工程投资项目对社会系统韧性的影响。

（三）社会系统应对能力维度成因分析

社会系统应对能力是社会系统韧性的重要组成部分，应对能力越强，社会敏感性越低，社会韧性也就越强，反之会越低，所以环境污染型工程投资项目区域社会韧性也一定程度上取决于自身社会系统的风险应对能力大小，如果环境污染型工程投资项目冲击在社会系统应对能力范围，则社会系统韧性能够消解风险，社会系统会处于整体上的稳定性，反之，社会系统稳定风险将会加大。

社会系统应对能力大小是建立在经济社会发展的基础之上，其中地区社会公平、社会保障、社会秩序、社会控制和社会舆情对社会系统的应对能力具有重要影响。为此，从应对能力维度分析环境污染型工程投资项目的区域社会韧性，可以从地区社会公平、社会保障、社会秩序、社会控制和社会舆情的应对能力进行分析，如社会公平是社会稳定的基础，对于降低个人内心不满情绪和社会矛盾，以及减少对社会抵触心理有着重要作用，在一定程度能减缓环境污染型工程投资项目引发社会风险事件的冲击；社会保障体系的完善能减缓环境污染型工程投资项目对社会结构变化的冲击，而在社会保障体系不完善的情况下，围绕征地拆迁的补偿安置标准尤为重要；社会秩序是指社会动态有序平衡的社会状态，环境污染型工程投资项目带来的拆迁会在一定程度上影响社会秩序，如果原有社会秩序稳定，则对环境污染型工程投资项目冲击有强的应对能力；社会控制是政府和社会组织的社会管理重要组成部分，也是政府和社会组织促进社会稳定重要体现，环境污染型工程投资项目区域的社会控制水平高，对于政府和社会组织处理其引发的社会矛盾有着重要促进作用，增强环境污染型工程投资项目对社会系统韧性的影响。

二、环境污染型工程投资项目社会系统稳定的韧性评价模型构建

以往文献中的复杂系统脆弱性评价是对某一自然复杂系统或者人文复杂系统的结构和功能进行评估，预测和评价外部冲击对该系统稳定性造成的影响，评估该系统自身对外部冲击的应对能力。借鉴脆弱性评价的定义，本书研究的社会系统稳定的韧性评价的目的是减轻或降低社会外部冲击力对社会系统的不利影响，维护社会稳定和社会系统可持续发展。

目前的复杂系统评价研究主要集中在脆弱性评价领域，包括自然灾害脆弱性、环境变化脆弱性和生态环境脆弱性等领域，针对社会系统稳定的韧性研究并不多见，研究方法上多采取定量和半定量研究方法。参考脆弱性评价思路可以将当前评价方法分为6类：图层叠置法、综合指数法、危险度分析、脆弱性函数模型评价法、模糊物评价法和Hoovering法。其中，脆弱性函数模型评价法是从对系统脆弱性各构成要素进行定量评价开始，在系统脆弱性构成要素之间关系的基础上建立脆弱性评价模型。与其他评价方法相比，脆弱性函数模型评价法在脆弱性评价方面最能反映复杂系统脆弱性内涵，最能有效体现复杂系统脆弱性构成子系统之间的相互作用关系，并在反映系统整体脆弱性程度及脆弱性构成要素上优于其他评价方法。

基于上述分析，本书在IPCC提出的脆弱性评价模型和史培军广义脆弱性模型的基础上，根据社会系统对环境污染型工程投资项目的反应，提出环境污染型工程投资项目社会系统稳定的韧性评价模型。将环境污染型工程投资项目社会系统稳定的韧性分为两个方面考虑，即社会系统风险和社会系统应对能力，其中社会系统风险是指社会风险暴露程度和社会系统敏感性对环境污染型工程投资项目的综合反应，构建的环境污染型工程投资项目社会系统稳定的韧性评价模型为：

$$V_r^* = V_c/(V_{sf} + V_{sv}) \tag{6-1}$$

其中 $V_r^*, V_c, V_{sf} + V_{sv}$，分别表示环境污染型工程投资项目区域的社会韧性、社会系统应对能力和社会系统风险。

环境污染型工程投资项目区域社会系统应对能力 V_c 为：

$$V_c = \sum_{h=1}^{n1} w_h * z_{hp} \tag{6-2}$$

w_h 和 $z_{hp}(h = 1,2,\cdots,n1;p = 1,2,\cdots,m1)$ 分别是环境污染型工程投资项目区域社会系统应对能力评价指标的权重和确定值矩阵。即，

$$(z_{hp})_{n3\times m3} = \begin{bmatrix} z_{11} & z_{12} & \cdots & z_{1m1} \\ z_{21} & z_{22} & \cdots & z_{2m1} \\ \cdots & \cdots & \cdots & \cdots \\ z_{n1} & z_{n1} & \cdots & z_{n1m1} \end{bmatrix} \tag{6-3}$$

则：

$$V_c = (w_1 \quad w_2 \quad \cdots w_{n1}) \cdot \begin{bmatrix} z_{11} & z_{12} & \cdots & z_{1m1} \\ z_{21} & z_{22} & \cdots & z_{2m1} \\ \cdots & \cdots & \cdots & \cdots \\ z_{n1} & z_{n1} & \cdots & z_{n1m1} \end{bmatrix} \tag{6-4}$$

环境污染型工程投资项目区域社会系统风险为 $V_{sf} + V_{sv}$：

$$V_{sf} + V_{sv} = W_1 \sum_{i=1}^{n2} w_i * x_{ij} + W_2 \sum_{k=1}^{n3} w_k * y_{kl} \tag{6-5}$$

其中 W_1 和 W_2 分别为社会风险暴露程度和社会系统敏感性对社会系统稳定的影响权重，x_{ij}（$i = 1, 2, \cdots, n2$；$j = 1, 2, \cdots, m2$）和 y_{kl}（$k = 1, 2, \cdots, n3$；$l = 1, 2, \cdots, m3$）其指标确定值矩阵。即，

$$(x_{ij})_{n2\times m2} = \begin{bmatrix} x_{11} & x_{12} & \cdots & x_{1m2} \\ x_{21} & x_{22} & \cdots & x_{2m2} \\ \cdots & \cdots & \cdots & \cdots \\ x_{n2} & x_{n2} & \cdots & x_{n2m2} \end{bmatrix} \tag{6-6}$$

$$(y_{kl})_{n3\times m3} = \begin{bmatrix} y_{11} & y_{12} & \cdots & y_{1m3} \\ y_{21} & y_{22} & \cdots & y_{2m3} \\ \cdots & \cdots & \cdots & \cdots \\ y_{n3} & y_{n3} & \cdots & y_{n3m3} \end{bmatrix} \tag{6-7}$$

则:

$$V_{sf} + V_{sv} = W_1 \begin{bmatrix} w_1 \\ w_2 \\ \cdots \\ w_{n2} \end{bmatrix}^T \begin{bmatrix} x_{11} & x_{12} & \cdots & x_{1m2} \\ x_{21} & x_{22} & \cdots & x_{2m2} \\ \cdots & \cdots & \cdots & \cdots \\ x_{n2} & x_{n2} & \cdots & x_{n2m2} \end{bmatrix} + W_2 \begin{bmatrix} w_1 \\ w_2 \\ \cdots \\ w_{n3} \end{bmatrix}^T \begin{bmatrix} y_{11} & y_{12} & \cdots & y_{1m3} \\ y_{21} & y_{22} & \cdots & y_{2m3} \\ \cdots & \cdots & \cdots & \cdots \\ y_{n3} & y_{n3} & \cdots & y_{n3m3} \end{bmatrix} \tag{6-8}$$

三、基于复合熵权法的权重确定

由于社会系统稳定的韧性影响因素众多，各种因素对社会系统稳定的韧性影响会随着不同时间的变化而发生改变，这就使得采取专家主观赋权会影响评价结果的客观性。熵值能有效反映系统的无序化程度，熵值越小，则系统的无序化程度越小，对系统稳定的影响也越小，反之越大。社会风险的产生往往来源于社会某一因素无序的变化程度，所以采用熵值法确定权重能够比较好地反映因素指标对社会系统稳定的韧性影响。熵值法的基本思路和熵理论见文献。熵值法确定权重主要的计算步骤:

（1）将原始数据构建为判断矩阵 R:

$$R = (r_{ij})_{n\times m}, (i = 1,2,\cdots,n; j = 1,2,\cdots,m) \tag{6-9}$$

（2）将判断矩阵 R 的数据进行归一化处理，变为标准化矩阵 U，标准化采用的方法为:

$$u_{ij} = \frac{r_{ij} - r_{\min}}{r - r_{\max}} \tag{6-10}$$

其中 $r_{\max}$ 和 $r_{\min}$ 分别为同一评价指标下不同事物的最满意者或者最不满意者(越大越满意或越小越满意)。

(3) 计算各状态的概率 P_{ij}，构建概率矩阵：

$$P_{ij} = \frac{u_{ij}}{\sum_{j=1}^{m} u_{ij}} \tag{6-11}$$

(4) 计算各评价指标熵为：

$$H_{ij} = -\frac{P_{ij}\ln P_{ij}}{\ln n} \tag{6-12}$$

显然当 $P_{ij}=0$ 时，$\ln P_{ij}$ 无意义。为此，对式（6-11）计算加以修正为：

$$P_{ij} = \frac{1+u_{ij}}{\sum_{j=1}^{m}(1+u_{ij})} \tag{6-13}$$

(5) 评价指标 i 的熵权 $W^{(1)}i$ 为：

$$W^{(1)}i = (w_i)_{1\times n} = \left(\frac{1-H_i}{n-\sum_{i=1}^{n} H_i}\right)_{1\times n} \tag{6-14}$$

其中 $\sum w_i = 1, H_i$ 为个评价指标的熵。

熵权是以客观数据为基础进行计算的权数，其大小受数据差异度影响明显，即被评价对象的数据差异度越大，其获得的熵权就越大，反之越小，这既是熵权评价法的优点，也是其缺陷。这是因为被评价对象在该指标的客观数值，对评价结果有很大的影响，这会在一定程度上，致使评价会因此而掩盖其他有价值指标的影响，从产生最终评价结果的“误判”。而主观赋权法则是依赖专家的知识和经验，所以将熵权和主观权重综合，取二者所长弥补二者所短，具有重要的意义。此外，采用复合熵权法会使得本书研究权重的确定更具有科学性和客观性。在二者的合成方法上，本书参考阎颐的倾向系数法，即如果评价指标 i 的主观权重为 $W^{(2)}i$，则二者合成的复合熵权系数为：

$$W_i = \gamma W^{(1)}i + (1+\gamma)W^{(2)}i \tag{6-15}$$

其中 γ 为倾向性系数，表示主观赋权和客观赋权受重视和受倾向的程度，为了更好综合二者优势，本书选取 $\gamma=0.5$，即复合权重为算术平均值。

主观赋权采取专家打分法，也就是通过匿名的方式征询有关专家的意见，对专家的意见进行统计、整理分析和归纳，并综合多数专家经验和主观判断确定各指标权重。该方法主要步骤：

(1) 选择专家，主要选择环境污染型工程投资项目评价、社会风险研究、社会稳定等领域的专家学者、政府部门管理者；

(2) 确定环境污染型工程投资项目社会稳定的影响指标，以及其价值因素，并设计对象征询意见表；

（3）以邮件、E-mail 等方式匿名征询专家意见，并向专家提供课题研究背景资料；

（4）对专家意见进行汇总、统计和分析，并把结果再次反馈给专家，专家根据反馈再次确定自己意见；

（5）多轮匿名征询和意见反馈后确定指标权重。

四、环境污染型工程投资项目社会系统稳定的韧性指标体系构建

从环境污染型工程投资项目社会系统稳定的韧性成因分析可知，环境污染型工程投资项目一方面会直接产生征地拆迁风险、社会争议、环境风险和经济风险，另一方面会间接通过传导因素改变现有社会系统的人口结构、产业结构、就业结构、收入等；而社会系统应对能力则主要受经济发展、社会保障、社会公平、社会秩序、社会控制、社会舆情等影响。根据指标选择的科学性、目的性和可操作性等原则，本书在以往社会稳定研究的基础上，与专家经验相结合，筛选和确定环境污染型工程投资项目社会系统稳定的韧性评价指标，评价环境污染型工程投资项目社会系统稳定的韧性，来判定其社会稳定风险。环境污染型工程投资项目区域的社会系统韧性评价指标体系见表 6－2。

表 6－2　环境污染型工程投资项目社会系统稳定韧性指标体系

	因子	指标	符号	表达式
建设区域的社会系统应对能力（Vc）	建设区域的社会应对能力（C）	经济发展	Ec	人均 GDP
		社会保障	S	社会保障率
		社会公平	Eq	城乡收入比
		社会秩序	Od	公安刑事立案数/万人
		社会控制	G	人均财政支出
		社会舆情	Op	公众安全感满意度指数
建设区域的社会系统风险（Vs＋v）	环境污染型工程投资项目的社会风险暴露程度（S）	征地拆迁风险	R	安置人口/地区人口
		社会争议	Cs	项目建设的网络热度
		环境风险	Ct	项目的环境影响概率
		经济风险	U	企业经济效益综合指数
	建设区域的社会敏感性（V）	人口结构	D	城镇人口比重
		产业结构	I	第三产业比重
		就业结构	Ey	从事第二、三产业从业人员/总人口
		收入变动	Ea	城乡收入增长率

由于有些指标数据无法直接获得，本书遵循指标计算的科学性和可操作性等原则，选择替代指标进行衡量，如安置人口/地区人口代表征地拆迁风险，征地拆迁风险大小与安置人口规模存在直接联系；项目建设的网络热度代表社会争议，项目建设引发公众的广泛讨论，进而激化一系列社会问题，增大了公众对工程项目的议论；城乡收入比代表社会公平，收入分配不公正严重冲击社会公平；公安刑事立案数/万人代表社会秩序；人均财政支出代表社会控制，社会控制的大小取决于公共投入力度；公众安全感满意指数代表社会舆情，社会舆情是社会公众情绪、意愿和意见的总和，公众安全感满意指数能反映出公众情绪和意见。

第七章

风险媒介化下环境污染型工程投资项目社会稳定风险的治理现代化机制体系

第一节 环境污染型工程投资项目社会稳定风险的多元利益主体协同治理现代化机制

20 世纪 60 年代，德国科学家郝尔曼·哈肯（Hermann Haken）研究激光理论时首次提出协同的概念，他认为协同学是在普遍规律支配下自组织的、有序的集体行为科学，协同学主要用于研究系统中无序到有序的自组织现象。治理（Governance）指控制、引导和操纵，早期治理主要用于国家公共事务相关的管理与政治活动，演化后的治理广泛应用于社会各个领域。基于协同学理论和治理理论，协同治理主要在于探究多元主体在环境污染型工程投资项目社会稳定风险治理中的相互关系，拓宽政府、公众等治理主体的沟通渠道，构建资源共享、责任共担的环境污染型工程投资项目社会稳定风险协同治理机制，从根本上弥补政府单一主体的治理局限，有效解决环境污染型工程投资项目社会稳定风险治理的困境。

一、社会稳定风险治理的现实困境

环境污染型工程投资项目社会稳定风险的根源是利益冲突，是利益分配的不公正、不合理。在环境污染型工程投资项目引发的社会稳定风险中，政府、建设单位和公众是主要利益主体，但由于环境污染型工程投资项目的上马需要政府审批，经由政府同意，并且建设单位在环境污染型工程投资项目社会稳定风险治理中的话语权较弱，在社会稳定治理中可以弱化建设单位的作用。与此同时，随着新媒体技术的不断发展，大众媒体在社会稳定风险传播及治理过程中起到举足轻重的作用。在社会稳定风险传播过程中，部分媒体为了提高自身影响力，夸大事实、扭曲真相、危言耸听，以此增加媒体浏览量及转发量，放大社会稳定风险。而在环境污染型工程投资项目社会稳定风险治理过程中，借助权威媒体的影响力，引导公众对项目以及事件的认知，加强公众对环境污染型工程投资项目的科教普及，是治理环境污染型工程投资项目社会稳定风险的有效途径。

环境污染型工程投资项目的利益冲突中，政府、媒体和公众有多元利益诉求。政府作为经济社会的管理者，既有发展当地经济的诉求，也有维护当地社会稳定的职责。一方面，政府需要上马环境污染型工程投资项目拉动当地就业以及相关产业的发展，促进经济发展；另一方面，在上马环境污染型工程投资项目过程中，面对当地民众可能的反对态度以及反对行为，需要采取措施缓和民众态度，维持当地社会稳定。公众既有维护自身安全健康的需求，也有追求生活水平提高的利益诉求。一方面，面对环境污染型工程投资项目携带的安全隐患以及潜在风险，当地居民为了维护自身权益将反对项目建设，并可能采取激烈的言辞及措施；另一方面，环境污染型工程投资项目能够提供就业机会，也有部分项目因拆迁会给予补偿，一定程度上将改善当地居民生活水平，公众有支持项目建设的意向。媒体作为信息的传播者，有扩大自身影响力的诉求，也需承担社会责任。一方面，部分媒体通过夸大环境污染型工程投资项目的危害、事件的严重性，可以增加公众对该媒体的浏览量、关注量及转发量，进而增强自身影响力；另一方面，媒体报道事件真实信息，传达政府和公众对环境污染型工程投资项目的真实意愿，承担应有的社会责任。

而在众多环境污染型工程投资项目社会稳定风险事件中，最终实现的利益诉求总是大同小异。对公众而言，环境污染型工程投资项目建设带来的经济效益难以达到预期，或经济效益实现缓慢，而项目潜藏风险带来的危机感远比实现经济效益的诉求强烈，因此公众选择反对环境污染型工程投资项目建设。对媒体而言，部分影响力弱的媒体社会责任感不强，从而选择传播不实信息，有意放大社会稳定风险，而影响力强的媒体会选择报道环境污染型工程投资项目事件的真实信息，减少政府与公众之间的信息不对称。对于政府而言，公众传播激烈言辞并采取措施反对环境污染型工程投资项目上马所带来的危害，远大于上马一个工程项目带来的经济效益，因此政府会选择停建或缓建环境污染型工程投资项目。

由此可见，环境污染型工程投资项目社会稳定风险治理的困境在于利益冲突的解决以政府妥协停建或缓建为结局。环境污染型工程投资项目作为环境保护与经济增长冲突的微观体现，其建设与否反映了国家经济增长与环境保护的关系。而政府在与公众协商的过程中，存在缺乏有效的沟通手段、沟通效率不足等问题，以政府为单一社会稳定风险治理主体的治理机制存在局限性。

二、单一利益主体治理机制的局限性

传统的社会稳定风险治理机制中，政府对环境污染型工程投资项目社会稳定风险治理起主要作用。由于政府在社会稳定风险冲突形成阶段利益协调不畅、信息公开不足、科教普及缺乏，在社会稳定风险冲突放大阶段信息监测力度不强、协商手段单一、沟通效率低下，因此在与环境污染型工程投资项目社会稳定风险治理中往往以政府妥协为结局，停建或缓建相关项目。

在社会稳定风险冲突形成阶段，以政府为单一治理主体的治理机制在科教普及、信息公开以及利益协调等方面有短板。首先，政府对于环境污染型工程投资项目产品信息的科普力度不足，或科普效果不佳，尽管政府以各种形式宣传产品信息，但公众作为信息的接收方接收到的信息不足，进而造成在上马环境污染型工程投资项目的过程中对产品信息认知片面，以偏概全。其次，政府对于环境污染型工程投资项目建设信息的发布形式、发布渠道单一，建设信息传达力度不足，对公众接受项目建设的准备工作不足，使公众对项目的接受度较低。此外，在项目前期规划设计阶段，政府与公众的利益协调作用效果不强，对于参与利益协调的公众代表筛选不足、标准不一，对于不同参与成熟度的公众采取统一协调手段，导致后续协调隐患爆发，社会稳定风险放大。

在社会稳定风险冲突放大阶段，政府对于网络信息监管、冲突协商途径、冲突协商目的等方面存在问题。首先，社会稳定风险冲突放大经历了信息传播阶段，信息不断发酵最终演变成环境群体性事件。而在信息传播过程中，政府未能对项目有关的信息进行监管，识别网络谣言、不实信息、煽动性言论等，及时干预此类信息传播，同时发布事件真实信息，引导环境污染型工程投资项目事件信息自然回落。其次，发生环境群体性事件后，政府与抗议群众的冲突协商不足，政府内部讨论事件解决方案，较少与公众协商，通常采用新闻发布会的形式宣布缓建或停建项目以治理环境污染型工程投资项目的社会稳定风险。再者，一些地方政府对于治理环境污染型工程投资项目的目的不明，每当发生环境群体性事件，以妥协的形式解决矛盾，这不是治理环境污染型工程投资项目社会稳定风险的最终目的。治理环境污染型工程投资项目社会稳定风险的最终目的是在环境保护与经济效益之间找到平衡点，通过对公众的不断协商，选择双赢的解决方案。

三、社会稳定风险的协同治理现代化机制

传统的以政府为单一治理主体的治理机制对环境污染型工程投资项目社会稳定风险治理无法达到预期，同时忽略了其他治理主体的作用。环境污染型工程投资项目社会稳定风险的多元利益主体协同治理机制应在重构政府、媒体及公众关系的基础上，完善协同治理主体间的沟通协调机制、信任机制、激励机制以及监督机制。

（一）多元利益主体协同治理的沟通协调机制

多元利益主体协同治理机制中沟通协调机制的构建包括信息共享机制、信息沟通机制。

信息共享机制是环境污染型工程投资项目社会稳定风险识别、评估以及治理的重要机制，是社会稳定风险多元利益主体协同治理的前提。信息共享是要减少利益主体间信息不对称，以公众需求与社会稳定风险治理为导向，实现环境污染型工程投资项目的信息共享与有效决策。信息共享能有效缓解有限理性以及制约机会主义，在多元利益群体中，信息共享的缺乏将导致机会主义，而充分的信息共享使决策更为理性，多元利益主体间的合作更易实现。通过信息共享机制，参与环境污染型工程投资项目社会稳定风险治理的各利益主体能对隐形资源或知识进行交流，进而打破信息割据的局面，消除多元利益主体间的隔阂与误解，降低行政成本，提高环境污染型工程投资项目社会稳定风险治理效率。各利益主体通过互联网实现信息共享，形成动态的自组织网络系统，构建政府、媒体、公众一体化的协同治理系统。

信息沟通机制是社会稳定风险多元利益主体协同治理的基础。信息使用的同时性、多重使用的无磨损性以及合成性使协同治理成为可能。信息沟通是多元利益主体统一思想的桥梁和纽带。信息沟通不畅会造成政府职能碎片化，使政府与媒体、公众之间存在误解和隔阂，各协同治理主体间不能以主动配合的方式对社会稳定风险进行治理。因此，政府应加强与媒体、公众的沟通，建立正式沟通渠道以及非正式沟通渠道。社会公众可以通过微博、微信公众号、论坛等平台提出环境污染型工程投资项目社会稳定风险治理的观点、意见与建议，便于政府及时了解公众关心的热点问题，媒体通过实地采访、新闻报道等方式在政府与公众的信息沟通中起到中介作用，政府可以在政府网站上以在线访谈、新闻公众号推送信息等途径与媒体、公众反馈互动，推动信息公开，提高多元利益主体协同治理的公开性和有效性。

（二）多元利益主体协同治理的信任机制

在环境污染型工程投资项目社会稳定风险的多元利益主体协同治理中，信任是使各利益主体凝聚在一起合作的核心要素，多元利益主体间相互的信任关系是能否实现协同治理以及协同治理效果的决定性因素。构建多元利益主体协同治理的信任机制应建立协同治理主体的诚信档案以及加快建设政府诚信体系。

建立各协调治理主体的诚信档案，以及各治理主体诚信度的考核机制和奖惩机制。对各协调治理主体的诚信度进行考核，诚信度高的治理主体应在社会稳定风险的协同治理中给予人才、技术、资金等资源，协助其治理；对于诚信度低的组织或个人，应承担相应责任并受到处罚，严重者应剥夺协同治理的权利。

建设政府诚信体系，提升政府公信力，以政府诚信带动多元利益主体诚信。政府信用是社会信用体系的核心，良好的政府信用有助于增强社会向心力，降低社会运行成本，提高行政效率，是社会信用形成的前提及保障。信息不对称环境下，社会公众对地方政府的误解造成政府信任的差序格局，也就是社会公众对地方政府的不信任以及对中央政府的过度依赖。因此，政府应加强公信力建设，完善信息公开制度、公众监督与评价制度、公众参与制度、政府是新的问责制度等，进而加强社会公众对政府的信任感，使政府在环境污染型工程投资项目社会稳定风险治理过程中更具说服力。与此同时，加强政府信用的考核制度能够保障政府公信力的提升。

（三）多元利益主体协同治理的激励机制

在环境污染型工程投资项目社会稳定风险的协同治理中，有效的激励手段能够调动协同治理主体的治理积极性，提高社会稳定风险治理的效率，各治理主体间形成良好的合作氛围。心理学家威廉·詹姆斯（William James）认为结构不完善的激励机制可能会影响整个系统的绩效，而财政奖励制度应建立在鼓励质量、节约成本、创造性、创新性以及持续改进的原则上，由此建立的激励模式要同时满足节省成本以及提高质量的要求。

利益冲突是环境污染型工程投资项目社会稳定风险形成的根源，以利益为杠杆激励多元利益主体的治理行为是最有效的手段之一。根据社会稳定风险治理中的资源投入比例和成果分配比例进行协商，公平合理地分配各利益主体的权利和义务，使各利益主体在社会稳定风险治理过程中的成本和收益对等。此外，需要建立利益分享机制和利益补偿机制，防止利益从劣势方流向优势方造成社会稳定风险治理失败的后果。各协同治理主体基于互利互惠原则协商利益补偿问题，通过制度建设完成各利益主体间的利益转移，实现利益的合理分配。

妥协也是一种激励手段，旨在“鼓励、推动被疏远、冷漠的甚至有敌意的公民进入社会与政治程序，以参与、协商、谈判与相互谅解解决分歧”。在环境污染型工程投资项目社会稳定风险协同治理的过程中，理性妥协可以有效解决社会冲突，通过谈判、协商和辩论达成谅解和共识，实现共赢。然而，妥协不是盲目的迁就，而是有原则的退让与包容，是建立在信任和互惠的基础上被社会风险治理情景与协同治理的效果所激励的。一味地退让会失去社会稳定风险协同治理的根本目的：通过多元利益主体的协商、谈判，在治理环境污染型工程投资项目社会稳定风险的基础上实现经济效益的最大化。

（四）多元利益主体协同治理的监督机制

对多元利益主体协同治理的全过程进行有效监督，是多元利益主体协商一致以及工程项目顺利实施的有力保障。监督是对多元利益主体协同治理实施情况的检查和多协同效果的评价，有效监督能防止地方政府由于能力、利益或强势地位等原因造成侵权、滥用职权等问题的发生。在实际社会稳定风险治理过程中，由于缺乏监督机制，地方政府与其他治理主体间存在权力寻租的可能，严重影响治理主体的诚信度，进而对社会稳定风险多元利益主体协同治理的实施造成阻碍。因此，需加强政府与其他治理主体的多向监督，加大网络监督和舆论监督以及建立多元利益主体协同治理的绩效评价体系。

加强政府与其他治理主体的多向监督。媒体、社会公众对政府治理社会稳定风险过程中的信息公开、决策公开、执行公开、权力使用、治理绩效等进行监督，对地方政府的社会稳定风险治理提供意见和建议，促进政府提高社会稳定风险治理效率与效果；政府与公众对媒体在社会稳定风险治理中的信息传达、信息公布等进行监督，加强媒体对信息发布真实性的审核以及信息传达的实效；政府与媒体对公众代表传达基层意见与建议、传达政府意愿以及对公众的引导与号召进行监督，增强公众代表作为政府与公众沟通交流的纽带作用，协调政府与公众之间的利益冲突。

加大网络监管与舆论监管。在新媒体技术不断发展的现代社会，每个组织或个体都可能成为信息的传播源与传播者。关于环境污染型工程投资项目信息数量及种类繁多，其中不乏污名信息、网络谣言、情绪化言论等严重影响社会稳定的信息，借助互联网技术迅速传播至全国各地，短期内产生大量阅读与转发，环境污染型工程投资项目事件冲突激化。传统的社会稳定风险治理过程中，政府作为单一的监管主体，对网络信息以及舆论的监管难以达到及时、有效的要求。在社会稳定风险治理的过程中，应充分发挥媒体与社会公众的作用，对于网络上发布的关于工程项目的污名信息、网络谣言、情绪化言论等重点关注。

公众代表及时传达公众对环境污染型工程投资项目的意见与态度，在公众情绪与态度激化前及时与政府进行沟通，政府与公众对工程项目进行谈判协商，将社会稳定风险扼杀在萌芽阶段。

建立多元利益主体协同治理的绩效评价体系。协同治理的绩效评价应符合绩效评估的4E原则，即经济性原则（Economic）、效率性原则（Efficiency）、效益性原则（Effectiveness）以及公平性原则（Equity），满足多元利益主体协同治理理念下对各主体的基本要求，体现环境污染型工程投资项目社会稳定风险治理的特性。在建立多元利益主体协同治理的绩效评价体系过程中，应以协同治理结果为导向，兼顾治理过程，实现社会稳定风险协同治理效果的系统化考察；构建可衡量、可比较、可持续、动态化的协同治理评价指标体系；及时公布社会稳定风险协同治理绩效的评估结果，总结多元利益主体协同治理的经验及教训。

除此之外，环境污染型工程投资项目社会稳定风险治理的政府网络执政机制以及公众参与机制是社会稳定风险多元利益主体协同治理机制的重要组成部分，目的在于明确政府在应对风险媒介化下社会稳定风险的治理以及公众在环境污染型工程投资项目社会稳定风险治理中的角色地位。

第二节　环境污染型工程投资项目社会稳定风险的政府网络执政机制

一、媒介化为社会稳定风险治理提出新命题

2019年2月28日，中国互联网络信息中心（CNNIC）发布第43次《中国互联网络发展状况统计报告》（以下简称《报告》），《报告》中的数据显示，截至2018年12月，中国网民规模达8.29亿，全年新增网民5653万，互联网普及率为59.6%，较2017年底提升3.8%。其中，手机网民规模达8.17亿，网民通过手机接入互联网的比例高达98.6%，全年新增手机网民6433万。网络的平等性、即时性、草根性、大众性等媒介特质，打破了社会生活的定势，改变着中国的社会组织结构和政治生态环境，已经成为广大社会公众表达政治愿景和民生诉求的最重要平台。因此，政府有效应对和解决在网络上发酵、扩散的环境污染型工程投资项目相关问题，是媒介化时代治理社会稳定风险的必然选择。

（一）网络媒介改变了公众参与社会治理的政治生态环境

网络作为一种新兴媒介，在其海量、便捷、高效传输各种数字化信息和符号语言的表象背后，是社会话语体系和话语权分配的重大变革。区别于传统媒介，互联网的信息准入门槛较低，而且几乎不存在信息容量的限制，社会公众在网络公共空间可以及时阅读和发布信息，表达其情绪和意愿，使社会信息生成方式和传播方式产生颠覆性变革，在一定程度上改变了社会话语权格局。传统媒介时代政府的强势地位日趋减弱，社会公众则成为信息传播扩散的主体。《报告》中的统计数据显示，截至 2018 年 12 月，我国网络新闻用户规模达 6.75 亿，年增长率为 4.3%，网民使用比例为 81.4%。手机网络新闻用户规模达 6.53 亿，占手机网民的 79.9%，年增长率为 5.4%。此外，微博、微信朋友圈、QQ 空间用户使用率分别为 42.3%、83.4% 和 58.8%。更深层的意义在于，网络媒介为社会公众获取政治信息提供了载体，为话语表达开辟了自由的新空间，这些为社会治理体制的优化和创新带来了机遇。

互联网的存在促使政府与公众之间的互动关系由单向主客体转变为双向主客体，这有助于形成平等、互信、合作的动态协商民主机制。在信息化社会，面临社会转型和利益争端时，社会利益群体的主张和诉求可以借助网络来凸显和放大，这对社会管理中的利益分配和社会协同提出了更高的要求。处于不同社会阶层的公众均可以自由地通过网络表达意见、提出诉求，这在一定程度上帮助其主动参与社会治理，进而对政府的民生观念、治理理念和执政行为产生影响，进一步使得社会治理模式不断地变化，形成双向互动的动态平衡。不过社会系统中公众的利益诉求太多也会引起系统失稳的风险，因为这些要求一方面充实了社会政治系统的功能，另一方面又破坏了其权威性。当参与的价值观达到最大价值时，就有必要对其进行合理的限制。因此，政府应以实现社会公平正义为社会治理的基本任务，利用网络信息资源和技术手段，有效吸纳民意，疏导网络舆论，化解现实社会矛盾在网上衍生出的社会情绪，满足民众在法律范围内实现自我价值的表达和理性的社会主张，增强政府解决现实社会矛盾的网络执政能力。

（二）网络监督成为助推社会公共权力机构运行的新动力

网络的存在使信息传播和获取的成本急剧降低，有效控制了社会公共管理的成本。一方面，网络有效降低了监督的成本，提高政府的执政绩效。社会公众即使足不出户，通过网络也可以及时了解各种事件的发展态势，了解公共事务、表达自己参与社会管理的意愿，监督政府对公共事务的决策和运行情况，推动政府治理决策的民主化和科学化，提高政府的执政效率。

完善的网络执政机制，才能使党和政府的建设稳步前进，永葆活力。

三、政府网络执政机制的建设内容

新媒体的出现，使得环境污染型工程投资项目社会风险传播复杂化，而网络执政机制是风险媒介化和媒介化社会发展下环境污染型工程投资项目社会稳定风险治理机制的重要组成部分。从内容上来说，政府的网络执政机制建设包括三个方面的内容，即政府与公众之间的沟通机制、政府对发生事件的应急反应机制以及政府对网络媒体的立法管理机制。

（一）政府与公众之间的信息沟通机制

在环境污染型工程投资项目的建设过程中，信息不对称会导致公众对项目产品信息认知片面从而产生抵触情绪，引发社会稳定风险。当下，政府对环境污染型工程投资项目建设信息的发布形式、发布渠道较为单一，导致建设信息传达力度不足。随着网络技术的不断更新和丰富，政府应运用网络这一新媒介建立与公众主动、及时的信息沟通机制。在决定项目上马前，政府可推行网络问政新形式，打造网络问政的政府门户网站，如通过一些“党媒”“公媒体”等将环境污染型工程投资项目的上马向民众广泛征求意见，掌握民众真实意愿及需求，并自愿接受民众的监督。针对环境污染型工程投资项目在公众心中的“污名化”头衔，在项目建设过程中，政府应致力于准确地、及时地、主动地向媒体和公众发布环境污染型工程投资项目相关建设过程及信息，并就媒体和公众提问和关注的话题通过网络平台进行回应。同时，也要广泛留意和收集网民的意见，对一些已发生的环境群体性事件的发生原因、动态进展、政府采取的措施、处理的结果等问题进行通报，采取发帖、跟帖等形式对网民的言论进行回复，解答网友疑惑等。

（二）政府对发生事件的应急反应机制

环境群体性事件具有发生领域广、发生频率高、共鸣性强、动员速度快等特点，一旦发生，必然成为大众媒体关注的热点及焦点，而媒体制造的大批量信息又可以作为社会风险的放大器。因此，在发生了环境群体性事件以后，政府必须在第一时间主动介入，掌握应对风险的主动权，做好信息的及时预警和发布，避免风险的媒介化转移和媒介的风险化发展所带来的更为多样化的风险。政府可成立应急反应的信息处理小组，协调媒体、公众、政府及其职能部门、社会组织，收集该风险事件的所有信息，并进行舆情分析，代表政府部门做好信息的发布工作，力求真实、客观、全面、准确、权威、高效，对媒体的信息进行管理和控制，在该事件妥善处理后进行效果的评估，撰写信息处理报告，分析应急反应的得失。

（三）政府对网络媒体的立法管理机制

健全的法律法规可以让网络媒体的运作和政府对网络媒体的管理更加有章可循。在环境群体性事件中，鉴于环境污染型工程投资项目建设复杂、且较为专业的特点，一些网络媒体极易扭曲事实，积极引导舆论，并传播虚假的、片面的信息误导公众，或者加重公众的恐惧心理。因此政府要依法加强对网络媒体进行规范化的管理，对提供新闻资讯服务的网络媒体实行严格的准入制度，对非新闻单位所成立的网站的新闻来源需严格注明，对提供新闻资讯服务的网站的采编权、转载权等做出明确规定，对提供虚假信息、失实新闻报道的行为追究相关责任等。

第三节 环境污染型工程投资项目社会稳定风险治理的公众参与机制

一、环境污染型工程投资项目社会稳定风险治理的公众参与成熟度

参与环境污染型工程投资项目的公众通常包括受工程影响或者怀疑受到影响的民众、专家、新闻媒体和社会组织（见图7－1）。民众划分为移民和非移民；专家学者主要包括项目管理、社会经济、生态环境等领域的学者；社会组

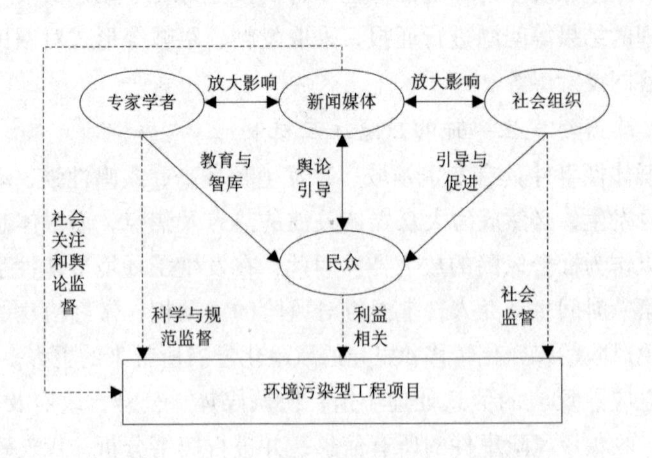

图7－1 参与环境污染型工程投资项目的社会公众群体

织是指关注环境污染型工程投资项目的各类专业性组织、社会团队等民间机构；而新闻媒体是包括传统媒体、新媒体在内的所有媒体，其中“意见领袖”依托新闻媒体发挥舆论引导作用。

四类公众群体的素质和认知差异明显，其参与水平具有显著的多样性和空间分异性特征。在四类公众群体中，受工程影响或者怀疑受到工程影响的民众是直接利益相关者，专家、媒体、社会组织是间接利益相关者。民众参与环境污染型工程投资项目社会稳定风险治理应当是有限度的，虽然部分学者认为民众深度参与有助于风险沟通，但是如果将高度参与权统一授予具有不同参与特征的民众，可能造成风险治理无序低效的困境，甚至因掌控权削弱而引发新的社会矛盾。因此根据民众参与水平的特征，匹配相应参与形式，才能不断提高环境污染型工程投资项目社会稳定风险治理工作的质量。

（一）公众参与水平划分工具

公众的参与特征决定了公众参与的深度和广度，直接关系社会稳定风险化解工作的效率、科学性及决策执行受到阻力的大小。成熟度是公众参与重要的特征，公众参与成熟度由参与能力和参与意愿两个要素组成，参与能力指参与者的知识和技能，决定其能否识别项目建设的真实信息、合理感知风险、精确判断风险程度以及清晰表达自我观点；参与意愿强调参与者的自主性和道德水平。两个要素随机组合使公众参与特征呈现较大差异，反应公众参与的不同水平。

因此，环境污染型工程投资项目的公众参与成熟度测度指标体系如表7－1所示。其中公众参与成熟度包括：①参与者的工程建设认知能力，即公众对环境污染型工程投资项目建设规划制定过程的熟悉程度，以及对工程建设外部性和参与途径的了解程度；②参与者个体素质，包括公众具备的专业知识、技术能力及参与经验。公众参与意愿性由公众感知到的利益与风险决定，即客观实在的“利益—风险”越失衡，其参与环境污染型工程投资项目决策的意愿越强，“利益—风险”一方面取决环境污染型工程投资项目建设本身；另一方面取决于制度体系的完善程度，具体表现为公众对环境污染型工程投资项目征地拆迁、安置保障、环境改变等易造成群体性事件因素的态度。

（二）公众参与水平界定与参与模式匹配

学术界对公众参与的研究经历了“阶梯式”“台阶式”“带谱式”的发展阶段，本书借鉴国际公众参与协会开发的“公众参与带谱”设计环境污染型工程投资项目公众参与成熟度界定模型（如图7－2），提出高、中、低三种公众参与成熟度情境。基于公众参与特征视角，三种情境要求的参与深度各自对应“公众参与带谱”各阶段：

表 7-1 环境污染型工程投资项目的公众参与成熟度测度指标体系

公众参与成熟度	指标
环境污染型工程投资项目的公众参与能力	对工程建设影响的认知能力
	对工程建设规划的熟悉程度
	对公众参与的认知能力
	对公众参与权利责任的理解程度
	对公众参与方式的了解程度
	社会管理知识
	工程项目知识
	对社会稳定的理解
	对社会评估的掌握能力
	是否有参与经验
环境污染型工程投资项目的公众参与意愿	公众参与目的
	对工程建设的满意度
	对政府治理能力的满意度
	对移民安置的满意度
	对移民补偿的满意度
	对安置社区的满意度
	对与非移民矛盾冲突的可容忍度
	对收入差距的可容忍度
	对生活和习俗变化的可容忍度
	对公众参与的兴趣

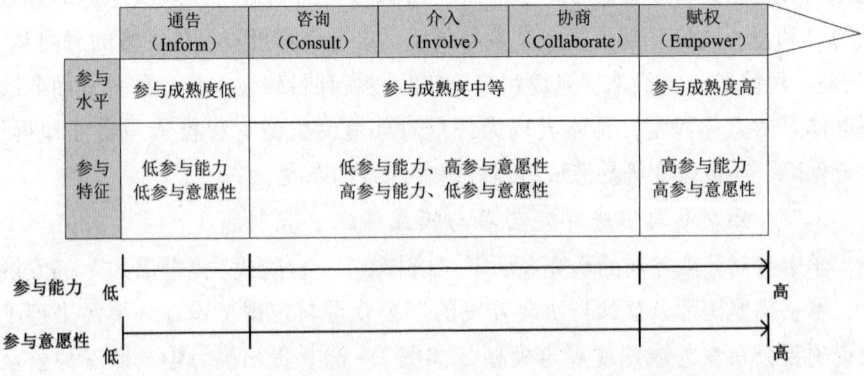

	通告（Inform）	咨询（Consult）	介入（Involve）	协商（Collaborate）	赋权（Empower）
参与水平	参与成熟度低	参与成熟度中等			参与成熟度高
参与特征	低参与能力 低参与意愿性	低参与能力、高参与意愿性 高参与能力、低参与意愿性			高参与能力 高参与意愿性

参与能力 低 → 高

参与意愿性 低 → 高

图 7-2 基于“公众参与带谱”的公众参与成熟度界定模型

（1）“公众参与成熟度低”对应“通告”模式，该情境的公众参与者不具备参与环境污染型工程投资项目建设的能力，且其参与意愿性相对较低，以接收信息为主；

（2）“公众参与成熟度中等”对应的是“咨询”“介入”“协商”模式，这类公众具备一定的参与能力和参与意愿，能够对环境污染型工程投资项目决策与建设提出建议或疑问，但是缺少决策权，其中自组织类社会组织的公众成员就处于该成熟度水平；

（3）“公众参与成熟度高”对应的是“赋权”模式，该情境的公众参与者参与能力强且参与意愿强烈，与政府互动频繁，在最终决策中拥有话语权。

现实经验表明，公众参与成熟度总体还处于低水平状态，仅有少数中等成熟度和零星的高成熟度参与者能在环境污染型工程投资项目全生命周期中参与决策。在三种公众参与情境的基础上设计对应的公众参与机制，可以有效疏解环境污染型工程投资项目社会稳定风险。

二、环境污染型工程投资项目社会稳定风险治理的制度化公众参与机制

在媒介化的风险社会中，社会结构由原来的金字塔结构转变为以社会关系和信息网络链接的线性机制，集聚的社会利益和开放的诉求渠道冲击了已有的科层制社会治理系统。在此背景下，社会公众合作是化解环境污染型工程投资项目社会稳定风险的重要途径，其核心在于多元非中心化的社会共治，意味着社会组织、专家及公众等广泛参与到环境污染型工程投资项目社会稳定风险化解中。政府作为决策者，应更多地借助社会力量联结的多维网络展开横向治理。

党十九大报告提出推动社会治理重心下移至基层，充分发挥公众群体中社会组织的力量。社会组织扎根于基层，在联系社会公众、企业和跨越不同部门、不同所有制形式上拥有人才、资源、技术、信息等多方面优势，更容易接近公众、及时觉察基层社会的潜在风险，黏合社会心理、协调各方利益。因此环境污染型工程投资项目社会稳定风险防御体系应当吸纳社会组织为化解主体，由社会组织承担公众参与的组织者和协调者角色，提高环境污染型工程投资项目社会稳定风险化解的效率以及分工。社会组织的介入能够协助政府感知、评估、管理、防范社会稳定风险，加强政府和公众的风险沟通与信任重建。

然而，当前环境污染型工程投资项目社会稳定风险的化解机制设计只能实现遵从科层制的有限扁平化过渡状态，政府发挥主导作用。此外，处于不同参与成熟度情境的公众存在层级差距，参与度较高的社会组织可以协助政府引导各层级公众行为。因此，要充分考虑公众参与成熟度的差异性，在政府主导下

依靠社会组织分层、分情境建立与之对应的制度化公众参与机制，如图 7－3 所示。

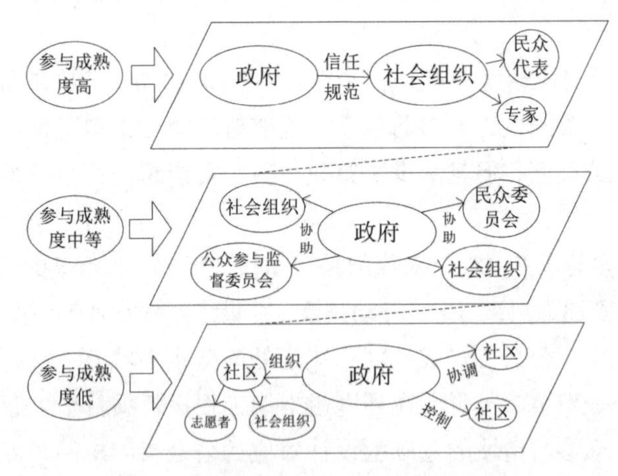

图 7－3　以社会组织为核心的公众参与匹配性机制

三、环境污染型工程投资项目社会稳定风险治理的匹配性公众参与机制

（一）针对低成熟度公众参与者：“政府主导—社区参与”机制

信息不对称、缺乏公众参与渠道等使得利益冲突风险在社会网络中放大。上海交通大学舆情研究室发现：近五分之一的群体性事件信息在传播过程中交杂着谣言。低成熟度公众参与者一般为底层群众，数量众多，对环境污染型工程投资项目风险认知薄弱，容易成为社会风险的“放大站”。针对此类参与者，政府应作为该层次治理的核心主体，利用社会关系网络改变公众集体风险感知，引入社区自治组织以弥补政府在风险预警、社会冲突化解等方面的局限，力图规避社会风险事实被放大。

社区居民委员会是承担基层社会服务职能的自治组织，吸纳律师等专业人士及志愿者统筹推进治理工作。因此，在环境污染型工程投资项目社会稳定风险评估中，要发挥工程项目所在村委会或居委会作用，降低低成熟度公众参与者放大风险感知的可能性。针对工程移民以及工程周边公众中的低成熟度参与者，村委会或居委会通过宣传和教育帮助此类公众参与者正确认识环境污染型工程投资项目的建设目的、立项信息和规划方案等，知晓环境污染型工程投资项目建设真实的环境和社会经济影响；通过召开村委会议或居委会议、设立意见箱、走访等方式，判断与把握建设地居民的忧虑、政府和项目法人预期目标的差异等，了解可能引发社会稳定风险的矛盾点；重点走访谣言发布者与谣言传播者，避免个别当地居民对环境污染型工程投资项目的污名化；承担具体的基层调解工作，在矛盾产生前调和民众情绪，防止其转化为参与能力低但参与意愿高的民众。基层自治在环境污染型工程投资项目社会稳定风险化解要“上传下达”，为地方政府精细化治理提供有效补充。

（二）针对中等成熟度公众参与者：“政府引导—社会组织介入”机制

中等成熟度公众参与者不满足项目信息的单向流动，即从政府部门流向参与者，期望通过交流互动制度直接表达对环境污染型工程投资项目的意见。中产阶层逐渐转变为社会矛盾的主体，而中产阶级也是中等成熟度公众群体的主要部分。此类人群具备相应的专业知识和法律知识，拥有更多社会资本作为抗争资源，能在法律框架内充分动员社会组织内的成员，并带动低成熟度参与者加入抗争。因此，政府作为该层次治理的一般主体，应采取协商、合作等柔性手段联结不同利益主体相互合作，进行利益整合，构建社会组织介入的环境污染型工程投资项目社会矛盾化解机制，为参与者提供表达利益诉求的渠道。

第一，建立环境污染型工程投资项目公众参与信息公开制度。决策权政府应当保证环境污染型工程投资项目社会稳定风险评估决策会议公开透明，及时公开会议意见，使得项目建设地的居民，特别是拆迁者能便利地获取决策进展、会议内容以及达成的合意；对于环境污染型工程投资项目潜在的社会矛盾点，如拆迁补偿、环境污染等，各级政府可结合非听证会和听证会两种公众参与形式，听取建设地点民众的利益关切点、意见和意愿，通过网络信息公开、政府数据开放等方式发布专家评估意见、第三方风险评估报告等项目相关文件，推动形成“参与—反馈—再参与”的循环机制。

第二，建立“政府—民众”共治的公众参与监督委员会。监督委员会的政府委员由政府决策部门或环境污染型工程投资项目相关负责人担任，民众委员选择方式与民众参与主体选择方式相同，但二者不可兼任。监督委员会的主要职能是监督环境污染型工程投资项目社会稳定风险评估的公众参与是否有效、公众参与形式是否科学、公众参与的代表是否维护群体合法权益等。

第三，成立项目建设地的基层自治组织代表委员会。中等成熟度民众参与者组成利益同盟发表观点，对环境污染型工程投资项目建设的决策拥有批评、建议、控告及举报等权利，并能监督政府行为和项目法人行为。作为“社会放大站”之一，委员会不能独立地影响公众风险感知，因此政府部门应当与项目建设地的基层自治组织代表委员会的合作互动要合理，听取委员会意见。

（三）针对高成熟度公众参与者：“政府与社会组织协同合作”机制

在该层次的环境污染型工程投资项目社会稳定风险治理平台上，政府可以授予高成熟度公众参与者一定权利，使其能实质性介入并影响项目决策结果以维护公众自身利益。该参与机制的实质是政府将掌控权向社会公众转移，政府与公众参与者构成相互依赖的网络结构，交换诉求和意见，共同做出决策。

环境污染型工程投资项目建设是一个复杂系统工程，其社会稳定风险的防范和化解既依赖专业知识能力，也取决于决策者的全局性视角，不能单一从参与者自身利益考虑项目决策。这就要求公众参与者的参与能力和参与意愿具有较高水平，尤其需要成熟的参与能力。因此，专业水平较强的社会组织成为该层次环境污染型工程投资项目社会稳定风险多元调处机制的重要载体，与政府部门一并协调各利益群体产生的矛盾。政府通过与社会组织合作，形成“合作伙伴关系”，赋予社会组织社会稳定风险评估的决策投票权，二者共享信息、互赖资源，经过沟通协商实现社会共治。社会组织吸纳各类专家和高成熟度的公众参与者，对拟建项目进行深入讨论，评判环境污染型工程投资项目的合法性、合理性、合规性以及对环境、社会经济影响的可控性，并提出对项目规划及拟采取的社会、经济、环保措施的建议和要求，及时将信息反馈给政府部门或项目法人，并将最终结果整理成环境污染型工程投资项目意见征询书递交给政府作为决策的重要依据。

附录材料

一、稳定性分析代码

```
1. import source
if ________ name ________  = = '________ main ________':
am  = 0
bn  = 5
p  = 2
q  = 6
s  = 5
ck  = 5
dv  = 3
r  = 0.5
w  = 1
h  = 5
ej  = 5
fu  = 2.5
x __ start  = 0.5
y __ start  = 0.5
z __ start  = 0.5
# 改变三维图片像素大小
dpi __ 3D  = 100
# 迭代频率
densy  = 0.1
length  = 30
# 字体大小
fontsize  = 16
" ""
```

```
三维图中的相关设置
“””
# 决定三维图中的坐标轴长度
D3 __ x __ start = 0
D3 __ x __ end = 1
D3 __ y __ start = 1
D3 __ y __ end = 0
D3 __ z __ start = 0
D3 __ z __ end = 1
D3 __ x __ str = ‘x’
D3 __ y __ str = ‘y’
D3 __ z __ str = ‘z’
elev = 10    # 调制三维图仰角
azim = 110   # 调制三维图 xy 轴旋转角度
# 电脑系统默认为 windows
system = ‘Win’
font = source. Select __ system (system)
track, t = source. math __ dxdydt (x __ start, y __ start, z __ start, am, bn, p, q, s, ck, dv, r, w, h, ej, fu, length, densy)
z, y = source. change __ To __ 3D (track)
source. Show __ 3D (z, y, elev, azim, dpi __ 3D, D3 __ x __ start, D3 __ x __ end, D3 __ y __ start, D3 __ y __ end, D3 __ z __ start, D3 __ z __ end, D3 __ x __ str, D3 __ y __ str, D3 __ z __ str, font, fontsize)
```

```
2. import numpy as np
import matplotlib. pyplot as plt
from matplotlib. font __ manager import FontProperties
from mpl __ toolkits. mplot3d import Axes3D
import motion
def Select __ system (system):
if system = = ‘Win’:
    font = FontProperties (fname = r “c: \ \ windows \ \ fonts \ \ simsun. ttc”, size =14) # 解决 windows 环境下画图汉字乱码问题
```

```
elif system = = 'Mac':
        font = FontProperties (fname = '/System/Library/Fonts/PingFang.ttc',
size=14)
    return font
    def function (wh, t, am, bn, p, q, s, ck, dv, r, w, h, ej, fu):
    x, y, z = wh
    return np.array ([x * (1 - x) * (am * y + bn * (1 - y) - (q - p)
 * (1 - z)),
    # 横轴
            y * (1 - y) * ((1 - x) * (am + ck) + w - dv),
    # 纵轴
  z * (1 - z) * (ej * (1 - y) + fu * y - p * (1 - x) - q * x)])
    def math__dxdydt (x__start, y__start, z__start, am, bn, p, q, s, ck, dv,
r, w, h, ej, fu, length, densy):
    t = np.arange (0, length, densy)
    result = motion.motden (function, x__start, y__start, z__start, t, am, bn,
p, q, s, ck, dv, r, w, h, ej, fu)
    return result, t
    def show__data (track, t, length, dpi, x__str, y__str, fontsize, title, label,
y__label__start, y__label__end, font):
    plt.figure (figsize = (8, 6), dpi = dpi)
    marker = [ '+', '——', '.', '-.', '*', '-']
    for i in range (3):
        plt.plot (t, track [:, i], marker [i], c = 'k', label = label [i])
    plt.xlim (0, length, 0.05)
    plt.ylim (y__label__start, y__label__end)
    # plt.legend (prop =font, numpoints =0.5)
    plt.legend (prop =font)
    leg = plt.gca () .get__legend ()
    ltext = leg.get__texts ()
    plt.setp (ltext, fontsize =16)
    plt.xlabel (x__str, fontproperties =font, fontsize = fontsize)
    plt.ylabel (y__str, fontproperties =font, fontsize = fontsize)
```

```
plt. title (title, fontproperties = font, fontsize  =  fontsize)
plt. grid ()
plt. show  ()
def change __ To __ 3D (track):
test  =  track
test __ under  =  test. copy  ()
test __ under [:, 2]  =  0.0
y  =  len (test)
z  =
for j in range (y):
    z. append (test [j])
    z. append (test __ under [j])
z  =  np. array (z)
return z, y
def Show __ 3D (last, y, elev, azim, dpi __ 3D, D3 __ x __ start, D3 __ x __
end, D3 __ y __ start, D3 __ y __ end, D3 __ z __ start, D3 __ z __ end, D3 __ x __
str, D3 __ y __ str, D3 __ z __ str, font, fontsize):
fig  =  plt. figure (dpi  =  dpi __ 3D)
ax  =  Axes3D (fig)
color  =  [ "k", 'k', 'r' ]
marker  =  [ ' - ', ' - ', ' - ']
k  = 0
train  =  last
ax. plot (train [0: 2, 0], train [0: 2, 1], train [0: 2:, 2], marker
[1], c  =  color [1])
for i in range (y):
    ax. scatter3D (train [k: k+1 , 0], train [k: k+1 , 1], train [k: k+
1 , 2], color  =  color [1], s=5)
    ax. plot (train [k: k+2, 0], train [k: k+2, 1], train [k: k+2, 2],
marker [1], c  =  color [1], linewidth=1)
    k  =  k  +  2
plt. xlim (D3 __ x __ start, D3 __ x __ end)
plt. ylim (D3 __ y __ start, D3 __ y __ end)
```

```
ax.set__zbound(D3__z__start, D3__z__end)
plt.xlabel(D3__x__str, fontproperties=font, fontsize = fontsize)
plt.ylabel(D3__y__str, fontproperties=font, fontsize = fontsize)
ax.set__zlabel(D3__z__str, fontproperties=font, fontsize = fontsize)
ax.view__init(elev = elev, azim = azim)
plt.show()
```

二、政府干预情况下，媒体散布谣言，政府为了澄清事实，对政府付出的干预成本进行灵敏性分析

```
1. import source__2
if ________ name ________ = = "________ main ________":
# 相关参数
am = 0
bn__list = [2.5, 5, 7]
p = 2
q = 6
s = 5
ck = 5
dv = 3
r = 0.5
w = 1
h = 5
ej = 5
fu = 2.5
# 起始值
x__start = 0.5
y__start = 0.5
z__start = 0.5
# 迭代总数
length = 30
# 时间步长
densy = 0.1
# 调制图片像素大小
```

```
dpi_2D = 80
# 横轴和纵轴标注以及标题
x_str = "t"
y_str = [ "x", 'y', 'z' ]
title = ""
label = 'b = '
# y 轴的起始点
y_label_start = -.1
y_label_end = 1.1
# 字体大小
fontsize = 16
# 3D 的相关设置
dpi_3D = 100
D3_x_start = 0
D3_x_end = 1
D3_y_start = 1
D3_y_end = 0.01
D3_z_start = 0.01
D3_z_end = 1
D3_x_str = 'x'
D3_y_str = 'y'
D3_z_str = 'z'
elev = 20    # 调制三维图仰角
azim = 110    # 调制三维图 xy 轴旋转角度
system = 'Win'
font = source_2.Select_system (system)
result =
for bn in bn_list:
    track, t = source_2.math_dxdydz (x_start, y_start, z_start,
am, bn, p, q, s, ck, dv, r, w, h, ej, fu, length, densy)
    result.append (track)
for index in range (3):
    source_2.show_data (result, bn_list, t, length, dpi_2D, x_str,
```

```
y __ str, fontsize, title, label, y __ label __ start, y __ label __ end, font, index)
    last, m   = source __ 2. Last __ val (result, bn __ list)
    source __ 2. show (bn __ list, last, m, elev, azim, dpi __ 3D, D3 __ x __ start,
D3 __ x __ end, D3 __ y __ start, D3 __ y __ end, D3 __ z __ start, D3 __ z __ end,
D3 __ x __ str, D3 __ y __ str, D3 __ z __ str, font, fontsize, label)

    2. import numpy as np
    import matplotlib. pyplot as plt
    from matplotlib. font __ manager import FontProperties
    font = FontProperties (fname = r "c: \ \ windows \ \ fonts \ \ simsun. ttc",
size = 14)      # 解决 windows 环境下画图汉字乱码问题
    import motion
    from mpl __ toolkits. mplot3d import Axes3D
    def Select __ system (system):
    if system = = 'Win':
        font = FontProperties (fname = r "c: \ \ windows \ \ fonts \ \
simsun. ttc", size = 14)      # 解决 windows 环境下画图汉字乱码问题
    elif system = = 'Mac':
        font = FontProperties (fname = '/System/Library/Fonts/PingFang. ttc',
size = 14)
    return font
    def function (wh, t, am, bn, p, q, s, ck, dv, r, w, h, ej, fu):
    x, y, z = wh
    return np. array ([x * (1 - x) * (am * y + bn * (1 - y) - (q - p)
* (1 - z)),
    # 横轴
        y * (1 - y) * ((1 - x) * (am + ck) + w - dv),
    # 纵轴
  z * (1 - z) * (ej * (1 - y) + fu * y - p * (1 - x) - q * x)])
    def math __ dxdydz (x __ start, y __ start, z __ start, am, bn, p, q, s, ck, dv,
r, w, h, ej, fu, length, densy):
    t = np. arange (0, length, densy)
    track = motion. motden (function, x __ start, y __ start, z __ start, t, am, bn,
```

```
p, q, s, ck, dv, r, w, h, ej, fu)
    return track, t
    def Last __ val (track, v):
    last = []
    for i in range (len (v)):
        test = track [i]
        test __ under = test. copy ()
        test __ under [:, 2] = 0.0
        y = len (test)
        z = []
        for j in range (y):
            z. append (test [j])
            z. append (test __ under [j])
        z = np. array (z)
        last. append (z)
    return last, y
    def show (v __ list, last, m, elev, azim, dpi __ 3D, D3 __ x __ start, D3 __ x __
end, D3 __ y __ start, D3 __ y __ end, D3 __ z __ start, D3 __ z __ end, D3 __ x __
str, D3 __ y __ str, D3 __ z __ str, font, fontsize, label):
    fig = plt. figure (figsize = (8, 6), dpi = dpi __ 3D)
    ax = Axes3D (fig, alpha = 1)
    color = [ "y", 'k', 'r', 'k']
    # 线段格式
    marker = [ '-', '-.', '——', '.']
    #   print (len (Beta))
    for j in range (len (v __ list)):
        k = 0
        train = last [j]
        title __ company = label + str (v __ list [j])
         ax. plot (train [0: 2:, 0], train [0: 2:, 1], train [0: 2:, 2],
marker [j], c = color [j], label = title __ company)
        for i in range (m):
            ax. scatter3D (train [k: k + 1 , 0], train [k: k + 1 , 1], train
```

```
[k: k+1 , 2], color = color [j], s=5)
                ax.plot (train [k: k+2:, 0], train [k: k+2:, 1], train [k: k
+2:, 2], marker [j], c = color [j], linewidth=1)
                k = k + 2
    plt.legend (loc = 'upper center', bbox_to_anchor = (0.8, 0.80), fan-
cybox=True)
    plt.xlim (D3_x_start, D3_x_end)
    plt.ylim (D3_y_start, D3_y_end)
    ax.set_zbound (D3_z_start, D3_z_end)
    plt.xlabel (D3_x_str, fontproperties=font, fontsize = fontsize)
    plt.ylabel (D3_y_str, fontproperties=font, fontsize = fontsize)
    ax.set_zlabel (D3_z_str, fontproperties=font, fontsize = fontsize)
    ax.view_init (elev =  elev, azim = azim)
    plt.show ()
    def show_data (result, list_v, t, length, dpi, x_str, y_str, fontsize, ti-
tle, label, y_label_start, y_label_end, font, i):
    plt.figure (figsize = (8, 6), dpi = dpi)
    marker = [ '+', '——', '-', '.', '-']
    for k, track in enumerate (result):
        plt.plot (t, track [:, i], marker [k], color = 'k', label =  label +
str (list_v [k]))
    plt.xlim (0, length, 0.05)
    plt.ylim (y_label_start, y_label_end)
    plt.legend (loc = 'right')
    plt.legend (prop =font, numpoints =0.5)
    plt.legend (prop =font)
    leg = plt.gca () .get_legend ()
    ltext = leg.get_texts ()
    plt.setp (ltext, fontsize = 'small')
    plt.xlabel (x_str, fontproperties=font, fontsize = fontsize)
    plt.ylabel (y_str [i], fontproperties=font, fontsize = fontsize)
    plt.title (title, fontproperties=font, fontsize = fontsize)
    plt.grid ()
```

```
plt.show()
```

三、政府干预情况下，媒体散布谣言，政府对其做出惩罚，对媒体受到的惩罚程度进行灵敏性分析

```
1. import source_1
if __name__ == "__main__":
# 相关参数
am = 0
bn = 5
p = 2
q = 6
s = 5
ck_list = [2.5, 5, 7.5]
dv = 3
r = 0.5
w = 1
h = 5
ej = 5
fu = 2.5
# 起始值
x_start = 0.5
y_start = 0.5
z_start = 0.5
# 迭代总数
length = 30
# 时间步长
densy = 0.1
# 调制图片像素大小
dpi_2D = 80
# 横轴和纵轴标注以及标题
x_str = "t"
y_str = ["x", 'y', 'z']
title = ""
```

```
label = 'C = '
# y 轴的起始点
y__label__start = -.1
y__label__end = 1.1
# 字体大小
fontsize = 16
# 3D 的相关设置
dpi__3D = 100
D3__x__start = 0
D3__x__end = 1
D3__y__start = 1
D3__y__end = 0.01
D3__z__start = 0.01
D3__z__end = 1
D3__x__str = 'x'
D3__y__str = 'y'
D3__z__str = 'z'
elev = 20     # 调制三维图仰角
azim = 110    # 调制三维图 xy 轴旋转角度
system = 'Win'
font = source__1.Select__system (system)
result =
for ck in ck__list:
    track, t = source__1.math__dxdydz (x__start, y__start, z__start,
am, bn, p, q, s, ck, dv, r, w, h, ej, fu, length, densy)
    result.append (track)
for index in range (3):
    source__1.show__data (result, ck__list, t, length, dpi__2D, x__str,
y__str, fontsize, title, label, y__label__start, y__label__end, font, index)
last, m  = source__1.Last__val (result, ck__list)
source__1.show (ck__list, last, m, elev, azim, dpi__3D, D3__x__start,
D3__x__end, D3__y__start, D3__y__end, D3__z__start, D3__z__end,
D3__x__str, D3__y__str, D3__z__str, font, fontsize, label)
```

```
2. import numpy as np
import matplotlib. pyplot as plt
from matplotlib. font _ manager import FontProperties
font = FontProperties (fname = r "c: \ \ windows \ \ fonts \ \ simsun. ttc", size = 14)        # 解决 windows 环境下画图汉字乱码问题
import motion
from mpl _ toolkits. mplot3d import Axes3D
def Select _ system (system):
if system = = 'Win':
    font = FontProperties (fname = r "c: \ \ windows \ \ fonts \ \ simsun. ttc", size = 14)        # 解决 windows 环境下画图汉字乱码问题
elif system = = 'Mac':
    font = FontProperties (fname = '/System/Library/Fonts/PingFang. ttc', size = 14)
return font
def function (wh, t, am, bn, p, q, s, ck, dv, r, w, h, ej, fu):
x, y, z = wh
return np. array ([x * (1 - x) * (am * y + bn * (1 - y) - (q - p) * (1 - z)),
# 横轴
    y * (1 - y) * ((1 - x) * (am + ck) + w - dv),
# 纵轴
z * (1 - z) * (ej * (1 - y) + fu * y - p * (1 - x) - q * x)])
def math _ dxdydz (x _ start, y _ start, z _ start, am, bn, p, q, s, ck, dv, r, w, h, ej, fu, length, densy):
t = np. arange (0, length, densy)
track = motion. motden (function, x _ start, y _ start, z _ start, t, am, bn, p, q, s, ck, dv, r, w, h, ej, fu)
return track, t
def Last _ val (track, v):
last = [ ]
for i in range (len (v)):
```

```
        test = track [i]
        test__under = test. copy ()
        test__under [:, 2] = 0.0
        y = len (test)
        z = []
        for j in range (y):
            z. append (test [j])
            z. append (test__under [j])
        z = np. array (z)
        last. append (z)
    return last, y
    def show (v__list, last, m, elev, azim, dpi__3D, D3__x__start, D3__x__
end, D3__y__start, D3__y__end, D3__z__start, D3__z__end, D3__x__
str, D3__y__str, D3__z__str, font, fontsize, label):
    fig = plt. figure (figsize = (8, 6), dpi = dpi__3D)
    ax = Axes3D (fig, alpha = 1)
    color = [ "y", 'k', 'r', 'k']
    # 线段格式
    marker = [ '-', '-.', '——', '.']
    #   print (len (Beta))
    for j in range (len (v__list)):
        k = 0
        train = last [j]
        title__company = label + str (v__list [j])
        ax. plot (train [0: 2:, 0], train [0: 2:, 1], train [0: 2:, 2],
marker [j], c = color [j], label = title__company)
        for i in range (m):
            ax. scatter3D (train [k: k+1 , 0], train [k: k+1 , 1], train
[k: k+1 , 2], color = color [j], s=5)
            ax. plot (train [k: k+2:, 0], train [k: k+2:, 1], train [k: k
+2:, 2], marker [j], c = color [j], linewidth=1)
            k = k + 2
    plt. legend (loc = 'upper center', bbox__to__anchor = (0.8, 0.80), fan-
```

```
cybox = True)
    plt. xlim (D3 _ x _ start, D3 _ x _ end)
    plt. ylim (D3 _ y _ start, D3 _ y _ end)
    ax. set _ zbound (D3 _ z _ start, D3 _ z _ end)
    plt. xlabel (D3 _ x _ str, fontproperties = font, fontsize  =  fontsize)
    plt. ylabel (D3 _ y _ str, fontproperties = font, fontsize  =  fontsize)
    ax. set _ zlabel (D3 _ z _ str, fontproperties = font, fontsize  =  fontsize)
    ax. view _ init (elev  =   elev, azim  =  azim)
    plt. show ()
    def show _ data (result, list _ v, t, length, dpi, x _ str, y _ str, fontsize, ti-
tle, label, y _ label _ start, y _ label _ end, font, i):
    plt. figure (figsize  =  (8, 6), dpi  =  dpi)
    marker  = [ '+', '——', '-', '.', '-']
    for k, track in enumerate (result):
        plt. plot (t, track [ :, i], marker [k], color  =  'k', label  =   label +
str (list _ v [k]))
    plt. xlim (0, length, 0. 05)
    plt. ylim (y _ label _ start, y _ label _ end)
    plt. legend (loc  =  'right')
    plt. legend (prop  = font, numpoints = 0. 5)
    plt. legend (prop  = font)
    leg  =  plt. gca () . get _ legend ()
    ltext  =  leg. get _ texts ()
    plt. setp (ltext, fontsize =   'small')
    plt. xlabel (x _ str, fontproperties = font, fontsize  =  fontsize)
    plt. ylabel (y _ str [i], fontproperties = font, fontsize  =  fontsize)
    plt. title (title, fontproperties = font, fontsize  =  fontsize)
    plt. grid ()
    plt. show ()
```

四、部分媒体散布谣言情况下，居民采取抵抗策略，对此时居民的抵抗程度进行灵敏性分析

```
1. import source _ 3
if ________ name ________ = = "________ main ________":
# 相关参数
am = 0
bn = 5
p = 2
q = 6
s = 5
ck = 5
dv = 3
r = 0.5
w = 1
h = 5
ej _ list = [2.5, 5, 7.5]
fu = 2.5
# 起始值
x _ start = 0.5
y _ start = 0.5
z _ start = 0.5
# 迭代总数
length = 30
# 时间步长
densy  = 0.1
# 调制图片像素大小
dpi _ 2D = 80
# 横轴和纵轴标注以及标题
x _ str = "t"
y _ str = [ "x", 'y', 'z' ]
title = ""
label = 'e = '
```

```
# y 轴的起始点
y__label__start = -.1
y__label__end = 1.1
# 字体大小
fontsize = 16
# 3D 的相关设置
dpi__3D = 100
D3__x__start = 0
D3__x__end = 1
D3__y__start = 1
D3__y__end = 0.01
D3__z__start = 0.01
D3__z__end = 1
D3__x__str = 'x'
D3__y__str = 'y'
D3__z__str = 'z'
elev = 20      # 调制三维图仰角
azim = 110     # 调制三维图 xy 轴旋转角度
system = 'Win'
font = source__3.Select__system (system)
result =
for ej in ej__list:
        track, t = source__3.math__dxdydz (x__start, y__start, z__start, am, bn, p, q, s, ck, dv, r, w, h, ej, fu, length, densy)
        result.append (track)
for index in range (3):
        source__3.show__data (result, ej__list, t, length, dpi__2D, x__str, y__str, fontsize, title, label, y__label__start, y__label__end, font, index)
last, m    = source__3.Last__val (result, ej__list)
source__3.show (ej__list, last, m, elev, azim, dpi__3D, D3__x__start, D3__x__end, D3__y__start, D3__y__end, D3__z__start, D3__z__end, D3__x__str, D3__y__str, D3__z__str, font, fontsize, label)
```

```
2. import numpy as np
import matplotlib. pyplot as plt
from matplotlib. font _ manager import FontProperties
font = FontProperties (fname = r "c: \ \ windows \ \ fonts \ \ simsun. ttc",
size = 14)      # 解决 windows 环境下画图汉字乱码问题
import motion
from mpl _ toolkits. mplot3d import Axes3D
def Select _ system (system):
if system = = 'Win':
    font = FontProperties (fname = r "c: \ \ windows \ \ fonts \ \
simsun. ttc", size = 14)      # 解决 windows 环境下画图汉字乱码问题
elif system = = 'Mac':
    font = FontProperties (fname = '/System/Library/Fonts/PingFang. ttc',
size = 14)
return font
def function (wh, t, am, bn, p, q, s, ck, dv, r, w, h, ej, fu):
x, y, z = wh
return np. array ([x * (1 - x) * (am * y + bn * (1 - y) - (q - p)
* (1 - z)),
# 横轴
    y * (1 - y) * ((1 - x) * (am + ck) + w - dv),
# 纵轴
 z * (1 - z) * (ej * (1 - y) + fu * y - p * (1 - x) - q * x)])
def math _ dxdydz (x _ start, y _ start, z _ start, am, bn, p, q, s, ck, dv,
r, w, h, ej, fu, length, densy):
t = np. arange (0, length, densy)
track = motion. motden (function, x _ start, y _ start, z _ start, t, am, bn,
p, q, s, ck, dv, r, w, h, ej, fu)
return track, t
def Last _ val (track, v):
last = []
for i in range (len (v)):
    test = track [i]
```

```
        test_under = test.copy()
        test_under[:, 2] = 0.0
        y = len(test)
        z = []
        for j in range(y):
            z.append(test[j])
            z.append(test_under[j])
        z = np.array(z)
        last.append(z)
    return last, y
    def show(v_list, last, m, elev, azim, dpi_3D, D3_x_start, D3_x_end, D3_y_start, D3_y_end, D3_z_start, D3_z_end, D3_x_str, D3_y_str, D3_z_str, font, fontsize, label):
    fig = plt.figure(figsize = (8, 6), dpi = dpi_3D)
    ax = Axes3D(fig, alpha = 1)
    color = ["y", 'k', 'r', 'k']
    # 线段格式
    marker = ['-', '-.', '——', '.']
    #  print(len(Beta))
    for j in range(len(v_list)):
        k = 0
        train = last[j]
        title_company = label + str(v_list[j])
        ax.plot(train[0: 2:, 0], train[0: 2:, 1], train[0: 2:, 2], marker[j], c = color[j], label = title_company)
        for i in range(m):
            ax.scatter3D(train[k: k+1 , 0], train[k: k+1 , 1], train[k: k+1 , 2], color = color[j], s=5)
            ax.plot(train[k: k+2:, 0], train[k: k+2:, 1], train[k: k+2:, 2], marker[j], c = color[j], linewidth=1)
            k = k + 2
    plt.legend(loc= 'upper center', bbox_to_anchor= (0.8, 0.80), fancybox=True)
```

```
plt. xlim (D3 _ x _ start, D3 _ x _ end)
plt. ylim (D3 _ y _ start, D3 _ y _ end)
ax. set _ zbound (D3 _ z _ start, D3 _ z _ end)
plt. xlabel (D3 _ x _ str, fontproperties = font, fontsize = fontsize)
plt. ylabel (D3 _ y _ str, fontproperties = font, fontsize = fontsize)
ax. set _ zlabel (D3 _ z _ str, fontproperties = font, fontsize = fontsize)
ax. view _ init (elev = elev, azim = azim)
plt. show ()
def show _ data (result, list _ v, t, length, dpi, x _ str, y _ str, fontsize, ti-
tle, label, y _ label _ start, y _ label _ end, font, i):
plt. figure (figsize = (8, 6), dpi = dpi)
marker = [ '+', '——', '-', '.', '-']
for k, track in enumerate (result):
    plt. plot (t, track [:, i], marker [k], color = 'k', label = label +
str (list _ v [k]))
plt. xlim (0, length, 0. 05)
plt. ylim (y _ label _ start, y _ label _ end)
plt. legend (loc = 'right')
plt. legend (prop = font, numpoints = 0. 5)
plt. legend (prop = font)
leg = plt. gca () . get _ legend ()
ltext = leg. get _ texts ()
plt. setp (ltext, fontsize = 'small')
plt. xlabel (x _ str, fontproperties = font, fontsize = fontsize)
plt. ylabel (y _ str [i], fontproperties = font, fontsize = fontsize)
plt. title (title, fontproperties = font, fontsize = fontsize)
plt. grid ()
plt. show ()
```

《环境污染型工程投资项目的风险媒介化问题与社会韧性治理现代化》利益相关者与社会稳定风险因素的关系调查问卷

您好！首先感谢您能抽出宝贵的时间来参与本次调查，非常感谢您的支持！

本次调查为国家自然科学基金青年项目“社会网络媒介化中重大工程环境损害的社会稳定风险传播扩散机理与防范策略”和教育部人文社科基金《风险媒介化下环境污染型工程投资项目的社会稳定风险传播扩散及其治理机制研究》的内容之一（16YJC630172）。我们正在进行一项关于环境污染型工程投资项目的利益相关者及社会稳定风险因素的调查，期望能够发现环境污染型工程投资项目中的关键利益相关者与关键社会稳定风险因素，为环境污染型工程投资项目的社会稳定风险管理提供参考。我们相信您的答案和意见将会为此研究提供极大的帮助，我们向您保证有关调查资料只用于学术研究。

本研究首先利用文献综述的方法，识别了部分利益相关者与社会稳定风险因素；然后，希望利用各位在工作、学习、生活中的经验进一步确定利益相关者与风险因素，进而判断各利益相关者与各风险因素之间的关系；在此基础上，利用社会网络分析等科学研究方法来确定关键利益相关者与关键社会稳定风险因素，提高环境污染型工程投资项目社会稳定风险管理能力，为保证地区社会稳定做出贡献！

以下模块是为您完成调查问卷提供的参考资料：

模块：

1. 本研究中的环境污染型工程投资项目，是指在建成投入运营后可能会对自然环境和生态平衡产生一定的影响，同时使得居民的生存环境遭到一定程度的破坏，致使居民的健康和安全不能完全保障的工程项目，具有代表性的有 PX 项目、垃圾焚烧处理厂、核电、化工厂等。

2. 本研究中的环境污染型工程投资项目的社会稳定风险，是指环境污染型工程投资项目的组织和实施过程中，由于直接利益相关者或间接利益相关者的利益受到损害，造成了各种社会冲突，引发的社会风险在社会系统中积累到一定程度，使社会系统发生社会无序化和社会环境不和谐的风险。

3. 初步识别出的环境污染型工程投资项目利益相关者如表 1。

表1　环境污染型工程投资项目的利益相关者

利益相关者	利益相关者的描述
S1：地方政府	环境污染型工程投资项目所在地的政府机关
S2：中央政府	所在地偏远，统筹规划的中央政府
S3：项目法人	环境污染型工程投资项目建设的责任主体，负责项目策划、建设实施等
S4：承包商	具体承担环境污染型工程投资项目建设的相关单位，受雇于项目法人
S5：供应商	为环境污染型工程投资项目提供材料、设备等的相关单位
S6：监理单位	承担环境污染型工程投资项目监理任务的单位
S7：设计单位	为环境污染型工程投资项目进行设计工作的相关单位
S8：当地群众	生活在项目所在地而且受到环境污染型工程投资项目影响的群众
S9：专家学者	长期从事环境保护领域学术研究，研究水平被社会所认可
S10：社会公众	对环境污染型工程投资项目比较关心的非项目所在地的普通群众
S11：媒体	报纸、网络、广播等传统媒体和微信、微博等新媒体平台及其从业者
S12：环保组织	全国范围内对环境污染型工程投资项目比较关注的环境保护方面的组织
S13：社会稳定与发展组织	当地对环境污染型工程投资项目比较关注的社会稳定与发展方面的组织
S14：当地环保局	当地负责生态维护的生态环境保护局

4. 初步识别出的环境污染型工程投资项目社会稳定风险因素如表2。

表2 环境污染型工程投资项目的社会稳定风险因素

风险因素一级指标	风险因素二级指标	说明
利益争端	R_1 征拆补偿问题	被征拆公众的补偿不合理、未到位、不公平
	R_2 群众安置问题	安置未及时解决、不公平或引起不满等
	R_3 项目设施选址	项目的建设损害当地民众的利益，服务其他地方民众
环境问题	R_4 建设过程污染	工程建设实施过程中引起的噪音、空气、水、辐射等污染
	R_5 生态破坏	工程项目的建设运营会给当地的生态环境带来污染，如污染物排放
	R_6 污染隐患	工程项目的运营过程中存在辐射等污染隐患，威胁身体健康
	R_7 风险聚集	项目的建设运行存在一定的安全隐患，一旦发生事故，危机生命财产安全
经济问题	R_8 当地经济损失	项目对当地资源环境的破坏而造成的直接经济损失
	R_9 当地发展潜力受限	项目建设削弱了当地的营商环境，使得经济发展质量较低
技术问题	R_{10} 项目管理问题	项目实施中各相关方的不协调
	R_{11} 工程技术问题	项目建设过程中出现的各类技术问题
感知风险	R_{12} 政府信息不透明	项目立项建设过程中，政府隐瞒或者选择性公开信息，加剧公众的恐慌心理
	R_{13} 政府决策不民主	项目立项阶段中，政府没有向社会听证，也没有咨询专家学者
感知风险	R_{14} 专家学者不客观	专家学者发布的评估意见有失客观性，破坏公众的信任
	R_{15} 项目污名化	类似的项目事故宣传对公众产生负面影响，导致抵抗情绪的产生
	R_{16} 信息传播扩散快	项目建设的信息在公众中迅速传播扩散，吸引公众注意
	R_{17} 媒体过度报道	个别媒体追逐吸引眼球的新闻，过度渲染和报道项目建设，甚至歪曲事实

续表

风险因素一级指标	风险因素二级指标	说　明
抗争行为	R_{18} 诉求表达不畅	自身对项目建设的诉求找不到合法渠道表达，情绪无法疏解
	R_{19} 熟人抗争行为	地缘关系相近的社区网络中有熟人进行抗争，进而跟随

填表说明：请您根据您对各类环境污染型工程投资项目的实际了解以及上述资料，分三步完成表3：

第一步：您认为环境污染型工程投资项目包括哪些利益相关者，请依次在表3的第一列列出，您既可以从表1中选择，也可补充其他利益相关者填入。

第二步：您认为环境污染型工程投资项目的社会稳定风险因素有哪些，请依次在表3的第一行列出，您既可以从表2中选择，也可补充其他因素填入。

第三步：您认为各利益相关者会与哪些风险因素有关系，如果某一利益相关者与某一风险因素有关系，则在相应表格中输入数字，无影响则不填。例如，如果您认为S1与R1、R3、R5有关系，则在S1与R1、R3、R5交叉的格子中输入对应数字。

"1"表示弱相关，"2"表示相关，"3"表示高度相关。

您可以从您周围的环境污染型工程建设活动或者您印象最深刻的环境污染型工程投资项目中考虑进行思考。再次感谢您的参与！

式例：

表3　环境污染型工程投资项目的利益相关者与社会稳定风险因素矩阵表

	S1	S2	S5	……	Sn
R1					
R3					
R7					
……					
……					
……					
Rn					

参考文献

一、中文文献

[1] 中国互联网络信息中心. 第43次中国互联网络发展现状统计报告[R/OL]. 中国互联网络信息中心，2019-02-28.

[2] 张寒冰. 重大环境污染型工程投资项目社会稳定风险生成路径与防范研究[D]. 重庆：重庆大学. 2017.

[3] 田广. 全媒体时代邻避冲突事件治理研究[D]. 青岛：中国石油大学(华东). 2015.

[4] 郭尚花. 我国环境群体性事件频发的内外因分析与治理策略[J]. 科学社会主义，2013(2)：99-102.

[5] 商磊. 由环境问题引起的群体性事件发生成因及解决路径[J]. 首都师范大学学报(社会科学版)，2009(5)：126-130.

[6] 王玉明. 暴力型环境群体性事件的成因分析——基于对十起典型环境群体性事件的研究[J]. 中共珠海市委党校珠海市行政学院学报，2012(3)：37-42.

[7] 聂北茵. 透视社会焦虑症——访中央党校教授吴忠民[N]，中国青年报，2011-08-01.

[8] 钟其. 环境受损与群体性事件研究——基于新世纪以来浙江省环境群体性事件的分析[J]. 法治研究，2009(11)：44-51.

[9] 童星，张乐. 重大“邻避”设施决策社会稳定风险评估的现实困境与政策建议：来自S省的调研与分析[J]. 四川大学学报(哲学社会科学版)，2016(3)：107-115.

[10] 中共中央文献研究室. 习近平关于社会主义生态文明建设论述摘编[M]. 北京：中央文献出版社，2017. 84.

[11] 谢晓非，郑兹. 风险沟通与公众理性[J]. 心理科学进展，2003

(4): 375 - 381.

[12] 王娟, 刘细良, 黄胜波. 中国式邻避运动: 特征、演进逻辑与形成机理 [J]. 当代教育理论与实践, 2014 (10): 182 - 186.

[13] 曾峻. 公共管理新论: 体系、价值与工具 [M]. 北京: 人民出版社, 2006: 32.

[14] 丘昌泰, 黄锦堂. 解析邻避情节与政治 [M]. 台北: 翰蘆图书出版有限公司, 2006: 12.

[15] 肖飞. 邻避型群体性事件的防范之道——基于2012年三起典型案例的分析与思考 [J]. 北京警察学院学报, 2013 (4): 34 - 37.

[16] 张有富. 论环境群体性事件的主要诱因及其化解 [J]. 传承 (学术理论版), 2010 (33): 122 - 123.

[17] 吴思珺. 论环境群体性事件特点 [J]. 武汉交通职业学院学报, 2013 (1): 42 - 44.

[18] 王嘉洁. 社会化媒体视域下环境群体性事件的风险传播研究——以"PX"事件为例 [D]. 上海: 华东师范大学. 2018.

[19] 王佃利, 王玉龙, 于棋. 从"邻避管控"到"邻避治理": 中国邻避问题治理路径转型 [J]. 中国行政管理, 2017 (5): 119 - 125.

[20] 刘博. 网络公共事件中的群体情绪及其治理 [J]. 上海行政学院学报, 2017 (5): 96 - 104.

[21] 韩金成. 环境污染型邻避困境及其治理研究 [D]. 武汉: 华中科技大学. 2015.

[22] 李修棋. 为权利而斗争: 环境群体性事件的多视角解读 [J]. 江西社会科学, 2013, 33 (11): 137 - 142.

[23] 李春雷, 钟珊珊. 风险社会视域下底层群体信息剥夺心理的传媒疏解研究——基于"什邡事件"的实地调研 [J]. 新闻大学, 2014 (1): 90 - 99.

[24] 朱德米, 虞铭明. 社会心理、演化博弈与城市环境群体性事件——以昆明PX事件为例 [J]. 同济大学学报 (社会科学版), 2015, 26 (2): 57 - 64.

[25] 覃哲, 黄宁. 邻避事件消极社会情绪的网络扩散及治理策略 [J]. 文化与传播, 2017 (6): 62 - 66.

[26] 张广利, 刘晓亮. 从环境风险到群体性事件: 一种"风险的社会放

大”现象解析 [J]. 湖北社会科学, 2013 (12): 20-23.

[27] 曾繁旭, 戴佳, 王宇琦. 技术风险 VS 感知风险: 传播过程与风险社会放大 [J]. 现代传播, 2015 (3): 40-46.

[28] 王民和. 人民日报: PX 等项目如何改变“一建就闹、一闹就停” [EB/OL]. 人民网—人民日报, 2017-01-14.

[29] 乌尔里希·贝克. 风险社会 [M]. 何博闻, 译. 南京: 译林出版社, 2004: 6.

[30] 郑雯. “媒介化抗争”: 变迁、机理与挑战当代中国拆迁抗争十年媒介事件的多案例比较研究 (2003—2012) [D]. 上海: 复旦大学, 2013.

[31] 周翔, 李镓. 网络社会中的“媒介化”问题: 理论、实践与展望 [J]. 国际新闻界. 2017 (04): 137-154.

[32] 胡翼青, 杨馨. 媒介化社会理论的缘起: 传播学视野中的“第二个芝加哥学派” [J]. 新闻大学, 2017 (6): 96-103+154.

[33] 强月新, 余建清. 风险沟通: 研究谱系与模型重构 [J]. 武汉大学学报 (人文科学版), 2008 (4): 501-505.

[34] 华智亚. 风险沟通与风险型环境群体性事件的应对 [J]. 人文杂志, 2014 (5): 97-108.

[35] 张晓晨, 施国庆, 刘会聪, 等. 高环境风险工程项目社会稳定风险的类型和社会放大效应 [J]. 工程研究—跨学科视野中的工程, 2018 (3): 288-296.

[36] 詹承豫, 赵博然. 风险交流还是利益协调: 地方政府社会风险沟通特征研究——基于30起环境群体性事件的多案例分析 [J]. 北京行政学院学报, 2019 (1): 1-9.

[37] 张晓锋. 论媒介化社会形成的三重逻辑 [J]. 现代传播 (中国传媒大学学报), 2010 (7): 15-18.

[38] 郭小平. “风险传播”研究的范式转换 [Z]. 深圳: 中国传播学论坛, 2006: 11.

[39] 陈力丹. 美国媒介集团的大兼并及新的媒介集团格局 [J]. 新闻界, 1999 (1): 2.

[40] 曾来海. 风险传播与危机传播关系的辨析 [J]. 新闻世界, 2011 (11): 20-21.

[41] 廖祥忠. 何为新媒体? [J]. 现代传播, 2008 (5): 121-125.

[42] 匡文波. "新媒体"概念辨析 [J]. 国际新闻界, 2008 (6): 66-69.

[43] 王伟勤. 社会风险类型及其治理方式分析 [J]. 云南行政学院学报, 2013 (3): 58-61.

[44] 吴龙勇. 铁路工程项目社会稳定风险评估与控制对策研究 [D]. 长沙: 中南大学. 2013.

[45] 郑旭涛. 预防式环境群体性事件的成因分析——以什邡、启东、宁波事件为例 [J]. 东南学术, 2013 (3): 23-29.

[46] 冯汝. 环境群体性事件的类型化及其治理路径之思考 [J]. 云南行政学院报, 2016 (18): 81, 98-103.

[47] 郭红欣. 论环境公共决策中风险沟通的法律实现——以预防型环境群体性事件为视角 [J]. 中国人口·资源与环境, 2016, 26 (6): 100-106.

[48] 汤京平. 邻避性环境冲突管理的制度与策略——以理性选择与交易成本理论分析六轻建厂及拜耳投资案 [J]. 政治科学论丛, 1999 (6).

[49] 徐祖迎, 朱玉芹. 邻避冲突治理的困境、成因及破解思路 [J]. 理论探索, 2013 (6).

[50] 娄胜华, 姜珊珊. "邻避运动"在澳门的兴起及其治理——以美沙酮服务站选址争议为个案 [J]. 中国行政管理, 2012 (4): 114-117.

[51] 丘昌泰. 从"邻避情结"到"迎臂效应": 台湾环保抗争的问题与出路 [J]. 政治科学论丛, 2001 (17): 33-56.

[52] 荣启涵. 用协商民主解决环境群体性事件 [J]. 环境保护, 2011 (7): 33-35.

[53] 张婧飞. 农村邻避型环境群体性事件发生机理及防治路径研究 [J]. 中国农业大学学报 (社会科学版), 2015, 32 (2): 35-40.

[54] 王海成. 协商民主视域中的环境群体性事件治理 [J]. 华中农业大学学报 (社会科学版), 2015 (3): 118-122.

[55] 杜雁军, 马存利. 社会冲突论下农村环境群体性事件的应对 [J]. 经济问题, 2015 (6): 100-103.

[56] 张婧飞. 农村邻避型环境群体性事件发生机理及防治路径研究 [J]. 中国农业大学学报 (社会科学版), 2015, 32 (2): 35-40.

[57] 何羿，赵智杰. 环境影响评价在规避邻避效应中的作用与问题 [J]. 北京大学学报（自然科学版），2013 (6)：1056 - 1064.

[58] 董幼鸿. "邻避冲突"理论及其对邻避型群体性事件治理的启示 [J]. 上海行政学院学报，2013 (2).

[59] 陈宝胜. 从"政府强制"走向"多元协作"：邻比冲突治理的模式转换与路径创新 [J]. 公共管理与政策评论，2015 (4).

[60] 陶鹏，童星. 邻避型群体性事件及其治理 [J]. 南京社会科学，2010 (8).

[61] 邵光学，刘娟. 从"社会管理"到"社会治理"——浅谈中国共产党执政理念的新变化 [J]. 学术论坛，2014 (2)：44 - 47.

[62] 樊良树. 环境污染型工程投资项目建设难点及治理机制——基于三起"反 PX 行动"的分析 [J]. 国家行政学院学报，2018 (6)：171 - 175，193.

[63] 赵亚辉. 风险社会视角下的中国科技传播研究 [D]. 武汉：武汉大学，2013.

[64] 张晓锋. 论媒介化社会形成的三重逻辑 [J]. 现代传播（中国传媒大学学报），2010 (7)：15 - 18.

[65] 诸大建. "邻避"现象考验社会管理能力 [N]. 文汇报，2011 - 11 - 08 (5).

[66] 张寒冰. 重大环境污染型工程投资项目社会稳定风险生成路径与防范研究 [D]. 重庆：重庆大学，2017.

[67] 李宁宁. 利益相关者视角下邻避冲突的治理困境及解决机制研究 [D]. 长春：长春工业大学，2018.

[68] 童星，张海波，等. 中国转型期的社会风险及识别一理论探讨与经验研究 [M]. 南京：南京大学出版社，2007：89.

[69] 化涛. 转型期我国社会稳定风险的防范与治理 [J]. 吉首大学学报（社会科学版），2014，35 (1)：69 - 75.

[70] 张长征，黄德春，华坚. 重大水利工程项目的社会稳定风险 [M]. 北京：清华大学出版社，2013：18.

[71] 王弘扬. 风险治理在邻避冲突治理中的应用 [D]. 济南：山东大学，2017.

[72] 董晗旭. 公共安全事件网络舆情传播演化规律的定性比较分析 [J]. 阅江学刊, 2018 (4): 118-127.

[73] 孙荣. 基层政府应对网络舆情的难点与破解之道 [Z]. 人民论坛, 2018 (24): 53-55.

[74] 倪佳瑜. 无直接利益冲突型群体性事件治理研究 [D]. 无锡: 江南大学, 2018.

[75] 熊蔷. 非直接利益型群体性事件的演变及治理 [D]. 武汉: 湖北工业大学, 2016.

[76] 李璐. 大数据时代与我国媒介化社会的嬗变——基于媒介环境学的视角 [D]. 西安: 陕西师范大学. 2018.

[77] 周炤. 中国税收风险问题研究 [D]. 成都: 西南财经大学, 2008.

[78] 刘小红. 困境与突围: 大数据时代的社会风险管理创新 [J]. 科技管理研究, 2016 (18): 213-217.

[79] 曾繁旭, 戴佳, 王宇琦. 技术风险 VS 感知风险: 传播过程与风险社会放大 [J]. 现代传播, 2015 (3): 40-46.

[80] 李梁. 风险的社会放大: 媒体与社会的互动——以南京彭宇案为例 [D]. 重庆: 西南大学, 2012.

[81] 克劳地亚·卡斯蒂娜达. 偷盗儿童器官的故事: 风险、传闻和再生技术 [M] //芭芭拉·亚当, 乌尔里希·贝克, 约斯特·房龙, 等. 风险社会及其超越: 社会理论的关键议题. 赵延东, 等译. 北京: 北京出版社, 2005.

[82] 全燕. 基于风险社会放大框架的大众媒介研究 [D]. 武汉: 华中科技大学, 2013.

[83] 胡杨. 风险社会视域下媒介污名化研究 [D]. 重庆: 西南大学, 2011.

[84] 沈云帆. 环境群体性事件协同治理对策研究 [D]. 南昌: 江西财经大学, 2018.

[85] 李宁宁. 利益相关者视角下邻避冲突的治理困境及解决机制研究 [D]. 长春: 长春工业大学, 2018.

[86] 赵树迪, 周易, 蔡银寅. 邻避冲突视角下环境群体性事件的发生过程及处理研究 [J]. 中国人口·资源与环境, 2017, 27 (6): 171-176.

[87] 方畅. 网络事件的媒介治理——以罗尔事件为例 [J]. 新闻研究导刊, 2017, 8 (14): 86.

[88] 黄胜波. 多中心治理视角下的邻避冲突治理研究 [D]. 长沙: 湖南大学, 2015.

[89] 谢钰敏, 魏晓平. 项目利益相关者管理研究 [J]. 科技管理研究, 2006 (1): 168 - 170, 194.

[90] 丁荣贵. 项目利益相关方及其需求的识别 [J]. 项目管理技术, 2008 (1): 73 - 76.

[91] 王文学, 尹贻林. 天津站综合交通枢纽工程利益相关者管理研究 [J]. 城市轨道交通研究, 2008 (9): 4 - 6 + 24.

[92] 王进, 许玉洁. 大型工程项目利益相关者分类 [J]. 铁道科学与工程学报, 2009, 6 (5): 77 - 83.

[93] 刘奇, 王蓓, 武丽丽. 基于利益相关者理论的城市轨道交通项目需求分析 [J]. 铁路工程造价管理, 2010, 25 (5): 22 - 26, 56.

[94] 毛小平, 陆惠民, 李启明. 我国工程项目可持续建设的利益相关者研究 [J]. 东南大学学报 (哲学社会科学版), 2012, 14 (2): 46 - 50, 127.

[95] 吕萍, 胡欢欢, 郭淑苹. 政府投资项目利益相关者分类实证研究 [J]. 工程管理学报, 2013, 27 (1): 39 - 43.

[96] 王雪青, 孙丽莹, 陈杨杨. 基于社会网络分析的承包商利益相关者研究 [J]. 工程管理学报, 2015, 29 (3): 13 - 18.

[97] 周九常, 白清礼. 图书馆联盟知识转移与共享文化的价值观体系 [J]. 中国图书馆学报, 2008 (6): 38 - 41.

[98] 郭春侠, 储节旺. 图书馆知识转移的过程研究 [J]. 图书馆论坛, 2008 (3): 91 - 93.

[99] 魏双盈. 基于生态学理论的现代制造业产业集群研究 [M]. 武汉: 武汉理工大学出版社, 2007: 3.

[100] 孙振领, 李后卿. 关于知识生态系统的理论研究 [J]. 图书与情报, 2008 (5): 22 - 27, 58.

[101] 戈峰. 现代生态学 [M]. 北京: 科学出版社, 2008: 16 - 49.

[102] 康伟, 杜蕾. 邻避冲突中的利益相关者演化博弈分析——以污染类

邻避设施为例［J］. 运筹与管理，2018，27（03）：82－92.

［103］梁上上. 利益衡量论［M］. 北京：法律出版社，2013：78.

［104］董正爱. 社会转型发展中生态秩序的法律构造——基于利益博弈与工具理性的结构分析与反思［J］. 法学评论，2012，30（5）：79－86.

［105］余昊哲. 邻避冲突的利益解构与衡平——以庞德利益理论为视角［J］. 社会科学动态，2018（7）：27－31.

［106］刘莉，焦琰. 利益分析视角下解构与衡平环境利益的思索——以邻避冲突中的利益失衡分析为例［J］. 西安财经学院学报，2016，29（1）：108－112.

［107］乌尔里希·贝克. 风险社会［M］. 南京：译林出版社，2004：39.

［108］方芗，陈小燕. "他者化"的空气污染——风险社会理论框架下的风险感知研究［J］. 中国矿业大学学报（社会科学版），2019，21（2）：45－58.

［109］乌尔里希·贝克，安东尼·吉登斯，斯科特·拉什. 自反性现代化［M］. 北京：商务印书馆，2014：9－10.

［110］贝克，邓正来，沈国麟. 风险社会与中国——与德国社会学家乌尔里希·贝克的对话［J］. 社会学研究，2010，25（5）：208－231.

［111］李友梅. 从财富分配到风险分配：中国社会结构重组的一种新路径［J］. 社会，2008，28（06）：1－14.

［112］高红波. 草根如何集体行动：一项关于草根型意见领袖的政治传播学研究——鄂北二村的表达［C］//中国传媒大学. 中国传媒大学第六届全国新闻学与传播学博士生学术研讨会论文集. 北京：中国传媒大学国际传播研究中心，2012.

［113］武文颖，张月. 国内"意见领袖"研究综述［J］. 中国传媒科技，2014（12）：9，156.

［114］林恩·J·弗鲁尔. 信任、透明与社会环境：对风险的社会放大的意义［M］//皮克·皮金，罗杰·卡斯帕森，保罗·斯洛维奇. 风险的社会放大. 谭宏凯，译. 北京：中国劳动社会保障出版社，2010：107－119.

［115］熊继，刘一波，谢晓非. 食品安全事件心理表征初探［J］. 北京大学学报（自然科学版），2011，47（1）：175－184.

［116］郭小平. "邻避冲突"中的新媒体、公民记者与环境公民社会的善治［J］. 国际新闻界，2013（5）.

[117] 郭小平. 城市废弃物处置的风险报道环境议题分化与“环境正义”的诉求 [J]. 中国地质大学学报 (社会科学版), 2011 (1).

[118] 何洁. 新媒体参与环境保护及其角色定位与作用研究 [D]. 南京: 南京林业大学, 2016

[119] 蒋晓丽, 邹霞. 新媒体: 社会风险放大的新型场域 [J]. 上海行政学院学报, 2015 (3).

[120] 刘向南. 茂名PX事件始末 [N]. 华夏时报, 2014-04-06 (3).

[121] 张旭霞. 构建政府与公众信任关系的途径 [D]. 北京: 中国人民大学, 2004.

[122] 鄢德奎, 陈德敏. 邻避运动的生成原因及治理范式重构 [J]. 城市问题, 2016 (2).

[123] 李连江. 差序政府信任 [J]. 二十一世纪, 2012 (131).

[124] 王昀. 地方抗争事件的互联网话语研究 [D]. 厦门: 厦门大学, 2014.

[125] 张国庆. 公共行政学 [M]. 北京: 北京大学出版社, 2007: 287.

[126] 唐世平. 超越定性与定量之争 [J]. 公共行政评论, 2015, 8 (4): 45-62, 183-184.

[127] 朱迪. 混合研究方法的方法论、研究策略及应用——以消费模式研究为例 [J]. 社会学研究, 2012, 27 (4): 146-166, 244-245.

[128] 王洋. 社会网络视角下的危机传播机理与治理 [D]. 哈尔滨: 哈尔滨工业大学, 2011.

[129] 王天梅, 范峥, 孙宝文, 等. 网络群体性事件从众意向的影响因素研究 [J]. 管理学报, 2017, 14 (11): 1708-1717.

[130] 张立荣, 芦苇. 环境事件中的网络谣言及其应对 [J]. 理论探索, 2015 (3): 90-94.

[131] 刘延海. 网络谣言诱致社会风险的演化过程及影响因素——基于扎根理论的研究 [J]. 情报杂志, 2014, 33 (08): 155-160, 195.

[132] 闫岩. 我国特大事故的官媒形象——《人民日报》特大事故报道图景 (2000—2015) [J]. 中国地质大学学报 (社会科学版), 2016, 16 (05): 80-94.

[133] 伊诺圣西欧·F·阿利斯. 联合国信息系统和世界公民 [M]. 纽约:

纽约出版社，1997：17 - 18.

[134] 彭小兵，喻嘉. 环境群体性事件的政策网络分析——以江苏启东事件为例 [J]. 国家行政学院学报，2017 (3)：108 - 113 + 132.

[135] 李沫. 政府网络新闻发言人制度的法律建构——以网络舆情下政府公信力建设为视角 [J]. 求索，2018 (5)：112 - 120.

[136] 李小敏，胡象明. 邻避现象原因新析：风险认知与公众信任的视角 [J]. 中国行政管理，2015 (3)：131 - 135.

[137] 赵树迪，周易，蔡银寅. 邻避冲突视角下环境群体性事件的发生过程及处理研究 [J]. 中国人口·资源与环境，2017，27 (6)：171 - 176.

[138] 王刚，宋锴业. 环境风险感知的影响因素和作用机理——基于核风险感知的混合方法分析 [J]. 社会，2018，38 (4)：212 - 240.

[139] 全燕. 基于风险社会放大框架的大众媒介研究 [D]. 武汉：华中科技大学，2013.

[140] 珍妮·X·卡斯帕森，罗杰·E·卡斯帕森. 风险的社会视野：公众、风险沟通及风险的社会放大 [M]. 童蕴芝，译. 北京：中国劳动社会保障出版社，2010.

[141] 曾鼎，钏坚，王家骏. 利益 or 环保：宁波镇海反 PX 事件始末 [J]. 凤凰周刊，2012 (32).

[142] 李连江. 差序政府信任 [J]. 二十一世纪，2012 (131).

[143] 曾润喜，陈创. 网络舆情信息传播动力机制的比较研究 [J]. 图书情报工作，2018，62 (7)：12 - 20.

[144] 李建国，周文翠. 社会风险治理创新机制研究 [J]. 中国特色社会主义研究，2017 (1)：76 - 80.

[145] 葛天任，薛澜. 社会风险与基层社区治理：问题、理念与对策 [J]. 社会治理，2015 (4)：37 - 43.

[146] 俞可平. 治理和善治：一种新的政治分析框架 [J]. 南京社会科学，2001 (9)：40 - 44.

[147] 赵方杜，石阳阳. 社会韧性与风险治理 [J]. 华东理工大学学报 (社会科学版)，2018，33 (2)：17 - 24.

[148] 何继新，荆小莹. 韧性治理：从公共物品脆弱性风险纾解到治理模

式的创新 [J]. 经济与管理评论, 2018, 34 (1): 68-81.

[149] 何继新, 荆小莹. 城市公共物品韧性治理: 学理因由、进展经验及推进方略 [J]. 理论探讨, 2017 (5): 171-176.

[150] 王亚军. "一带一路"国际公共产品的潜在风险及其韧性治理策略 [J]. 管理世界, 2018, 34 (9): 58-66.

[151] 祝迪飞, 方东平, 王守清, 等. 2008 奥运场馆建设风险管理工具——风险表的建立 [J]. 土木工程学报, 2006 (12): 119-123.

[152] 方微, 邵波. 基于弱信号分析的企业风险识别 [J]. 图书情报工作, 2009, 53 (14): 80-83.

[153] 邵波, 宋继伟. 反竞争情报流程中的早期预警 [J]. 情报杂志, 2007 (7): 43-45+48.

[154] 董尹, 刘千里, 宋继伟, 等. 弱信号研究综述: 概念、方法和工具 [J]. 情报理论与实践, 2018, 41 (10): 147-154.

[155] 刘焕. 公共事件网络舆情偏差及影响因素研究述评 [J]. 情报杂志, 2018, 37 (11): 96-102.

[156] 周晓. 转型时期政策创新中的容错机制问题研究 [J]. 管理观察, 2018 (8): 102-103.

[157] 叶中华. 容错纠错机制的运行机理 [J]. 人民论坛, 2017 (26): 42-44.

[158] 刘莹, 孙芳. 城市公共设施伤害事件下公众心理修复与认可度重建研究 [J]. 广西社会科学, 2016 (9): 158-164.

[159] 阿诺德·M·霍伊特, 赫曼·B·达奇·莱奥纳多, 郑寰. 整合型风险管理: 预防性的灾难恢复 [J]. 国家行政学院学报, 2011 (4): 122-127.

[160] 张文新, 陈光辉. 发展情境论——一种新的发展系统理论 [J]. 心理科学进展, 2009, 17 (4): 736-744.

[161] 李红星, 王曙光, 李秉坤. 应对网络群体性事件的政策工具分析 [J]. 中国行政管理, 2017 (2): 149-151.

[162] 刘燕华, 李秀彬. 脆弱性生态环境与可持续发展 [M]. 北京: 商务印书馆, 2001.

[163] 陈鸿起, 汪妮, 申毅荣, 等. 基于欧式贴近度的模糊物元模型在水

安全评价中的应用［J］. 西安理工大学学报，2007，23（1）：37－42.

［164］祝云舫，王忠郴. 城市环境风险程度排序的模糊分析方法［J］. 自然灾害学报，2006，15（1）：155－158.

［165］蒋勇军，况明生，匡鸿海，等. 区域易损性分析、评估及易损度区划——以重庆市为例［J］. 灾害学，2001，16（3）：59－64.

［166］史培军. 三论灾害研究的理论与实践［J］. 自然灾害学报，2002，11（3）：1－9.

［167］孟宪萌，束龙仓，卢耀如. 基于熵权的改进 DRASTIC 模型在地下水脆弱性评价中的应用［J］. 水利学报，2007，38（1）：94－99.

［168］阎颐. 大物流工程项目类制造系统供应链协同及评价研究［D］. 天津：天津大学，2007.

［169］牛文元. 社会物理学与中国社会稳定预警系统［J］. 中国科学院院刊，2001（1）：15－20.

［170］宋林飞. 社会发展的评估与对策［J］. 南京社会科学，1998，110（4）：19－28.

［171］宋林飞. 中国社会风险预警系统的设计与运行［J］. 东南大学学报，1999，1（1）：69－76.

［172］蔡丽华. 收入分配不公与社会公平正义探析［J］. 当代世界与社会主义，2012，1：173－176

［173］郝尔曼·哈肯. 协同学：大自然构成的奥秘［M］. 凌复华，译. 上海：上海译文出版社，2001：9.

［174］张玉堂. 利益论：关于利益冲突与协调问题的研究［M］. 武汉：武汉大学出版社，2001：1.

［175］安德鲁·坎贝尔，凯瑟琳·萨姆斯·卢克斯. 战略协同［M］. 任通海，译. 北京：机械工业出版社，2000：68.

［176］周定财. 社会资本视角下的我国地方政府信用重构［J］. 征信，2011，29（5）.

［177］斯蒂芬·戈德史密斯，威廉·D·埃格斯. 网络化治理：公共部门的新型态［M］. 孙迎春，译. 北京：北京大学出版社，2008：113－117.

［178］龙太江. 维权抗争中的妥协理性［J］. 探索与争鸣，2011（9）.

[179] 周定财. 基层社会管理创新中的协同治理研究 [D]. 苏州: 苏州大学, 2017.

[180] 江胜尧. 论提高网络执政能力推进社会管理创新 [J]. 电子政务, 2013 (3): 79-85.

[181] 徐燕华. 风险社会和媒介化社会下的网络执政机制研究 [D]. 重庆: 西南政法大学, 2012.

[182] 毕宏音. 地方政府重大项目舆情分析的系统要素与制度体系 [J]. 重庆社会科学, 2014 (1): 67-76.

[183] 王耀东. 公众参与工程公共风险治理的效度与限度 [J]. 自然辩证法通讯, 2018, 40 (6): 94-99.

[184] 莫文竞, 夏南凯. 基于参与主体成熟度的城市规划公众参与方式选择 [J]. 城市规划学刊, 2012, 202 (4): 79-85.

[185] 胡子健. 完善社会组织管理机制——地方政府社会管理创新的发展趋势 [J]. 中共中央党校学报, 2013, 17 (3): 102-105.

[186] 范和生, 唐惠敏. 社会组织参与社会治理路径拓展与治理创新 [J]. 北京行政学院学报, 2016 (2): 90-97.

[187] 侯玲. 网络社会视阈下社会服务的发展悖论 [J]. 兰州学刊, 2015 (10): 177-184.

[188] 朱力, 杜伟泉. 从底层群体利益抗争到中产阶级权益抗争: 社会矛盾主体迁移及治理思路 [J]. 河海大学学报 (哲学社会科学版), 2018, 20 (3): 6-10+90.

二、英文文献

[1] KASPERSON R, GOLADIN D, TULES S. Social Distrust as A Factor in Siting Hazardous Facilities and Communicating Risk [J]. The Journal of Social Issues, 1992 (4).

[2] WRIGHT A. Citizens'information levels and grassroots opposition to new hazardous waste siyes: Are NIMBY is informed? [J]. Waste Management, 1993 (4).

[3] KUHN R G, Ballard K R. Canadian Innovations in Siting Hazardous Waste

Mnagement Facilities [J]. Environmental Management, 1998, 22 (4): 533 -545.

[4] COWAN S. NIMBY syndrome and public consultation policy: the implications of a discourse analysis of local responses to the establishment of a community mental health facility [J]. Health&Social Care in the Community, 2003, 11 (5): 379 -386.

[5] MCGURTY M. From NIMBY to Civil Rights: The Origins of the Environmental Justice Movement [J]. Environmental History, 1997 (03).

[6] LIU Z L, LIAO L, Mei C Q. Not - in - my - backyard but let's talk: Explaining public opposition to facility siting in urban China [J]. Land Use Policy, 2018 (77): 471 -478.

[7] DEAR M. Understanding and Overcoming the NIMBY Syndrome [J]. Journal of the American Planning Association, 1992, 58 (3): 288 -300.

[8] LIEBE U, DOBERS G M. Decomposing public support for energy policy: What drives acceptance of and intentions to protest against renewable energy expansion in Germany? [J]. Energy Research & Social Science, 2019 (1): 247 -260.

[9] AUSTIN C M. The evaluation of urban public facility location: an alternative cost - benefit analysis [J] Geographical Analysis, 1974 (6): 135 - 146.

[10] COMRIE E L, Burns C, Coulson A B, et al. Rationalising the use of Twitter by official organisations during risk events: Operationalising the Social Amplification of Risk Framework through causal loop diagrams [J]. European Journal of Operational Research, 2019, 272 (2): 792 -801.

[11] REGAN á, RAATS M, SHAN L C, et al. Risk communication and social media during food safety crises: A study of stakeholders'opinions in Ireland [J]. Journal of Risk Research, 2016, 19 (1), 119 - 133.

[12] GASPAR R, GORJÃO S, SEIBT B, et al. Tweeting during food crises: A psychosocial analysis of threat coping expressions in Spain, during the 2011 European EHEC outbreak [J]. International Journal of Human - Computer Studies, 2014, 72 (2), 239 -254.

[13] TULLOCH J, Lupton D. Risk and Everyday Life [EB/OL]. Springer, 2005 -08 -01.

[14] CHUNG I J. Social amplification of risk in the internet environment [J]. Risk Analysis, 2011, 31 (12).

[15] GHERMANDI A, Sinclair M. Passive crowdsourcing of social media in environmental research: A systematic map [J]. Global Environmental Change, 2019 (55): 36 -47.

[16] CHOI D H, YOO W Y, NOH G Y, et al. The impact of social media on risk perceptions during the MERS outbreak in South Korea [J]. Computers in Human Behavior, 2017, 72: 422 -431.

[17] PIDGEON N, HENWOOD K. The social amplification of risk framework (SARF): Theory, critiques, and policy implications [M] // BENNETT P, CALMAN K, CURTIS S, et al. Risk communication and public health. 2nd ed. Oxford: Oxford University Press, 2010: 53 -67.

[18] KASPERSON R E, RENN O, SLOVIC P, et al. The social amplification of risk: a conceptual framework [J]. Risk Analysis, 1988, 8 (2): 178 -187.

[19] PIDGEON N, KASPERSON R, SLOVIC P. Social Amplification of Risk and Risk Communication [M]. Cambridge: Cambridge University Press, 2002.

[20] BAKIR V. Greenpeace v. shell: Media exploitation and the social amplification of risk framework (SARF) [J]. Journal of Risk Research, 2005, 8 (7/8): 679 - 691.

[21] DUCKETT D, BUSBY J. Risk amplification as social attribution [J]. Risk Management, 2013, 15 (2): 132 - 153.

[22] BINDER A R, SCHEUFELE D A, BROSSARD D, et al. Interpersonal amplification of risk? Citizen discussion and their impact on perceptions of risks and benefits of a biological research facility [J]. Risk Analysis, 2011 (2): 324 -334.

[23] MAZUR A. Nuclear power, chemical hazards, and the quantity of reporting [J]. Afmerva, 1990, 28: 294 -323.

[24] SINGER E, ENDRENY P M. Reporting on Risk: How the Media Portray Accidents, Diseases, Disasters, and Other Hazards [M]. New York: Russell Sage Foundation, 1993.

[25] FREUDENBURG W R, COLEMAN C L, GONZALES J, et al. Media

coverage of hazard events – analyzing the assumptions [J]. Risk Analysis, 1996, 16 (1): 31 –42.

[26] HOLZMANN R. Risk and Vulnerability: The Forward Looking. Role of Social Protection in a Globalizing World [J]. Social Protection Discussion Paper Series, 2001 (109).

[27] DORSHIMER K R. Siting major projects & the NIMBY phenomenon: The Decker Energy project in Charlotte, Michigan [J]. Economic Development Review, 1996, 14 (1): 60.

[28] BAUNOL W J, OATES W E. The Theory of Environmental Policy [M]. Cambridge: Cambridge University Press, 1998.

[29] RABE B G. Beyond Nimby : hazardous waste siting in Canada and the United States [J]. Journal of Health Politics, Policy and Law, 1995, 11 (4): 91 –96.

[30] LIDSKOG R. From Conflict to Communication? Public Participation and Critical Communication as a Solution to Siting Conflicts in Planning for Hazardous Waste [J]. Planning Practice & Research, 2010, 12 (3): 239 –249.

[31] INHABER H. Slaying the NIMBY dragon [M]. Piscataway, NJ: Transaction Publisheres, 1998.

[32] MORRISON – SAUNDERS A, POPE J, BOND A. Towards sustainability assessment follow – up [J]. Environmental Impact Assessment Review, 2014, 45 (2): 38 – 45.

[33] CAINES S A, et al. Incentives and Nuclear Waste Siting: Prospects and Constraints [J]. Energy Systems and Policy, 1983 (7).

[34] QUAH E, TAN K C. Siting environmentally unwanted facilities : risks, trade – offs and choices [M]. Cheltenham, UK; Northampton, MA, USA: Edward Elgar Publishing, 2002.

[35] LEVINSON A M. State Taxes and Interstate Hazardous Waste Shipments [J]. American Economic Review, 1999, 89 (3): 666 –677.

[36] IRGC (The International Risk Governance Council) Risk Governance Framework.

[37] RENN O, Burns W J, KASPERSON J X, et al. The social amplification of risk: Theoretical foundations and empirical applications [J]. Journal of Social Issues, 1992, 48 (4): 137 - 160.

[38] MAZUR A. Nuclear power, chemical hazards, and the quantity of reporting [J]. Afmerva, 1990, 28: 294 - 323.

[39] STOKER G. Governance as theory: five propositions [J]. International Social Science Journal, 1998, 50 (155): 17, 28

[40] FOSS N J. The emerging knowledge governance approach: Challenge and Characteristics [J]. Organization, 2007 (1): 29 - 52.

[41] POSTREL S. Islands of shared knowledge: specialization andmu? tual understanding in problem - solving teams [J]. Organization Science, 2002 (3): 303 - 320.

[42] ANAND B N, KHANNA T. Do firms create value: the case of alliances? [J]. Strategic Management Journal, 2000 (3): 295 - 315.

[43] MADSEN T L, MOSAKOWSKI E, ZAHEER S. The dynamics of knowledge flows: Human capital mobility, knowledge retention and change [J]. Journal of Knowledge Management, 2002 (2): 164 - 176.

[44] DAVENPORT T H, PRUSAK L. Working knowledge: How organizations manage what they know [M]. Boston: Harvard Business School Press, 1998: 84 - 106.

[45] YANG G. Environmental NGOs and Institutional Dynamics in China [J]. The China Quarterly, 2005 (181): 46 - 66.

[46] SELIGMAN A B. Trust and the meaning of civil society [J]. International Journal of Politics Culture & Society, 1992, 6 (1): 5 - 21.

[47] SLOVIC P. Perception of risk and the future of nuclear power [J]. Review of Industrial Organization, 1993, 22 (4): 253 - 273.

[48] CACIOPPO J T, PETTY R E, LOSCH M E. Attributions of responsibility for helping and doing harm: Evidence for confusion of responsibility. [J]. Journal of Personality & Social Psychology, 1986, 50 (1): 100 - 105.

[49] GREGORY R, FLYNN J , SLOVIC P. (1995) Technological stigma

[J]. American Scientist, 1995, 83: 220 - 223.

[50] STERMAN J D. Business dynamics: systems thinking and modeling for a complex world [M]. Boston: Irwin/McGraw - Hill, 2000.

[51] MORRIS A D. The origins of the civil rights movement: Black communities organizing for change [M]. New York: The Free Press, 1984: 42 - 43.

[52] WINERMAN L. Social networking: Crisis communication [J]. Nature News, 2009, 457. (7228): 376 - 378.

[53] MASE A S, CHO H, PROKOPY L S. Enhancing the Social Amplification of Risk Framework (SARF) by exploring trust, the availability heuristic, and agricultural advisors´belief in climate change [J]. Journal of Environmental Psychology, 2015, 41: 166 - 176.

[54] YANG L, LAN G Z, SHUANG H. Roles of scholars in environmental community conflict resolution [J]. International Journal of Conflict Management, 2015, 26 (3): 316 - 341.

[55] RAUDE J, FISCHLER C, LUKASIEWICZ E, et al. GPs and the social amplification of BSE - related risk: An empirical study [J]. Health, Risk & Society, 2004, 6 (2): 173 - 185.

[56] YANG L, LAN G Z. Internet´s impact on expert - citizen interactions in public policymaking—A meta analysis [J]. Government information quarterly, 2010, 27 (4): 431 - 441.

[57] KUHAR S E, NIERENBERG K, KIRKPATRICK B, et al. Public Perceptions of Florida Red Tide Risks [J]. Risk Analysis, 2010, 29 (7): 963 - 969.

[58] ANDERSON R, MAY R. Infectious diseases of Humans: Dynamics and control [M]. Oxford University Press: Oxford, 1991.

[59] DAILY G C. Restoring Value to the World´s Degraded Lands [J]. Science, 1995, 269 (5222): 350 - 354.

[60] SAMSUZZOHA M, SINGH M, LUCY D. Uncertainty and sen - sitivity analysis of the basic reproduction number of a vaccinatedepidemicmodel of influenza [J]. Applied Mathematical Model - ling, 2013, 37 (3): 903 - 915.

[61] HUFTY M. Investigating Policy Processes: The Governance Analytical

Framework (GAF) [J]. Social Science Electronic Publishing, 2011: 403 -424.

[62] TIMMERMAN P. Vulnerability, resilience and the collapse of society. Environmental Monograph 1 [C]. Toronto: Institute for Environmental Studies, Toronto University, 1981.

[63] KLEIN R J T, NICHOLLS R J, THOMALLA F. Resilience to natural hazards: How useful is this concept? [J]. Global environmental change part B: environmental hazards, 2003 (1/2): 35 -45.

[64] WALKER B, et al. Resilience, adaptability and transformability in social -ecological systems [J]. Ecology and society, 2004, 9 (2).

[65] HOLLNAGEL E, NEMETH C P, DEKKER S. Resilience engineering perspectives: remaining sensitive to the possibility of failure [M]. Aldershot, England: Ashgate Publishing, Ltd., 2008.

[66] BARKER K, RAMIREZ - MARQUEZ J E, ROCCO C M. Resilience - based network component importance measures [J]. Reliability Engineering & System Safety, 2013, 117: 89 -97.

[67] DINH L T T, et al. Resilience engineering of industrial processes: principles and contributing factors [J]. Journal of Loss Prevention in the Process Industries, 2012, (2): 233 -241.

[68] HOLLING C S. Resilience and Stability of Ecological Systems [J]. Annual Review of Ecology & Systematics, 1973, 4 (4): 1 -23.

[69] FOLKE C. Resilience: The emergence of a perspective for social - ecological systems analyses [J]. Global environmental change Part A: Human & Policy Dimensions, 2006, (3): 253 -267.

[70] VELASQUEZ J. Making Cities Resilient and the post -2015 framework for disaster risk reduction [J]. International Journal of Disaster Resilience in the Built Environment, 2015, 6 (1).

[71] JABAREEN Y. Planning the resilient city: Concepts and strategies for coping with climate change and environmental risk [J]. Cities, 2013, 31: 220 - 229.

[72] PICKETT S T A, MCGRATH B, CADENASSO M L, et al. Ecological

resilience and resilient cities [J]. Building Research & Information, 2014, 42 (2): 143-157.

[73] BRASSETT J, CROFT S, VAUGHAN-WILLIAMS N. Introduction: An Agenda for Resilience Research in Politics and International Relations [J]. Politics, 2013, 33 (4): 221-228.

[74] COAFFEE J. Rescaling and Responsibilising the Politics of Urban Resilience: From National Security to Local Place-Making [J]. Politics, 2013, 33 (4): 240-252.

[75] KOROSTELEVA E A. Paradigmatic or critical? Resilience as a new turn in EU governance for the neighbourhood [J]. Journal of International Relations and Development, 2018, 15 (3): 1-19.

[76] BOURBEAU P. Resilience and International Politics: Premises, Debates, Agenda [J]. International Studies Review, 2015, 17 (03): 374-395.

[77] KORNPROBST M. Diplomatic communication and resilient governance: problems of governing nuclear weapons [J]. Journal of International Relations and Development, 2018, 15 (1): 1-26.

[78] SHAW K, MAYTHORNE L. Managing for local resilience: towards a strategic approach [J]. Public Policy & Administration, 2013, 28 (1): 43-65.

[79] MAGUIRE B, CARTWRIGHT S. Assessing a Community's Capacity to Manage Change: A Resilience Approach to Social Assessment [M]. Canberra: Australian Government Bureau of Rural Science, 2008.

[80] CHANDLER D. Resilience: the Governance of Complexity [M]. London and New York: Routledge, 2014.

[81] FIKSEL J. Sustainability and resilience: toward a systems approach [J]. Sustainability: Science, Practice and Policy, 2006 (2): 14-21.

[82] TORABI S A, GIAHI R, SAHEBJAMNIA N. An enhanced risk assessment framework for business continuity management systems [J]. Safety Science, 2016, 89: 201-218.

[83] ZENG Z G, ZIO E. An integrated modeling framework for quantitative business continuity assessment [J]. Process Safety and Environmental Protection,

2017, 106: 76 – 88.

[84] JAIN P, et al. A Resilience – based Integrated Process Systems Hazard Analysis (RIPSHA) approach: Part I plant system layer [J]. Process Safety and Environmental Protection, 2018, 116: 92 – 105.

[85] JAIN P, et al. A resilience – based integrated process systems hazard analysis (RIPSHA) approach: Part II management system layer [J]. Process Safety and Environmental Protection, 2018, 118: 115 – 124.

[86] JAIN P, et al. Process Resilience Analysis Framework (PRAF): A systems approach for improved risk and safety management [J]. Journal of Loss Prevention in the Process Industries, 2018, 53: 61 – 73.

[87] FANG Y P, PEDRONI N, ZIO E. Resilience – based component importance measures for critical infrastructure network systems [J]. IEEE Transactions on Reliability, 2016 (2): 502 – 512.

[88] CASTILLO – BORJA F, et al. A resilience index for process safety analysis [J]. Journal of Loss Prevention in the Process Industries, 2017, 50: 184 – 189.

[89] YODO N, WANG P F, ZHOU Z. Predictive resilience analysis of complex systems using dynamic Bayesian networks [J]. IEEE Transactions on Reliability, 2017 (2): 761 – 770.

[90] COFFMAN B. Weak signal research, part I: Introduction [J]. Journal of Transition Management, 1997, 2 (1).

[91] KERFOOT K. Attending to weak signals: the leader's challenge [J]. Nursing Economic, 2003, 21 (6): 293.

[92] LERNER R M, RICHARD L M. On the nature of human plasticity [M]. New York: Cambridge University Press, 1984.

[93] LERNER R M. Concepts and theories of human development, 3rd ed. [J]. European Journal of Pharmaceutical Sciences Official Journal of the European Federation for Pharmaceutical Sciences, 2005, 16 (3): 95 – 105.

[94] FOLKE C. Resilience: the emergence of a perspective for social – ecological systems analyses [J]. Global Environ Change, 2006, 16 (3): 253 – 267.

[95] ADGER W N. Social Vulnerability to Climate Change and Extremes in

Coastal Vietnam [J]. World Develop, 1999 (2): 249 – 269.

[96] FüSSEL H M, KLEIN R J T. Climate Change Vulnerability Assessments: An Evolution of Conceptual Thinking [J]. Climatic Change, 2006, 75 (3): 301 – 329.

[97] ADGER W N. Vulnerability [J]. Global Environmental Change, 2006, 16 (3): 268 – 281.

[98] CUTTER S L, MITCHELL J T, SCOTT M S. Revealing the Vulnerability of People and Places: A Case Study of Georgetown County, South Carolina [J]. Annals of the Association of American Geographers, 2000, 90 (4): 713 – 737.

[99] METZGER M J, LEEMANS R, SCHROTER D. A multidisciplinary multi – scale framework for assessing vulnerabilities to global change [J]. International Journal of Applied Earth Observation and Geoinformation, 2005 (4): 253 – 267.

[100] LUERS A L, LOBELL D B, SKLAR L S, et al. A method for quantifying vulnerability, applied to the agricultural system of the Yaqui Valley, Mexico [J]. Global Environmental Change, 2003, 13 (4): 255 – 267.

[101] DOWNING T E. Lessons from famine early warning and food security for understanding adaptation to climate change: toward a vulnerability/adaptation science? [M] //SMITH J B, KLEIN R J T. Climate change, adaptive capacity and development. London: Imperial College Press, 2003: 71 – 100.

[102] KLEIN R T J. Enhancing the Capacity of Developing Nations to Adapt to Climate Change [C]. London: Imperial College Press, 2002.

[103] WILLLIAMSON O E. The Economic Institutions of Capitalism: Firms, Markets, Relational Contracting [M]. London: Macmillan, 1985: 47 – 70.

[104] KASPERSON R E. The social amplification of risk and low – level radiation [J]. Bulletin of the Atomic Scientists, 2012, 68 (3): 59 – 66.

[105] MCCOMAS K A, LUNDELL H C, TRUMBO C W, et al. Public meetings about local cancer clusters: exploring the relative influence of official versus symbolic risk messages on attendees' post – meeting concern [J]. Journal of Risk Research, 2010, 13 (6): 753 – 770.